南阳理工学院2019年度博士科研启动项目：50 kW/10 kWh 永磁 – 螺旋槽轴承支承的储能飞轮转子 – 轴承系统关键技术研究
项目编号：NGBJ–2019–09

# 储能飞轮转子 – 轴承系统关键技术研究

邱玉江 著

·长沙·

**图书在版编目(CIP)数据**

储能飞轮转子-轴承系统关键技术研究 / 邱玉江著.
—长沙：中南大学出版社，2023.9

ISBN 978-7-5487-5564-7

Ⅰ.①储… Ⅱ.①邱… Ⅲ.①机械振动学—转子动力学—研究 Ⅳ.①TH131.1

中国国家版本馆 CIP 数据核字(2023)第 182103 号

**储能飞轮转子-轴承系统关键技术研究**

**CHUNENG FEILUN ZHUANZI-ZHOUCHENG XITONG GUANJIAN JISHU YANJIU**

邱玉江　著

---

□**责任编辑**　谢金伶
□**责任印制**　唐　曦
□**出版发行**　中南大学出版社
　　社址：长沙市麓山南路　　邮编：410083
　　发行科电话：0731-88876770　　传真：0731-88710482
□**印　　装**　石家庄汇展印刷有限公司

---

□**开　　本**　710 mm×1000 mm　1/16　□**印张** 13.5　□**字数** 226 千字
□**版　　次**　2023 年 9 月第 1 版　□**印次** 2023 年 9 月第 1 次印刷
□**书　　号**　ISBN 978-7-5487-5564-7
□**定　　价**　88.00 元

---

图书出现印装问题，请与经销商调换

飞轮储能是一类重要机械储能方式，永磁轴承与螺旋槽轴承的混合支承为飞轮储能系统典型的支承方式。针对大容量的储能飞轮系统，如何提高永磁轴承与螺旋槽轴承混合支承的承载力，如何提高飞轮转子系统的动态稳定性，是该领域亟待解决的关键问题。本书围绕这一关键问题，从轴承技术和储能飞轮转子系统动力学两个方面较为系统地论述了该关键问题如何解决的一般理论与实验研究。

（1）大承载力下的螺旋槽轴承与永磁轴承技术。针对螺旋槽轴承，论述了动压螺旋槽轴承雷诺方程的建立过程与方法，以及基于有限元法的雷诺方程求解方法；分析了轴承结构参数对其承载力和摩擦功耗的影响，确定了影响轴承性能的主要结构参数；基于窄槽理论，以提高低速承载力、降低高速摩擦功耗为目标，运用宽容分层序列法，对轴承主要结构参数进行了优化；提出了一种轴承承载力测试方法与装置，测试并对比了螺旋槽轴承材料分别为钢 / 铜、钢 /C-Cu-PTFE 及钢 /C-PTFE 时的摩擦学性能和承载力，结果表明，优化后的轴承结构的承载性能好，具有自润滑性能的 C-PTFE 复合材料可以大幅降低轴承的摩擦功耗。

本书面向大容量储能飞轮系统的需求，开发了一种双环结构永磁轴承。以提高永磁轴承轴向承载力和径向刚度为目标，建立了基于 ANSYS 的双环永磁轴承的有限元模型，分析了轴承结构参数对轴承承载力性能的影响，并对比了传统单环永磁轴承和双环永磁轴承的承载力性能。另外，提出了一种基于储能飞轮转子系统的永磁轴承力学性能测试方法与装置，对双磁环永磁轴承力学性能进行了试验研究，对比了理论试验结果。研究表明，双环永磁轴承具有用磁少、承载力性能好的特点，可以满足大容量储能飞轮系统的需求。

（2）储能飞轮转子系统动力学分析与试验研究。针对大储能容量下轴承负载大的不利因素，本书开发了一种适用于大容量储能飞轮系统的转子－轴承－阻尼器结构，提出了一种径向永磁轴承激励的悬摆式 TMD 与轴向永磁轴承分离配置的上支承结构。

本书基于含耗散力的第二类拉格朗日方程，建立了适用于储能飞轮转子系统的四自由度的自由振动模型、非线性稳态动力学模型、等加速下的瞬态动力学模型及系统稳态进动下的线性扰动方程，进而分析了飞轮转子系统的模态、稳态不平衡响应、轴承外传力和稳定性等动力学特性，探讨了上、下阻尼器特性参数对系统动力学特性的影响，优化了系统的特性参数。研究结果表明：储能飞轮转子系统的飞轮一阶正进动频率远低于二阶正进动频率，系统不存在由飞轮二阶正进动引起的临界转速；储能飞轮转子系统的飞轮一阶正进动模态阻尼及其在一阶临界转速处的不平衡响应主要取决于上阻尼器特性参数；储能飞轮转子系统的飞轮二阶正进动模态阻尼、下轴承的振动和外传力主要取决于下阻尼器特性参数；理论上，上、下阻尼器的固有频率应该分别与高速下的飞轮一阶、二阶正进动模态频率相等；下阻尼器特性参数对系统稳态圆进动的稳定性影响最为显著，增大下阻尼器的半径间隙和降低枢轴刚度可以减小下阻尼器的油膜力，从而显著提高系统的稳定性。

本书提出了一种储能飞轮转子系统的动态特性测试方法，构建了基于粒子群法的振动系统特性参数识别法，识别了系统的刚度、阻尼、参振质量、模态频率、振型和阻尼比等特性参数，评估了悬摆式 TMD 的减振性能，制作了储能飞轮样机，测试了飞轮转子的不平衡响应。试验结果表明：与传统的轴向永磁轴承激励的 TMD 相比，径向永磁轴承激励的 TMD 刚度小，固有频率低，飞轮一阶模态阻尼比大，能够更有效地抑制大容量储能飞轮转子系统的一阶正进动；飞轮转子越过一阶临界转速后运行平稳，高速下不平衡响应的理论值与试验值基本一致。

本书为大容量永磁轴承与螺旋槽轴承混合支承的储能飞轮系统的动力学分析与控制提供了有效的方法，进而为该类储能飞轮系统走向工程应用奠定了理论基础。

邱玉江

2023 年 7 月

目录

# 第1章　绪论

## 1.1　储能飞轮系统简介

储能飞轮系统是机械式储能装置，它具有单位质量储能密度大、充放电快捷、电能转换效率高、不受地理环境限制、不污染环境等技术优势。近年来，随着低功耗轴承、新型复合材料、高效电力转换与变流技术的突破，储能飞轮技术逐渐受到国内外学术界的关注，成为国际能源界研究的热点。

图1–1为储能飞轮系统的工作原理图。由此可知，一套基本的储能飞轮装置主要由飞轮本体、轴承系统、电机/发电机、电力变换装置组成。

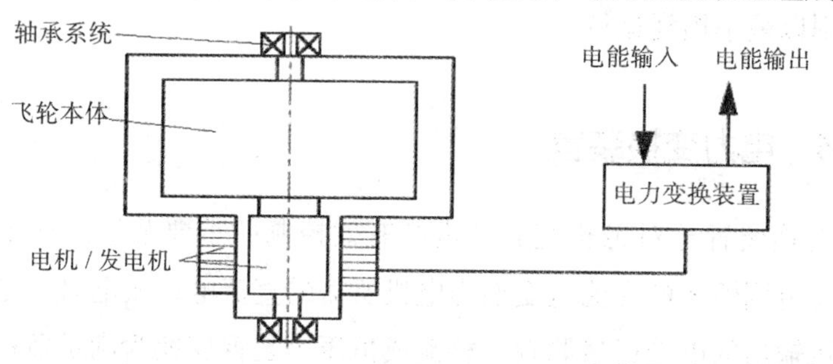


图1–1　储能飞轮系统的工作原理

### 1.1.1　飞轮本体

飞轮本体是储能飞轮系统的能量存储单元，它存储的动能大小$E$由其极转动惯量$J_p$和转速$\Omega$共同决定，为

$$E = J_p \Omega^2 / 2 \tag{1-1}$$

按照制作材料的不同，飞轮本体可分为复合材料飞轮和金属材料飞轮两种。前者具有较高的机械强度和极限转速，常用于功率型飞轮系统中；后者具有较大的密度，常用于大质量飞轮的能量型飞轮系统中。

### 1.1.2　轴承系统

轴承系统用于支承飞轮转子，由飞轮转子、轴承、阻尼器等组成，是决定飞轮转子系统动力学性能和机械摩擦功耗的关键部件。为了提高储能飞轮系统的储能效率，目前在储能飞轮系统中应用的支承方式主要有超导磁悬浮轴承、主动磁悬浮轴承、永磁轴承和机械轴承等。

### 1.1.3　电机 / 发电机

电机 / 发电机是飞轮系统的能量转换部件，它既是电动机也是发电机。在充电时，它作为电动机拖动飞轮加速运转，飞轮动能增加；在放电时，它又作为发电机给外部设备供电，飞轮的转速下降，动能减小；当飞轮空闲运转时，整个装置则以最小损耗运行。

### 1.1.4　电力变换装置

电力变换装置是对飞轮充放电进行有效控制的重要装置。充电时，电力变换装置将电网输入的交流电变换为电机所需的直流电；放电时，电力变换装置将电动机输出的电能通过调频、整流或恒压等装置变换为满足负荷供电要求的电能。

储能飞轮系统的基本原理如下：储能时，电能通过电力变换装置变换后驱动电机运行，电机带动飞轮加速转动，飞轮以动能的形式把能量储存起来，完成电能到机械能转换的能量储存过程，能量储存在高速旋转的飞轮体中；释能时，高速旋转的飞轮拖动电机发电，经电力变换装置输出适用于负载的电流与电压，完成机械能到电能的转换。

作为一种新型的物理储能方式，飞轮储能具备充放电速度快、工作效率高、使用寿命长、对环境友好、环保无污染、模块性强、建设时间短、事故后果影响低等优点。正因为飞轮储能具有以上特点，自二十世纪七八十年代以来，世界各国、公司争相投入巨额资金进行研究，取得了一定的成果。美国的艾泰沃公司（Active Power）、灯塔电力公司（Beacon Power）、波音公司（Boeing）、飞轮系统公司（AFS）以及德国的阿连安兹技术中心（ATZ）等已有相应产品问世，并推向市场，在不间断电源（UPS），新能源汽车和城市轨道交通等领域的能量回收，传统电力系统的电能质量改善，微网频率的稳定，风能、太阳能、潮汐能等可再生能源的并网等方面得到了一定的应用。

但是相比抽水储能、电化学储能等其他储能方式，飞轮的度电成本较高，长时储能效率较低，制约了其大规模的应用。因此，改善储能飞轮系统的支承结构，提高其储能效率，降低度电成本，成为储能飞轮系统首要的研究目标。永磁轴承与锥形动压螺旋槽轴承混合的支承方式具有结构简单、摩擦功耗小、成本低、无须主动控制等技术优势。该支承方式自从20世纪被提出以来，一直受到储能领域的关注，国内外已研制成功采用永磁轴承与锥形动压螺旋槽轴承混合支承的小容量储能飞轮系统。

目前，储能飞轮系统正朝着高储能量、高储能效率、大功率、高安全系数等方向发展。就永磁轴承与螺旋槽轴承支承的储能飞轮系统而言，研发大容量的储能飞轮系统，已成为近期研究目标。本书课题组前期预研表明：公斤级飞轮储能系统的支承与减振技术，已不能满足大容量储能飞轮系统的工程实际需求。因此，如何提高永磁轴承与螺旋槽轴承混合支承的承载力，如何提高飞轮储能系统的动态性能，是亟待解决的重要问题。

本书对大容量的储能飞轮系统的研究进行了总结，主要包括储能飞轮转子、轴承、阻尼器等关键部件的结构创新设计，飞轮转子系统动力学建模、分析与测试等方面，旨在为大容量永磁轴承与螺旋槽轴承混合支承储能飞轮系统的设计提供一定的理论基础。

## 1.2 储能飞轮系统的发展现状

如上所述，一个完整的储能飞轮系统包括飞轮转子、轴承、阻尼器等多个部分，一个性能良好的储能飞轮系统不仅要具有良好的机械结构，还要具有良好的机械性能。下面进行详细介绍。

## 1.2.1 轴承技术

1. 储能飞轮系统常用轴承种类

轴承是储能飞轮系统的关键部件，其决定着飞轮系统的摩擦功耗大小。为了提高储能飞轮系统的机械效率，多种低功耗的轴承被提出并应用于储能飞轮系统中。目前，常用的储能飞轮系统的轴承主要有以下几种类型。

（1）超导磁轴承。超导磁轴承是一种非接触式的磁轴承，由超导体和永磁体组成，利用超导体的抗磁性与磁通钉扎性实现轴承的稳定悬浮。这种轴承不需要外部供电，几乎无机械摩擦损耗，所以采用超导磁轴承支承的储能飞轮系统具有较高的稳定性和极高的储能效率。但是，为了维持超导磁轴承工作，需要设置专门的液态氮冷却系统，其不但结构复杂，而且增加了额外的能量消耗。目前，美国、德国、日本、中国等国家的实验室都在进行该类储能飞轮系统的研究，并取得了一系列的研究成果。

（2）电磁轴承。电磁悬浮轴承是基于电磁感应原理，采用反馈控制技术，通过调节轴承定转子间的电磁吸力，达到转子稳定悬浮的目的。作为一种非接触式轴承，电磁轴承同样具有极低的机械摩擦功耗，可以实现超高速运行。但是，这种轴承需要专门的控制系统来保证其稳定工作，这不仅增加了系统的复杂性，而且需要消耗额外的电能以维持控制系统工作。目前，国内外许多研究机构都致力于开发使用该类轴承的储能飞轮系统，如国外的马里兰大学、艾泰沃公司、欧洲铀浓缩公司、琵乐公司及国内的清华大学、北京航空航天大学、中国科学院电工研究所等。

（3）永磁轴承。永磁轴承是利用永磁体间的吸力或斥力组成的轴承，是一种非接触式轴承，但其不稳定，不能够单独使用，必须和其他轴承组合使用。在已有的储能飞轮系统中，永磁轴承也被广泛使用，主要用于降低其他轴承负载，或作为径向辅助支承。

（4）机械轴承。机械轴承主要有滚动轴承和动压滑动轴承等，这类轴承成本低、易维护，在储能飞轮系统中经常被使用。但是，作为一种接触式轴承，在转子转速较高时，机械轴承具有较高的摩擦功耗，所以机械轴承支承的储能飞轮一般用于快速充放电系统中，如美国卡曼（Kaman）电磁公司研制的电磁炮、电化学炮等。

2. 本书所研究的轴承

本书研究的储能飞轮系统的支承装置采用的轴承为动压螺旋槽轴承与永磁轴承，下面就这两类轴承的研究现状进行总结。

（1）动压螺旋槽轴承。1925 年，甘贝尔（Gümbel）首先提出了动压螺旋槽轴承的设想，阐述了该类轴承的基本工作原理，但未对其进行深入研究。20 世纪 40 年代，惠普尔（Whipple）建立了无限长、等间距平行槽轴承理论模型，为动压螺旋槽轴承的理论发展奠定了基础；然而，该模型的计算值与实际测量值误差较大，缺乏实际应用价值。直到 20 世纪 60 年代，内德尔曼（Muijderman）等人对动压螺旋槽轴承进行了较为系统的研究，动压螺旋槽轴承才进入了实际应用阶段，并不断深入发展。

目前，围绕动压螺旋槽轴承的润滑性能的理论计算方法主要有解析法和数值计算法。解析法通过对雷诺方程进行不同程度的简化来求解。其中，Muijderman 的窄槽理论具有计算快速、准确的优点，是计算锥形动压螺旋槽轴承性能的常用方法。长期以来，国内外学者以窄槽理论为基础，对动压螺旋槽轴承开展了一系列研究工作。例如，清华大学基于窄槽理论，修正了锥形动压螺旋槽轴承的计算公式，成功设计了高速锥形动压螺旋槽轴承；佐藤雄一（Yuichi Sato）运用窄槽理论，研究了球形螺旋槽轴承的静态性能。解析法虽求解速度快、计算结果准确，但对雷诺方程进行了特殊的简化，适用性较差。数值计算法计算精度高、适用性广，是计算螺旋槽轴承动压润滑性能的有效方法，常用的方法有有限差分法、有限元法等。随着现代计算机技术的飞速发展，在数值计算法基础上发展出一系列流体计算（C–PTFED）软件，如 FLUENT、C–PTFEX 等。在试验条件匮乏的情况下，该类软件可模拟螺旋槽轴承的油膜压力分布、温度分布，不仅节约资源，而且简单有效。但是，锥形动压螺旋槽表面形貌尺寸差异较大，建模过程复杂，网格划分困难。目前，大多数学者主要运用 FLUENT 等软件研究平面螺旋槽轴承性能，而有关锥形动压螺旋槽轴承的研究文献较少。

在开展理论研究的同时，国内外的学者也进行了相关的试验研究。就试验装置而言，螺旋槽轴承测试装置一般由驱动系统、加载系统、测量系统和辅助系统组成，可以实现载荷、油膜厚度、温升、油膜压力及摩擦力矩等性能参数的测量。驱动系统主要有调速电机驱动和高速气体驱动两类。加载系统设计方法多样，如弹簧加载法、空气动力加载法、电磁加载法等。测量系统根据测试需求采用不同方法。例如，运用电阻法、电容法或位移传感器等测量油膜厚度；运用热电偶法、热电阻法等测量轴承端面摩擦温度；运用压力传感器测量油膜压力；运用平衡力法和能量法测量摩擦力矩。

动压滑动轴承的材料配对是影响轴承摩擦学性能的重要因素。合理的材料配对可以有效降低轴承在非全流体润滑状态下的摩擦力矩，提高轴承承载力。一般而言，轴承材料应当具有良好的相容性、顺应性、嵌藏性、磨合性与润滑性等。但现有轴承材料往往很难同时满足以上要求，故轴承材料应根据使用情况合理选择。常用的滑动轴承材料有巴氏合金、铜合金、铝合金、多孔金属和非金属材料等。其中，铝青铜具有强度高、耐磨性好及耐腐蚀性好等特点，是重载滑动轴承常用的轴承材料；聚四氟乙烯（PTFE）自润滑性虽好，但强度低、导热性差、线膨胀系数大，不适用于高速滑动轴承；石墨是一种自润滑性能优异的固体润滑材料，但气密性差、强度低，通常通过浸渍金属或树脂提高其机械性能。此外，大量学者进行了特种配对材料的摩擦学性能试验。比如，格列尼克（Glienicke）等采用碳化钨（WC）涂层/EK82 石墨、WC 涂层/SiSiC（或 ADLC 碳镀层）和 ADLC 涂层/ADLC 涂层材料配对在气体润滑盘形动压螺旋槽轴承试验中取得了较为理想的效果；刘士国、孙见君等的试验发现硬质合金 YG8 螺旋槽密封环与 20% 石墨填充聚四氟乙烯静环配对时，摩擦功耗和磨损量均较小。也有学者将陶瓷材料用于动压螺旋槽轴承。例如，弗斯（Forse）研究表明，$Al_2O_3$ 陶瓷与 WC 配对具有较好的耐磨性；木村方一研究了水润滑螺旋槽轴承在 SiC/SiC、SiC/SUS420J2 配对时的耐磨性。

（2）永磁轴承。永磁轴承利用磁性材料同性相斥、异性相吸的原理，使轴承转子处于悬浮状态，实现轴承转子和定子的非接触支承。永磁轴承由转子部分和定子部分组成，具有能耗低、体积小、结构紧凑且承载力大等显著优点。早在 20 世纪 30 年代初，国外学者就在永磁轴承领域进行了大量的研究，并取得了巨大的成就。

现在，永磁轴承的新结构越来越多，但是这些新结构均由传统的永磁轴承结构演化得到。传统永磁轴承由两个永磁环组成。按照磁环组合方式和磁化方向不同，传统永磁轴承共有 8 种基本结构，其中径向永磁轴承结构有 4 种，轴向永磁轴承结构有 4 种。表 1-1 为永磁轴承的传统结构，表中箭头表示永磁体的充磁方向。

表1-1　永磁轴承的传统结构

| 结构类型 | 径向永磁轴承 | 轴向永磁轴承 |
| --- | --- | --- |
| 斥力型 | 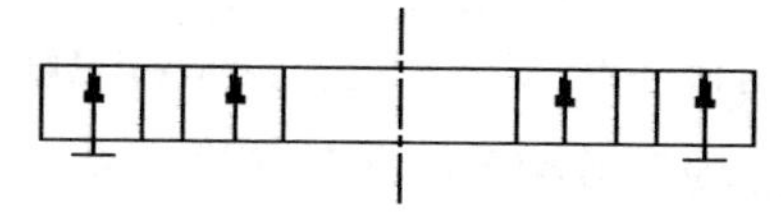 | 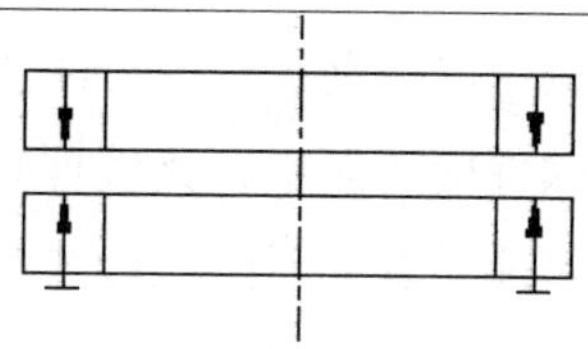 |
| | 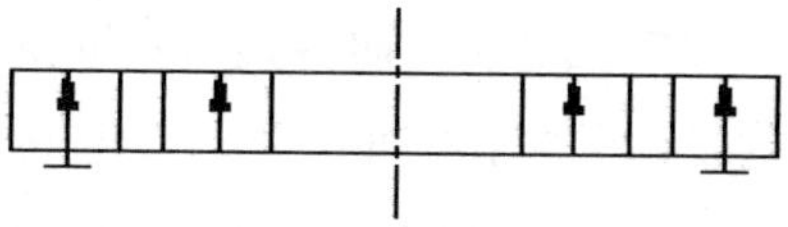 | 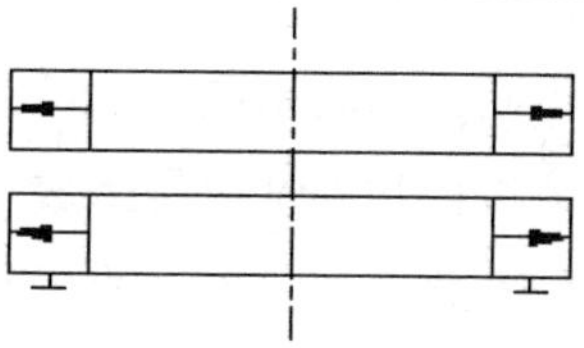 |
| 吸力型 | 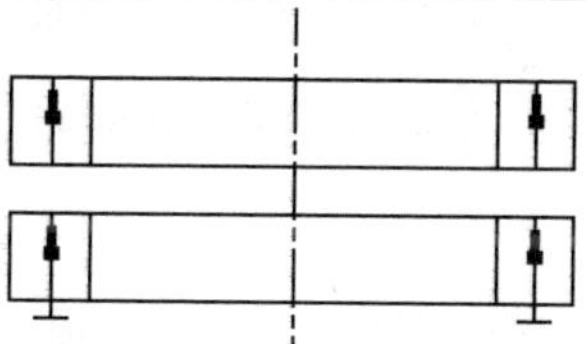 | 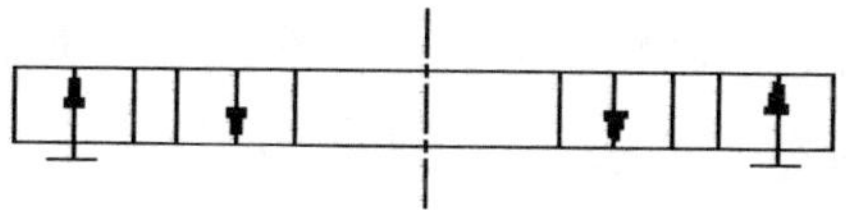 |
| | 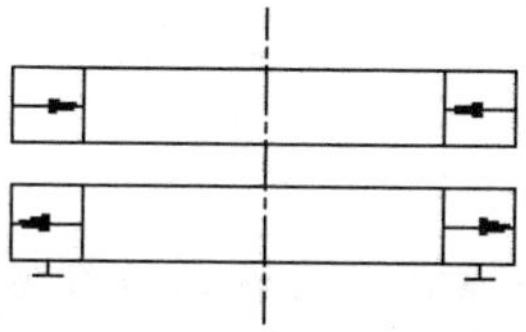 | 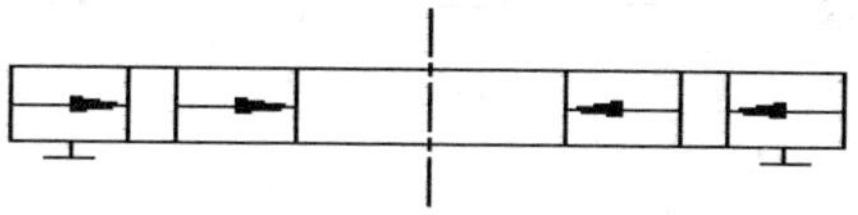 |

近年来，随着永磁悬浮技术的深入发展，永磁轴承结构形式也越来越多。但不论永磁轴承的结构多么复杂，其都需满足永磁轴承设计的最基本要求：充分发挥磁性材料的性能；永磁轴承小型化、轻量化；节省永磁材料，降低永磁轴承价格。

长期以来，国内外学者围绕永磁轴承力学特性计算开展了大量的研究工作，并形成了多种经典理论。其中，被广泛接受的经典理论有磁导理论、等效磁荷理论、分子电流理论。等效磁荷理论经过长时间的发展，能够较好地解释电磁学试验中的一些现象，被人们广泛接受。传统的经典理论在计算仅含有硬磁环境的永磁轴承的力学特性时的结果比较准确，但在应用于含有软磁环境的永磁轴承时需要进行大量的经验假设，很难得到精确的结论。为此，20 世纪 60 年代，有限元法被引入到电磁场领域，用于解决电磁场中的相关问题，经过这些年的不断发展，有限元法在电磁学领域不断取得新突破，获得了新的研究成果。有限元法的优点众多，比较显著的优点如下：①强大的数值计算能力。有限元法能够不受复杂场域的影响，只要选取合适的单元密度和单元差值函数，就可以得到比较满意的数值计算结果。②随着计算机语言的发展，诸多有限元软件应运而生，比较理想的有限元软件有 ANSYS、Maxwell 3D 系列软件等。目前，有限元法已经成为解决电磁场领域相关问题的首选方法。

永磁轴承试验研究是永磁轴承工程应用的前提。永磁轴承结构众多，用途各有不同，因此永磁轴承试验装置也多种多样。一般而言，永磁轴承试验装置由调节机构和测试机构组成。调节机构是试验装置的重要部分，直接影响测量结果的准确性。目前，永磁轴承试验装置的调节机构主要由液压缸或者大型立式铣床等设备改装而来。测试机构主要有两大类：一类是直接通过力传感器得到永磁轴承的力学特性；另一类是借助其他设备间接得到轴承的力学特性，如液压缸的反馈、弹簧力的换算等。

### 1.2.2　储能飞轮转子系统

1. 转子结构

众所周知，合理的转子－轴承结构是保障储能飞轮系统高效安全运行的前提条件。按照支承方式，目前已形成了超导磁轴承储能飞轮系统、电磁轴承储能飞轮系统、永磁轴承储能飞轮系统、机械轴承储能飞轮系统及多种轴承混合的储能飞轮系统。这些支承方式之间有着本质的区别，本书仅针对研究的永磁轴承与螺旋槽轴承混合支承的储能飞轮转子－轴承系统的现状进行概述。

总的来说，永磁轴承与动压螺旋槽轴承混合支承的储能飞轮转子－轴承系统都采用立式转子结构，上部采用永磁轴承支承，下部采用动压螺旋槽轴承支承。永磁轴承主要用于承担飞轮转子大部分的重量，旨在大幅减轻螺旋槽轴承负载，减小轴承摩擦功耗，提高飞轮的储能效率，同时永磁轴承还被用于支承转子上部，以提高系统的稳定性；螺旋槽轴承用于承担剩余的转子重量，在工作转速下，轴承处于全油膜流体润滑状态，具有较低的摩擦因数（一般为 0.01 ～ 0.02）。在永磁轴承和螺旋槽轴承的共同作用下，储能飞轮转子 – 轴承系统具有较低的摩擦功耗，机械效率最高可以达到 90%。

目前，各研究机构开发的永磁轴承与螺旋槽轴承混合支承储能飞轮系统如下。

（1）图 1–2 为 20 世纪 90 年代日本学者提出的一种储能飞轮转子 – 轴承系统，其上部采用永磁轴承支承，下部采用球面螺旋槽轴承支承，飞轮本体质量为 30 kg，设计极限转速为 600 Hz。

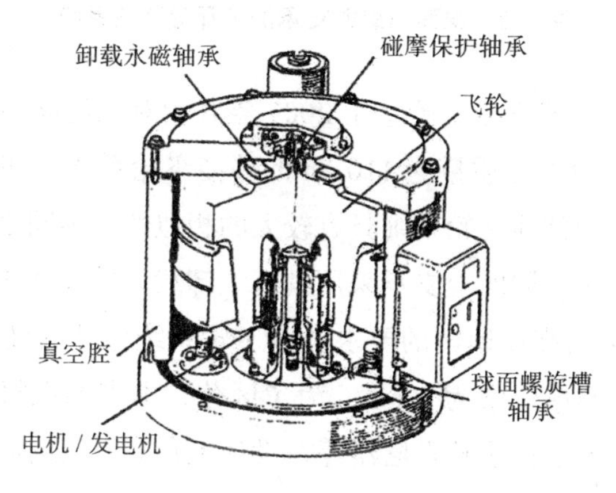


图 1–2　球面螺旋槽支承的飞轮系统

（2）20 世纪 90 年代中后期，清华大学提出了一种永磁轴承与螺旋槽轴承混合支承的储能飞轮系统，如图 1–3 所示。与图 1–2 相比，该储能飞轮系统除了飞轮本体结构不同外，其下部支承采用的螺旋槽轴承结构也不同，为锥面动压螺旋槽轴承。一系列飞轮本体质量为 10 kg 左右的储能飞轮系统的试验研究表明：储能飞轮转子 – 轴承系统动力学性能良好，机械效率高，飞轮转子转速最高已达到 800 Hz。

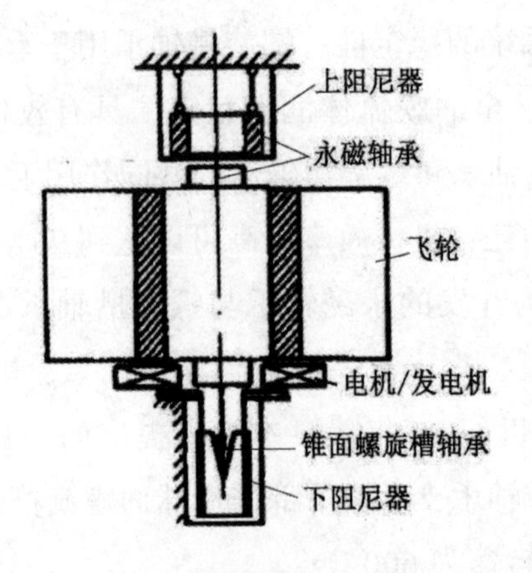


图 1–3　锥面螺旋槽支承的公斤级飞轮系统

（3）东南大学储能飞轮实验室于 2007 年开始对该类储能飞轮系统进行研究，设计了一套飞轮本体质量为 110 kg 的储能飞轮系统，如图 1–4 所示。该结构与图 1–3 所示的储能飞轮系统具有较大的相似性，不同之处在于飞轮本体质量提高到了 110 kg，同时上支承采用具有大卸载力的双环永磁轴承，以满足大质量的飞轮转子的高速运转的要求。该飞轮系统设计的极限转速为 350 Hz（工程上表示转速的单位常为 r/min，为了区分，本书的电机转速单位为 Hz，表示转频），但是由于轴承及阻尼器等在设计上存在一定的问题，飞轮的运行转速仅达到 40 Hz 。

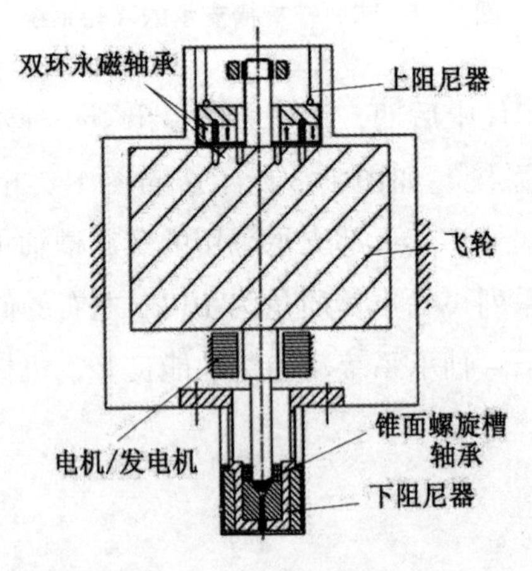


图 1–4　锥面螺旋槽支承的大容量飞轮系统

2. 阻尼器

阻尼器是高速转子系统的重要元器件，用于降低转子在运转过程中的振动，以提高转子系统的稳定性，主要有主动式阻尼器和被动式阻尼器两大类。主动式阻尼器具有良好的振动抑制效果，但是需要有相应的控制单元，其结构复杂，不适合用于追求高机械效率的飞轮转子系统中。被动式阻尼器具有无须控制单元、结构简单、体积小等优点，在转子系统中常被优先考虑。目前，在高速转子机械中，常用的被动式阻尼器主要有调谐阻尼器（tuned mass damper, TMD）、橡胶阻尼器、永磁式电磁阻尼器等。

TMD 附加于主单元中，调节子单元的自振频率，可以使其尽量接近主单元的基本频率或激振频率，从而使主单元的反应衰减并得到控制。TMD 结构简单、经济实用，有着良好的低频振动抑制性能，被广泛应用在桥梁、建筑等场合，近年来也被应用到转子机械中抑制转子的振动。阻尼单元是 TMD 中消耗系统振动能量的主要单元，在用于抑制转子振动的 TMD 中，其阻尼单元一般采用橡胶材料、电涡流阻尼器和油膜阻尼器等。橡胶材料一般用于小型的 TMD 中，存在材料易老化的缺点；电涡流阻尼器是利用电磁感应原理来工作的，阻尼的产生需要有磁场源，当在主单元中使用永磁轴承时，其容易干扰永磁轴承的性能；利用机械油的黏性为 TMD 提供阻尼是常采用的方法之一，该方法常将质量单元一部分浸于油中，依靠质量单元在油中运动时对油的挤压和剪切作用来产生阻尼，挤压油膜阻尼器就是其中一种。挤压油膜阻尼器最初被开发应用于航空发动机中，具有结构简单、质量轻、体积小、减振性能良好等特点，后被广泛应用于储能飞轮系统、高速离心机等高速转子系统中，以抑制和隔离转子振动。挤压油膜阻尼器具有良好的减振性能，但这种阻尼器是一种非线性阻尼器，当结构参数设计不合理时，挤压油膜阻尼器会产生对转子稳态运动不利的非线性振动现象。因此，在设计挤压油膜阻尼器时，需要注意避免其引起非线性振动，设计过程较为复杂。

永磁轴承与螺旋槽轴承支承的储能飞轮系统采用超临界工作的转子系统，飞轮转子工作在低频的一阶“刚性临界转速”之上。同时，系统存在多个低频率的进动模态，因此在储能飞轮转子 – 轴承系统的上、下支承处分别引入相应的阻尼器，以确保飞轮转子能够顺利地越过一阶临界转速，并提高储能飞轮转子 – 轴承系统的运动稳定性。在图 1–3 和图 1–4 所示的储能飞轮系统结构中，上阻尼器采用了一种摆锤式挤压油膜阻尼器，主要用于抑制飞轮转子系统的低频振动；下阻尼器采用了鼠笼定心式挤压油膜阻尼器，主要用于提高飞轮转子系统高速下的运动稳定性。目前，这种配置结构的阻尼系统在一系列公斤级的储能飞轮系统中已获得成功应用，但是在图 1–4 所示的储能飞轮系统中，该阻尼器未能发挥其作用，这主要是因为摆锤式挤压油膜阻尼器的结构不适合大轴向负载的场合。

如图 1–4 所示，摆锤式挤压油膜阻尼器由永磁轴承（包括动环和静环）、摆杆、油室等组成，其中永磁轴承的动环由飞轮上端面形成，静环由摆杆悬挂并浸没在油室内。阻尼器依靠永磁轴承间的径向磁力推动静环摆动，从而挤压油室内的阻尼油产生阻尼，消耗和吸收振动能量。很明显，在这种结构中，阻尼器的摆杆及其安装的滑动铰链将承受飞轮的重量，当飞轮转子质量较大时，通过永磁轴承作用在摆杆上的负载较大，致使摆杆摆动时的摩擦阻力较大，而永磁轴承间的径向刚度较小，无法带动摆杆摆动，从而使阻尼器不能正常工作。

3. 储能飞轮转子系统动力学

针对储能飞轮转子系统的结构特点，国内外学者基于分析力学理论，建立了两种典型的动力学模型：一种是不考虑电机磁力的动力学模型；另一种是考虑电机磁力的机电耦合动力学模型。对于前者，动力学模型中忽略了电机磁力的影响，仅考虑飞轮本体、支承轴、轴承和阻尼器的特性参数，将储能飞轮转子系统简化为由飞轮本体以及上、下阻尼器油膜环等 3 个刚体组成的质量－弹簧－阻尼器系统，利用拉格朗日方程建立了飞轮转子－轴承系统横向振动非线性微分方程。该模型比较简洁，且模型预测值与样机测试值基本接近。对于后者，在动力学模型中，除了前者涉及的所有因素，还将电机的磁场力考虑在内，运用广义拉格朗日－麦克斯韦方程推导了比较复杂的机电耦合非线性动力学方程，进一步了解电机电磁参数对转子动力学特性的影响。

前述的储能飞轮转子－轴承系统都是使用挤压油膜阻尼器来降低系统的振动量，以提高系统的稳定性，所以对挤压油膜阻尼器进行研究也是非常重要的。研究内容主要集中在油膜力与动力特性系数的计算、双稳态现象及稳定性等方面。目前，在挤压油膜阻尼器油膜力、刚度和阻尼系数的计算方面，主要有解析法和数值计算法两种方法。解析法适用范围小，主要有长轴承和短轴承两种模型，前者适用于轴承无限长或两端密封的情况，后者适用于轴颈的长径比小于 0.25 的情况。而对于一般长度的轴承，解析法仅可以计算轴颈做稳态圆进动的油膜力和动力特性系数。数值计算法包括有限元法、有限差分法等，适用范围较广，计算精度较解析法精确，但计算工作量大。在本书研究的储能飞轮系统中，根据其上、下阻尼器的结构特点，笔者分别采用一端封闭、一端开口的短轴承模型及一端封闭、一端开口的一般长度轴承模型，推导建立了油膜力、刚度系数和阻尼系数的解析法和有限元法。

基于所建立的储能飞轮转子－轴承系统动力学模型，笔者对飞轮转子－轴承的动力学特性进行了系统分析。具体包括飞轮转子系统的模态特征、临界转速、转子不平衡响应、等加速运转下瞬态不平衡响应、机电耦合非线性振动特性等。

第一，针对飞轮转子－轴承系统的自振频率和临界转速的分析，得出了亚临界运行的飞轮转子结构设计的一般规律，主要如下：对于亚临界运行的飞轮转子，设计应避免方形结构，以提高转子运动稳定性；当采用扁平结构时，飞轮的转动惯量比（直径转动惯量 / 极转动惯量）应小于 0.8，此时飞轮转子不存在二阶临界转速；若采用细长结构，由于系统存在二阶临界转速，应尽量增加飞轮的长径比，确保转子系统具有较低的二阶临界转速。第二，针对飞轮转子－轴承系统的模态分析得出了系统的模态特征。分析结果表明：系统存在多个低频进动模态，上、下阻尼器分别为不同的模态提供模态阻尼；分别存在一个最佳下阻尼系数使飞轮一阶正进动和飞轮二阶反进动模态阻尼比达到最大，下阻尼器刚度越小，则最佳下阻尼系数对应的模态阻尼比越大。第三，针对飞轮转子的稳态不平衡响应研究，得出了转子稳态不平衡响应的特点及系统参数对不平衡响应的影响。分析指出：不平衡力矩明显大于不平衡力对转子不平衡响应的影响，上阻尼器阻尼对飞轮转子的不平衡响应影响较大，下阻尼器阻尼对转子的不平衡响应影响较小。第四，对转子等加速工况下的瞬态不平衡响应分析表明，当角加速度大于 $8\pi$ rad/s$^2$ 时，系统会出现失稳现象。第五，储能飞轮系统的机电耦合非线性动力学研究揭示了机械和电磁参数对转子共振频率和不平衡响应的影响。此外，试验测试表明：对于转子上部采用永磁轴承支承的飞轮转子，由于永磁轴承径向刚度小，飞轮转子在运转过程中易出现超低频进动现象，特别是飞轮在突然撤去动力的瞬间会产生较大幅度的低频振动，振动的幅度和飞轮的转速无明显关系。为了限制飞轮转子可能出现的大幅度低频进动的幅值，在飞轮转子上部设置碰摩限位器，转子与碰摩限位器的瞬态动力学行为分析指出：内置式碰摩限位器可以有效地限制转子的大幅度低频振动。

## 1.3　本书的主要内容

本书对近些年在大容量永磁轴承与螺旋槽轴承支承的储能飞轮系统方面的研究工作进行了总结，主要包括大承载下的轴承技术与大负载下飞轮转子系统的动力学分析理论。具体内容如下。

第1章首先介绍了储能飞轮系统的基本结构、工作原理、应用前景与未来发展方向，然后重点介绍了本书研究的储能飞轮系统中的动压螺旋槽轴承、永磁轴承、转子结构、阻尼器、动力学方面的研究现状。

第2章主要阐述了本书研究的永磁轴承和螺旋槽轴承支承的储能飞轮转子系统的基本结构，以及各个组成部分的功能与工作原理等。

第3章阐述了基于有限元法求解锥形动压螺旋槽轴承的雷诺方程，轴承的油膜压力分布、承载力及摩擦功耗等性能，轴承参数的优化，螺旋槽轴承承载力测试方法、测试装置及测试结果等。

第4章主要研究大承载双环轴向永磁轴承的结构特征，参数设计，承载力性能测试方法、测试装置及测试结果等。

第5章分析研究了储能飞轮转子系统的线性化自由振动模型的建立与求解，系统模态频率、振型和阻尼比等模态特征，上、下阻尼器的功能，阻尼器的特性参数对系统模态阻尼比的影响，上、下阻尼器的特性参数优化等。

第6章主要探讨了悬摆式TMD特性参数测试装置的结构、阻尼器刚度与阻尼特性参数的识别方法；构建了储能飞轮转子系统的模态测试装置，测试并识别了系统的模态特性，进而验证了储能飞轮转子系统的动态特性和悬摆式TMD的减振性能；开展了基于模态特征的储能飞轮转子系统动力学特性参数的反演。

第7章主要通过建立飞轮转子系统的稳态动力学模型，进而分析了系统的不平衡响应和轴承外传力，研究了阻尼器动力学参数对系统不平衡响应和外传力的影响规律，并测试了飞轮的不平衡响应。

第 8 章推导了储能飞轮转子系统稳态圆进动下的线性扰动方程，分析了系统稳态圆进动的稳定性，研究了主要参数对系统稳定性的影响。

第 9 章对本书的主要内容进行了总结，指出了本书研究内容的创新点，可为后续的研究与学习奠定基础。

# 第 2 章　储能飞轮转子 – 轴承系统基本结构

## 2.1　概述

大容量储能飞轮系统的转子重量大幅增加，轴系负载倍增，这使得传统的永磁 – 螺旋槽轴承混合支承的储能飞轮系统的动力稳定性较差，摩擦功耗较大。因此，本书在传统储能飞轮转子 – 轴承结构的基础上提出了一种带径向永磁轴承（permanent magnetic bearing，PMB）激励式 TMD 的并联式储能飞轮转子 – 轴承系统。本章主要对其结构特征和工作原理进行介绍，并与其传统结构进行对比。

## 2.2　储能飞轮转子 – 轴承系统基本结构

图 2–1 为本书研究的径向 PMB 激励式 TMD 的储能飞轮转子系统结构简图。

由图 2–1 可知，该系统主要包括以下几个部分。

### 2.2.1　飞轮转子

飞轮转子为立式结构，主要由上轴、飞轮本体、电机 / 发电机等组成。飞轮本体为储能元件，是扁平实心圆柱结构，该结构可以避免飞轮转子系统在升速或降速运行过程中出现高频率的角共振，提高飞轮转子运行的稳定性。飞轮材料为机械力学性能和导磁性能良好的优质碳素合金钢（40Cr 调质，屈服极限 >785 MPa），其不仅可以满足飞轮本体高速运行的要求，还可以满足轴向

PMB 的设计要求。表 2–1 为设计的飞轮本体相关参数。

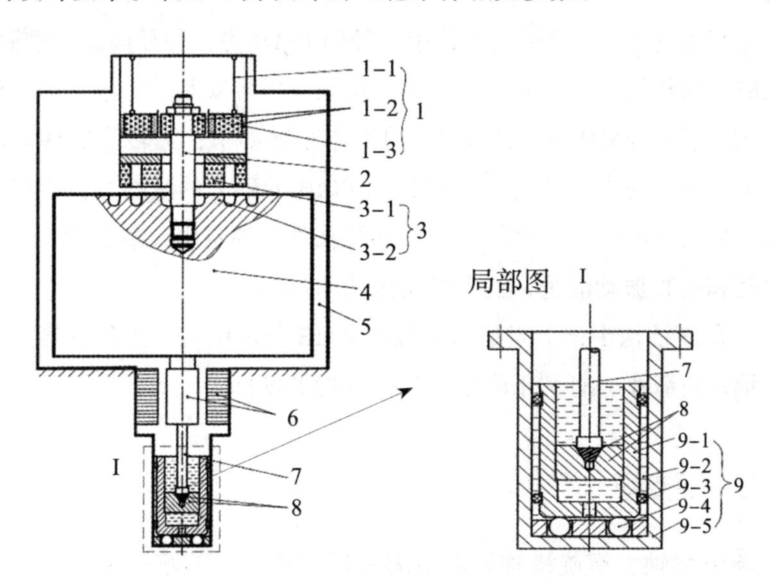


1—上阻尼器；2—上轴；3—轴向 PMB；4—飞轮本体；5—真空室；
6—电机 / 发电机；7—枢轴；8—螺旋槽轴承；9—下阻尼器。

**图 2–1　径向 PMB 激励式 TMD 的储能飞轮转子系统**

**表2–1　飞轮本体的设计参数**

| 参　数 | 数　值 | 参　数 | 数　值 |
|---|---|---|---|
| 飞轮外径 $D$/mm | 300 | 飞轮直径转动惯量 $J_d$ /（kg·m²） | 0.9854 |
| 飞轮高度 $B$/mm | 200 | 飞轮质量 $M$/kg | 110 |
| 飞轮极转动惯量 $J_p$/（kg·m²） | 1.2375 | 设计最大储能量 /（kW · h） | 0.8 |

## 2.2.2　上支承

上支承主要由上阻尼器和轴向 PMB 组成。轴向 PMB 用于承担大部分的飞轮重量和支承转子上端，为一种吸力型轴承，由静环（3–1）和动环（3–2）组成。静环主要由一对充磁方向相反的轴向充磁式永磁环和软磁环等组成，并被安装在上支承的外壳内，动环由刻有环向槽的飞轮上端面形成。

上阻尼器为本书提出的一种径向 PMB 激励式 TMD，位于轴向 PMB 上方，用于抑制飞轮转子系统的低频振动。该阻尼器主要由摆杆（1–1）、径向 PMB（1–2）和阻尼油（1–3）等组成。其中，径向 PMB 为一种径向斥力型磁轴承，由一对充磁方向相同的轴向充磁式永磁环组成，内环安装于上轴上端，外环悬挂在油室内。径向 PMB 激励式 TMD 的工作原理如下：当转子的横向振动频率位于阻尼器的共振频率附近时，在径向 PMB 的磁力的激励下，阻尼器的下摆件随之产生共振响应，从而使上阻尼器的轴颈在油室内大幅涡动，产生黏性阻尼，消耗和吸收振动能量，达到抑制振动的目的。

可见，在该结构中，上阻尼器与轴向 PMB 分离配置，上阻尼器几乎不承受转子重量，负载小，有利于阻尼器减振性能的发挥。

### 2.2.3 下支承

下支承由枢轴、螺旋槽轴承和下阻尼器组成。螺旋槽轴承由刻有螺旋槽的枢轴下锥端和铝青铜轴瓦组成，用于承担剩余的飞轮转子重量。下阻尼器为定心式挤压油膜阻尼器，主要由下油膜轴颈（9–1）、阻尼油（9–2）、O 形圈（9–3）、支承钢球（9–4）和油室（9–5）等组成，主要用于提高飞轮转子系统的高频模态的稳定性。该阻尼器摒弃了传统的鼠笼定心式结构，采用 O 形圈对轴颈定心的结构，其优点是可以承受较大的轴向负载，以满足大容量飞轮系统的要求。该阻尼器的工作原理如下：当飞轮转子振动时，通过枢轴带动阻尼器的轴颈挤压半径间隙内的阻尼油，从而产生油阻尼，消耗振动能量，降低振幅。

### 2.2.4 电机 / 发电机

电机 / 发电机安装于飞轮本体下部，是系统的能量转换单元，用于实现电能和飞轮动能的相互转换。在充电阶段，其充当电动机，驱动飞轮转速升高，将电能转化为飞轮动能；在放电阶段，其充当发电机，将飞轮的动能转化为电能，飞轮转速降低。

本次研究的储能飞轮系统的工作原理如下：当发电机拖动飞轮升速时，电网的电能转换为飞轮的动能，存储起来；当发电机拖动飞轮降速时，飞轮的

动能通过电力变换装置转换为电网的电能；转子运转时，若转子产生超预期的振动，上、下两个阻尼器随之振动，并产生黏性阻尼，从而消减系统出现的共振响应，保证飞轮转子平稳地运转；由于永磁悬浮和油膜悬浮的作用，加上整个转子处于真空室内，该系统具有较高的机械效率。

图 2–2 为参照传统公斤级飞轮转子系统设计的储能飞轮转子系统，其与图 2–1 的区别仅在于上支承结构的不同。从图 2–2 可以看到，在该结构下，轴向 PMB 的静环（3–1）既是轴向 PMB 的一部分，又充当了上阻尼器的参振体，所以上阻尼器将承受飞轮转子的重量。因此，对于本书研究的大容量飞轮转子系统来说，在该结构下，上阻尼器负载大，这将不利于阻尼器减振性能的发挥。该阻尼器依靠轴向 PMB 的径向磁力来激励阻尼器工作，所以本书将其命名为轴向 PMB 激励式 TMD。

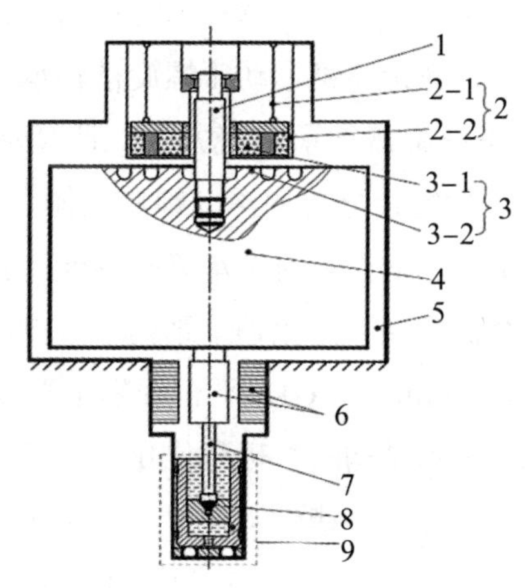


1—上轴；2—上阻尼器；3—轴向 PMB；4—飞轮本体；5—真空室；
6—电机 / 发电机；7—枢轴；8—螺旋槽轴承；9—下阻尼器。

**图 2–2　轴向 PMB 激励式 TMD 的储能飞轮转子系统**

## 2.3　本章小结

本章介绍了本书研究的径向 PMB 激励式 TMD 的储能飞轮转子系统的基本结构、各组成部分的作用及工作原理等，并在结构上与传统轴向 PMB 激励式 TMD 的储能飞轮转子系统进行了对比。

# 第 3 章　锥形动压螺旋槽轴承技术

## 3.1　概述

在储能飞轮系统中，螺旋槽轴承的承载力和摩擦功耗等静态性能是关系系统运转稳定性和效率的主要指标。本章将围绕这两个指标从理论分析到实验测试，从轴承结构到轴承材料论述锥形动压螺旋槽轴承的设计技术。首先，基于有限元法求解锥形动压螺旋槽轴承雷诺方程，计算轴承的油膜压力分布规律、承载力及摩擦功耗等性能，分析槽深、螺旋槽倾角、锥半角、槽台对数、槽宽比等结构参数及锥半角制造误差对轴承静态性能的影响。其次，为了提高轴承承载力，降低轴承摩擦功耗，简化轴承结构参数设计过程，以窄槽理论为基础，结合有限元法，借助 Matlab GUI 平台开发锥形动压螺旋槽轴承设计软件，并对锥形动压螺旋槽轴承结构参数进行优化。最后，论述动压螺旋槽轴承性能的测试对比螺旋槽槽深（未刻槽轴承样件、槽深 10 μm 轴承、槽深 50 μm 轴承）及轴承材料（铝青铜、C-Cu-PTFE 和 C-PTFE 复合材料）对轴承摩擦学性能与承载力的影响，旨在为开展锥形动压螺旋槽轴承的摩擦学设计，以及提高其承载力、降低摩擦功耗积累宝贵的试验数据。

# 3.2　锥形动压螺旋槽轴承静态性能分析

## 3.2.1　有限元数值模型

1. 雷诺方程推导及求解

图 3-1 为泵吸式锥形动压螺旋槽轴承结构简图。图中，$\alpha$ 为轴承锥半角，$\beta$ 为螺旋槽倾角，$l$ 为刻槽部分轴向长度，$l_p$ 为无槽部分轴向长度，$R_0$ 为轴承大径，$r_1$ 为螺旋槽起始半径，$r_2$ 为轴承小径，$h_0$ 为最小油膜厚度，$h_g$ 为锥面螺旋槽的法向槽深。

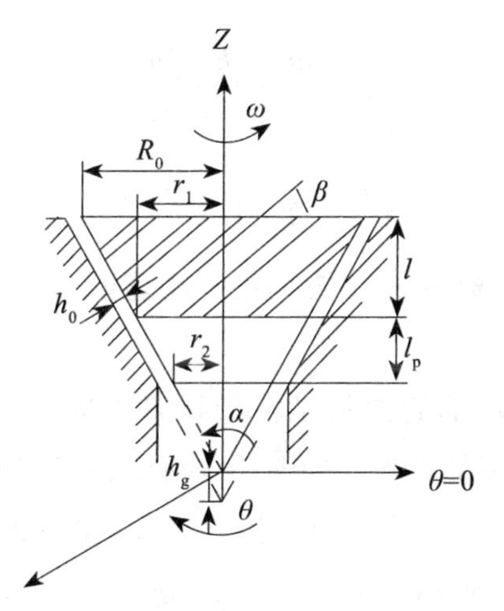


图 3-1　泵吸式锥形动压螺旋槽轴承结构示意图

（1）雷诺方程的建立。对于图 3-2 所示的二元流动基本模型，先做出以下假设：

①流体为层流，在流体膜中没有旋涡和湍流。

②不计流体的惯性力和质量力。

③流体油膜厚度与流动方向（$r$，$\Phi$）的宽度相比很小，忽略流体膜曲率的影响，以平动速度代替转动速度。

④流体的压力、密度和黏度均随流体油膜厚度不变。

⑤流体在轴承表面无滑动，即轴承表面速度与轴承表面润滑剂速度相等。

⑥与流体流动方向的速度梯度相比，油膜厚度方向的速度梯度忽略不计。

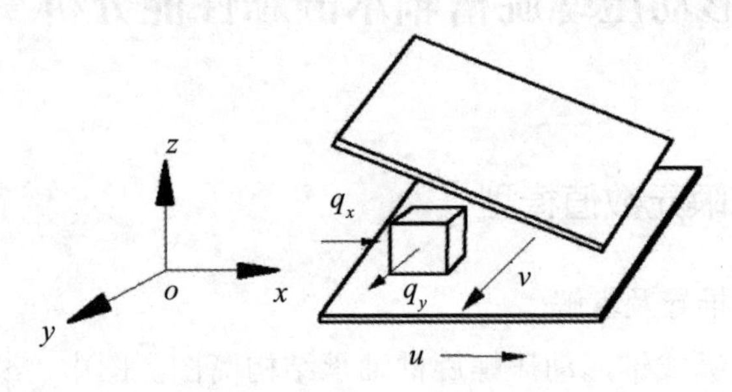


图 3-2　微元体二元流动示意图

基于以上假设，任一微元体在二元流动状态下的流量方程为

$$\begin{cases} q_x = \dfrac{uh}{2} - \dfrac{h^3}{12\mu}\dfrac{\partial p}{\partial x} \\ q_y = \dfrac{vh}{2} - \dfrac{h^3}{12\mu}\dfrac{\partial p}{\partial y} \end{cases} \tag{3-1}$$

式中：$u$、$v$ 分别为两平板沿 $x$、$y$ 方向的平动速度；$\mu$ 为流体动力黏度；$p$ 为流体压力；$h$ 为油膜厚度。

锥形动压螺旋槽轴承的油膜厚度与其曲率半径相比很小，可直接使用式（3-1），并忽略曲率的影响。如图 3-3 所示，将锥形动压螺旋槽轴承沿锥面展开并取一微元体，其各边长分别为 $r\mathrm{d}\theta$、$(r+\mathrm{d}r)\mathrm{d}\theta$、$\mathrm{d}r/\sin\alpha$ 和 $\mathrm{d}r/\sin\alpha$。用 $r\mathrm{d}\theta$、$\mathrm{d}r/\sin\alpha$ 分别代替 $\mathrm{d}x$、$\mathrm{d}y$，并令 $u=\omega r$，$v=0$，代入方程（3-1），得到

$$\begin{cases} q_\theta = \dfrac{\omega rh}{2} - \dfrac{h^3}{12\mu r}\left(\dfrac{\partial p}{\partial \theta}\right) \\ q_r = -\dfrac{h^3 \sin\alpha}{12\mu}\left(\dfrac{\partial p}{\partial r}\right) \end{cases} \tag{3-2}$$

假设润滑油密度为 $\rho$，根据微元体内的质量连续性条件，得到

$$\frac{\partial(\rho q_r r)}{\partial r}\sin\alpha + \frac{\partial(\rho q_\theta)}{\partial \theta} = -\frac{\partial}{\partial t}(\rho hr) \tag{3-3}$$

联立式（3-2）与式（3-3），得到锥形坐标系下的雷诺方程

$$\frac{\partial}{\partial\theta}\left(\frac{h^3}{12\mu}\frac{\partial p}{\partial\theta}\right)+r\sin^2\alpha\frac{\partial}{\partial r}\left(\frac{h^3 r}{12\mu}\frac{\partial p}{\partial r}\right)=\frac{\omega r^2}{2}\frac{\partial h}{\partial\theta}+r^2\frac{\partial h}{\partial t} \tag{3-4}$$

任一圆截面上的单位宽度的流量为

$$q_r=-\frac{h^3\sin\alpha}{12\mu}\frac{\partial p}{\partial r} \tag{3-5}$$

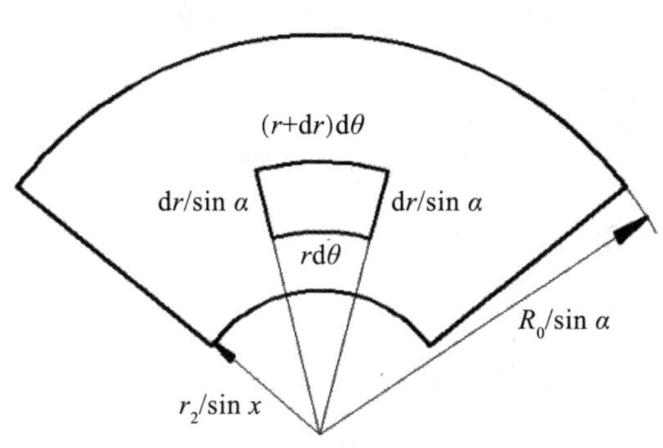


**图 3-3　锥面坐标系展开图**

（2）无量纲化。假设锥形动压螺旋槽轴承的径向偏心量为 $e$，对应的无径向偏心轴承的法向最小油膜厚度为 $h_0$，则轴承半径方向的间隙为

$$C=h_0/\cos\alpha \tag{3-6}$$

定义径向偏心率为

$$\varepsilon=e/C \tag{3-7}$$

从而可知，锥面上任意处的法向油膜厚度 $h$ 随 $\theta$ 的变化为

$$h=(C+e\cos\theta)\cos\alpha+Yh_g \tag{3-8}$$

式中：$h_g$ 为槽深；台处 $Y=0$；槽处 $Y=1$。

令

$$R=\frac{r}{R_0},\quad H=\frac{h}{h_0},\quad P=\frac{p}{12\omega\mu R_0^{\ 2}\sin^2\alpha/h_0^{\ 2}},\quad \tau=\omega t \tag{3-9}$$

将式（3-9）代入雷诺方程式（3-4），得到无量纲雷诺方程式（3-10）

$$\frac{\partial}{\partial\theta}\left(H^3\frac{\partial P}{\partial\theta}\right)+R\sin^2\alpha\frac{\partial}{\partial R}\left(H^3 R\frac{\partial P}{\partial R}\right)=\frac{R^2}{2}\frac{\partial H}{\partial\theta}+R^2\frac{\partial H}{\partial\tau} \tag{3-10}$$

（3）坐标变换。为了便于计算，将圆柱坐标系 $\theta$–$r$（图 3–1）下的雷诺方程式（3–10）转换到直角坐标系 $\theta$–$\xi$（图 3–4）下。不妨令

$$\mathrm{d}\xi = \frac{\mathrm{d}R}{R\sin\alpha} \tag{3–11}$$

将式（3–11）代入雷诺方程式（3–10），得到

$$\frac{\partial}{\partial\theta}\left(H^3\frac{\partial P}{\partial\theta}\right)+\frac{\partial}{\partial\xi}\left(H^3\frac{\partial P}{\partial\xi}\right)=\frac{R^2}{2}\frac{\partial H}{\partial\theta}+R^2\frac{\partial H}{\partial\tau} \tag{3–12}$$

对数螺旋线方程为

$$r = r_1\mathrm{e}^{\varphi\tan\beta} = r_1\mathrm{e}^{\theta\sin\alpha\cdot\tan\beta} \tag{3–13}$$

式中：$\beta$ 为螺旋槽倾角；$\varphi$ 为张角。

由式（3–11）可得

$$r = r_1\mathrm{e}^{\xi\sin\alpha} \tag{3–14}$$

联立式（3–13）与式（3–14），得到

$$\xi = \theta\tan\beta \tag{3–15}$$

如图 3–4 所示，将空间圆柱坐标系 $\theta$–$r$ 下的雷诺方程式（3–4）转化为平面直角坐标系 $\theta$–$\xi$ 下的雷诺方程式（3–12），将雷诺方程式（3–4）的不规则求解域转化为直角坐标戏 $\theta$–$\xi$ 下的规则求解域，为后续计算做好准备。

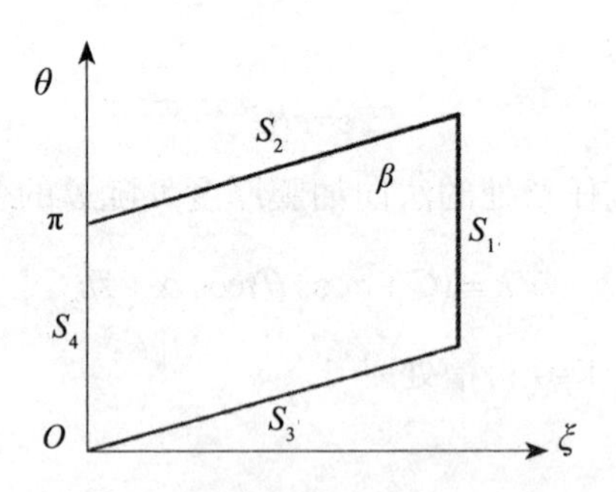


图 3–4　平面直角坐标系 $\theta$–$\xi$

（4）伽辽金（Galerkin）积分表达式。本书主要研究锥形动压螺旋槽轴承的静态性能，动压油膜处于稳定状态。因此，略去雷诺方程式（3–12）的最

后一项，得到

$$\frac{\partial}{\partial\theta}\left(H^3\frac{\partial P}{\partial\theta}\right)+\frac{\partial}{\partial\xi}\left(H^3\frac{\partial P}{\partial\xi}\right)=\frac{R^2}{2}\frac{\partial H}{\partial\theta} \quad (3\text{-}16)$$

根据 Galerkin 法，写出无量纲雷诺方程式（3–16）的一个积分表达式：

$$\iint_\Omega\left[\frac{\partial}{\partial\theta}\left(H^3\frac{\partial P}{\partial\theta}\right)+\frac{\partial}{\partial\xi}\left(H^3\frac{\partial P}{\partial\xi}\right)-\frac{R^2}{2}\frac{\partial H}{\partial\theta}\right]\delta P\mathrm{d}\xi\mathrm{d}\theta \quad (3\text{-}17)$$

式（3–17）中，$\Omega$ 为四边形求解域。如图 3–5 所示，$S_1$、$S_2$、$S_3$ 和 $S_4$ 分别为求解域 $\Omega$ 的 4 条边界。其中，$S_1$ 为润滑油入口压力边界条件，此边界上的压力为 0；$S_2$ 和 $S_3$ 为周期性边界条件，二者对应的压力值处处相同；$S_4$ 需根据球窝结构决定取值。若球窝无通孔，则边界 $S_4$ 上的流量为 0；若球窝有通孔，则 $S_4$ 为出口压力边界，此边界上压力值恒为 0。

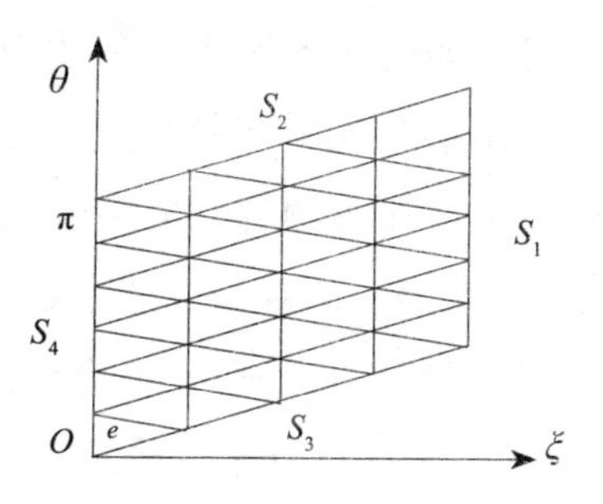


图 3–5　平面坐标区域网格划分

对于积分式（3–17）中的第二项，根据分部积分法，有

$$\begin{aligned}\iint_\Omega\frac{\partial}{\partial\xi}\left(H^3\frac{\partial P}{\partial\xi}\right)\delta P\mathrm{d}\xi\mathrm{d}\theta&=\iint_\Omega H^3\frac{\partial P}{\partial\xi}\delta P\mathrm{d}\xi\mathrm{d}\theta-\iint_\Omega H^3\frac{\partial P}{\partial\xi}\frac{\partial(\delta P)}{\partial\xi}\mathrm{d}\xi\mathrm{d}\theta\\&=\iint_\Omega H^3\frac{\partial P}{\partial\xi}\delta P\mathrm{d}S-\iint_\Omega H^3\frac{\partial P}{\partial\xi}\frac{\partial(\delta P)}{\partial\xi}\mathrm{d}\xi\mathrm{d}\theta\end{aligned} \quad (3\text{-}18)$$

由于 $S_2$ 和 $S_3$ 为周期性边界，此两边界上不仅各参数值相同，而且积分方向相反，即 $S_2$ 和 $S_3$ 边界上的积分和为 0；$S_1$ 和 $S_4$ 边界上的压力均为恒定值，故而积分项均为 0。因此，得到

$$\iint_\Omega\frac{\partial}{\partial\xi}\left(H^3\frac{\partial P}{\partial\xi}\right)\delta P\mathrm{d}\xi\mathrm{d}\theta=-\iint_\Omega H^3\frac{\partial P}{\partial\xi}\frac{\partial(\delta P)}{\partial\xi}\mathrm{d}\xi\mathrm{d}\theta \quad (3\text{-}19)$$

同理有

$$\iint_{\Omega}\frac{\partial}{\partial\theta}\left(H^{3}\frac{\partial P}{\partial\theta}\right)\delta P\mathrm{d}\xi\mathrm{d}\theta=-\iint_{\Omega}H^{3}\frac{\partial P}{\partial\theta}\frac{\partial(\delta P)}{\partial\theta}\mathrm{d}\xi\mathrm{d}\theta \tag{3-20}$$

$$\iint_{\Omega}\frac{\partial}{\partial\theta}\frac{R^{2}H}{2}\delta P\mathrm{d}\xi\mathrm{d}\theta=-\iint_{\Omega}\frac{R^{2}H}{2}\frac{\partial(\delta P)}{\partial\theta}\mathrm{d}\xi\mathrm{d}\theta \tag{3-21}$$

$$I(P)=\iint_{\Omega}\left\{H^{3}\left[\frac{\partial P}{\partial\xi}\frac{\partial(\delta P)}{\partial\xi}+\frac{\partial P}{\partial\theta}\frac{\partial(\delta P)}{\partial\theta}\right]-\frac{R^{2}H}{2}\frac{\partial(\delta P)}{\partial\theta}\right\}\mathrm{d}\xi\mathrm{d}\theta \tag{3-22}$$

（5）求解域网格划分及方程的离散。有限元法可运用网格单元对具有复杂边界的求解域进行划分，并在单元上进行积分运算。划分网格时，单元类型的选择决定了求解的精度、收敛性及收敛速度等重要性能参数。对于二维问题，通常使用的单元种类有三角形单元、矩形单元和等参单元等。其中，三角形单元使用最早，也最普遍。如图 3–5 所示，前述内容已将求解域转化为平行四边形区域，本书采用三角形单元对求解域进行划分。图 3–5 中，求解域的 $S_2$、$S_3$ 为周期边界，$S_4$ 为出口压力边界，$S_1$ 为入口压力边界。总体节点编号按照从左向右、从下往上依次增大的规律排列。划分时，根据单元处的槽深来判断其所在槽、台处，并始终确保任一单元不跨越槽台交界处。

假设某三角形单元 $e$ 内压力呈线性分布，单元的节点编号依次为 1、2、3，单元基函数为线性插值函数

$$N_i=a_i+b_i\xi+c_i\theta\ (i=1,2,3) \tag{3-23}$$

则此单元的压力分布为

$$\begin{cases}P^{e}=\sum\limits_{i=1}^{3}N_iP_i\\ \delta P^{e}=\sum\limits_{i=1}^{3}N_i\delta P_i\end{cases} \tag{3-24}$$

由式（3–22）可知，单元 $e$ 的积分表达式为

$$I(P^{e})=\iint_{\Omega}\left\{H^{3}\left[\frac{\partial P^{e}}{\partial\xi}\frac{\partial(\delta P^{e})}{\partial\xi}+\frac{\partial P^{e}}{\partial\theta}\frac{\partial(\delta P^{e})}{\partial\theta}\right]-\frac{R^{2}H}{2}\frac{\partial(\delta P^{e})}{\partial\theta}\right\}\mathrm{d}\xi\mathrm{d}\theta \tag{3-25}$$

将式（3–24）代入式（3–25），得到

$$\iint_{\Omega}\left\{H^3\left[\frac{\partial N_i}{\partial \xi}\frac{\partial N_j}{\partial \xi}+\frac{\partial N_i}{\partial \theta}\frac{\partial N_j}{\partial \theta}\right]-\frac{R^2 H}{2}\frac{\partial N_i}{\partial \theta}\right\}\mathrm{d}\xi\mathrm{d}\theta=0 \tag{3-26}$$

令

$$K_{ij}^e=\iint_{\Delta}H^3\left(\frac{\partial N_i}{\partial \theta}\frac{\partial N_j}{\partial \theta}+\frac{\partial N_i}{\partial \xi}\frac{\partial N_j}{\partial \xi}\right)\mathrm{d}\theta\mathrm{d}\xi \tag{3-27}$$

$$F_i^e=\frac{1}{2}\iint_{\Delta}R^2 H\frac{\partial N_i}{\partial \theta}\mathrm{d}\theta\mathrm{d}\xi \tag{3-28}$$

则式（3–25）的矩阵形式为

$$\boldsymbol{K}^e\boldsymbol{P}=\boldsymbol{F}^e \tag{3-29}$$

按照有限元法，在运用上述方法求得所有单元刚度矩阵 $\hat{\boldsymbol{E}}^e$ 和力矩阵 $\boldsymbol{F}^e$ 后，需要按照单元节点序号和总体节点序号的对应关系，将所有 $\hat{\boldsymbol{E}}^e$ 和 $\boldsymbol{F}^e$ 中的元素进行累加，得到总体刚度矩阵 $\hat{\boldsymbol{E}}$ 和力矩阵 $\boldsymbol{F}$。具体累加方法如下：假定总共有 $n$ 个单元的节点（$i$、$j$）与总体节点（$n$、$m$）相对应，则 $\hat{\boldsymbol{E}}$ 和 $\boldsymbol{F}$ 中元素 $K_{nm}$ 与 $F_n$ 应分别为这 $n$ 个单元元素 $K_{ij}^e$ 与 $F_i^e$ 的和，即

$$K_{nm}=\sum K_{ij}^e \tag{3-30}$$

$$F_n=\sum F_i^e \tag{3-31}$$

通过以上操作，合成整体有限元方程组

$$\boldsymbol{KP}=\boldsymbol{F} \tag{3-32}$$

（6）方程组的求解。求解方程组 $\boldsymbol{KP}=\boldsymbol{F}$ 时，需要解除边界条件的限制。

①零边界的施加：在求解域中，$S_1$ 为入口压力边界，本实例中 $S_1$ 边界上压力为 0；对于压力为 0 的边界，计算中采用消行修正法，即将整体刚度矩阵 $\boldsymbol{K}$ 中压力为 0 的节点所在的行和列的值全部取为 0，同时将整体力矩阵 $\boldsymbol{F}$ 中的对应行的值取为 0。

②周期性边界的施加：$S_2$ 和 $S_3$ 为周期性边界条件，边界上的压力值完全相同。在进行求解时，对方程组做如下处理：若两节点 $i$、$j$ 处的压力值相同，则将整体刚度矩阵的第 $i$ 行元素 $K_{ii}$ 置为 1，$K_{ij}$ 置为 –1，其余元素全部为 0，将整体力矩阵 $\boldsymbol{F}$ 的第 $i$ 行置为 0，并将整体刚度矩阵 $\boldsymbol{K}$ 的第 $i$ 行 $K_{ik}$ 改为 $K_{ik}+K_{jk}$（$k$=1，2，3，…，$m$）；将整体力矩阵 $\boldsymbol{F}$ 的第 $i$ 行 $F_i$ 改为 $F_i+F_j$。

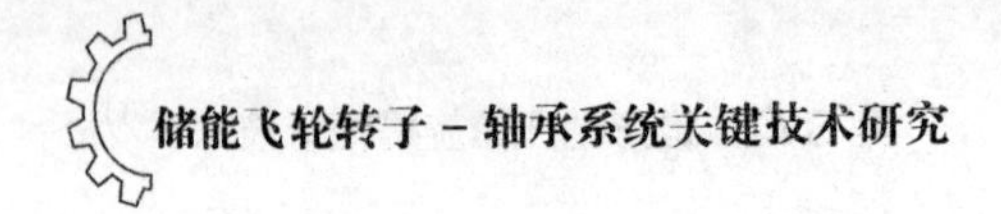


通过以上边界条件处理后，采用高斯消去法求解线性方程组，得到各节点的压力值。

2. 轴承静态性能参数计算方法

求解得到锥形动压螺旋槽轴承的油膜压力分布之后，即可计算得到轴承的轴向承载力、径向承载力、摩擦阻力、摩擦力矩等性能参数。

（1）轴向承载力的计算。锥形动压螺旋槽轴承的油膜压力沿圆锥表面法向分布。如图 3–6 所示，锥形动压螺旋槽轴承的轴向承载力由锥面油膜力的轴向分力 $F_c$ 和球窝油腔的油膜力 $F_p$ 两部分构成，即轴承所受轴向力为

$$F_z=F_c+F_p \tag{3-33}$$

任意单元 $e$ 上的轴向分力为

$$F_{ce}=\iint_e p\sin\alpha\mathrm{d}A=\frac{1}{2}\iint_e pr\mathrm{d}r\mathrm{d}\theta=\frac{\omega\mu R_0^{\ 4}}{h_0^{\ 2}}\iint_e 6PR\sin^2\alpha\mathrm{d}R\mathrm{d}\theta \tag{3-34}$$

采用一点高斯积分求解式（3–34），即可得到单元油膜力的轴向分力 $F_{ce}$。

球窝无通孔时，球窝中心会形成油膜压力为 $p_{max}$ 的油腔，则油腔中的总油膜力为

$$F_p=\pi r_2^{\ 2}p_{max}=\frac{\omega\mu R_0^{\ 4}}{h_0^{\ 2}}\frac{12\pi r_2^{\ 2}\sin^2\alpha}{R_0^{\ 2}}P_{max} \tag{3-35}$$

将式（3–34）、式（3–35）代入式（3–33）中，并无量纲化，化为坐标系 $\theta$–$\xi$ 下的方程

$$\bar{F}_z=\sum_{e=1}^{n}\iint_e 6P\mathrm{e}^{2\xi\sin\alpha}\sin^3\alpha\mathrm{d}\xi\mathrm{d}\theta+\bar{F}_p \tag{3-36}$$

式中：$\bar{F}_z=F_z\Big/\left(\dfrac{\omega\mu R_0^{\ 4}}{h_0^{\ 2}}\right)$。

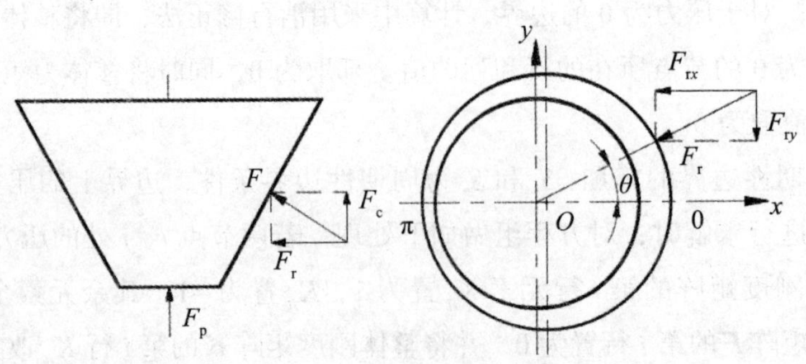


图 3–6　锥形动压螺旋槽轴承受力示意图

（2）径向承载力的计算。锥形动压螺旋槽轴承的径向承载力 $F_r$ 应为各个单元油膜力的径向分力的合力

$$F_r = \sum_{e=1}^{n} \iint_e \frac{pr\cos\alpha}{2\sin\alpha} \mathrm{d}r\mathrm{d}\theta \qquad (3\text{-}37)$$

$$F_{ry} = \sum_{e=1}^{n} \iint_e \frac{pr}{2\sin\alpha} \cos\alpha \sin\theta \mathrm{d}r\mathrm{d}\theta \qquad (3\text{-}38)$$

将式（3-38）无量纲化，并化为坐标系 $\theta$–$\xi$ 下的方程

$$\bar{F}_{rx} = \sum_{e=1}^{n} \iint_e 6P\mathrm{e}^{2\xi\sin\alpha} \cos\theta \sin^2\alpha \cos\alpha \mathrm{d}\xi\mathrm{d}\theta \qquad (3\text{-}39)$$

$$\bar{F}_{ry} = \sum_{e=1}^{n} \iint_e 6P\mathrm{e}^{2\xi\sin\alpha} \sin\theta \sin^2\alpha \cos\alpha \mathrm{d}\xi\mathrm{d}\theta \qquad (3\text{-}40)$$

式中：$\bar{F}_{rx} = F_{rx} \Big/ \left(\dfrac{\omega\mu {R_0}^4}{{h_0}^2}\right)$，$\bar{F}_{ry} = F_{ry} \Big/ \left(\dfrac{\omega\mu {R_0}^4}{{h_0}^2}\right)$。

采用一点高斯积分，即可算出径向分力 $\bar{F}_{rx}$ 和 $\bar{F}_{ry}$。

锥形动压螺旋槽轴承的径向承载力 $\bar{F}_r$ 的大小为

$$\bar{F}_r = \sqrt{{\bar{F}_{rx}}^2 + {\bar{F}_{ry}}^2} \qquad (3\text{-}41)$$

方向为

$$\tan\theta = \frac{\bar{F}_{rx}}{\bar{F}_{ry}} \qquad (3\text{-}42)$$

（3）摩擦阻力的计算。由于润滑油的剪切作用，锥形动压螺旋槽轴承在工作过程中会产生摩擦力 $f$。根据力的平衡原理可知，轴承表面的摩擦力 $f$ 应当与球窝表面的摩擦力大小相等、方向相反。由于锥形动压螺旋槽轴承表面结构复杂，不妨计算球窝表面（即 $y$=0 处，$y$ 为油膜厚度方向）的摩擦力，即

$$f = \iint_\Omega \tau\big|_{y=0} \mathrm{d}A = \iint_\Omega -\mu \frac{\partial v}{\partial\theta}\bigg|_{y=0} \mathrm{d}A \qquad (3\text{-}43)$$

根据牛顿流体的剪切特性，油膜厚度方向任意一点的周向速度为

$$v = \frac{h-y}{h}\omega r - \frac{1}{2\mu r}\frac{\partial p}{\partial\theta} y(h-y) \qquad (3\text{-}44)$$

对式（3–44）求偏导，那么

$$\left.\frac{\partial v}{\partial \theta}\right|_{y=0}=\left[-\frac{\omega r}{h}-\frac{1}{2\mu r}\frac{\partial p}{\partial \theta}(h-2y)\right]\Bigg|_{y=0}=-\frac{\omega r}{h}-\frac{1}{2\mu r}\frac{\partial p}{\partial \theta}h \tag{3-45}$$

将式（3–45）代入摩擦力计算式（3–43），有

$$\begin{aligned} f&=\iint_{\Omega}\left(\frac{\omega\mu r}{h}+\frac{h}{2r}\frac{\partial p}{\partial \theta}\right)\mathrm{d}A \\ &=\iint_{\Omega}\left(\frac{\omega\mu r}{h}+\frac{h}{2r}\frac{\partial p}{\partial \theta}\right)\frac{r}{2\sin\alpha}\mathrm{d}r\mathrm{d}\theta \end{aligned} \tag{3-46}$$

令$\overline{f}=f\Big/\left(\dfrac{\omega\mu R_0{}^3}{h_0}\right)$，得到无量纲摩擦力

$$\overline{f}=\iint_{\Omega}\frac{1}{2}\left(\frac{R^2}{H}+6H\frac{\partial P}{\partial \theta}\sin\alpha\right)\mathrm{d}R\mathrm{d}\theta \tag{3-47}$$

已知$R=\mathrm{e}^{\xi\sin\alpha},\mathrm{d}R=\mathrm{e}^{\xi\sin\alpha}\sin\alpha\mathrm{d}\xi$，将无量纲摩擦力计算式（3–47）转换到坐标系$\theta$–$\xi$下可得

$$\overline{f}=\frac{1}{2}\iint_{\Omega}\left(\frac{\mathrm{e}^{2\xi\sin\alpha}}{H}+6H\frac{\partial P}{\partial \theta}\sin\alpha\right)\mathrm{e}^{\xi\sin\alpha}\sin\alpha\mathrm{d}\xi\mathrm{d}\theta \tag{3-48}$$

$$\overline{f}=\sum_{e=1}^{n}\frac{1}{2}\iint_{e}\left(\frac{\mathrm{e}^{2\xi\sin\alpha}}{H}+6H\frac{\partial P^e}{\partial \theta}\sin\alpha\right)\mathrm{e}^{\xi\sin\alpha}\sin\alpha\mathrm{d}\xi\mathrm{d}\theta \tag{3-49}$$

式中，$\dfrac{\partial P^e}{\partial \theta}=P_i\dfrac{\partial N_i}{\partial \theta}+P_j\dfrac{\partial N_j}{\partial \theta}+P_k\dfrac{\partial N_k}{\partial \theta}$已在前面求得。将其代入式（3–49），并采用一点高斯积分求出摩擦力$\overline{f}$。

（4）摩擦力矩的计算。摩擦力矩的计算公式为

$$M=\frac{1}{2}\iint_{\Omega}\left(\frac{wr}{h}+\frac{h}{2\mu r}\frac{\partial p}{\partial \theta}\right)\frac{\mu r^2}{\sin\alpha}\mathrm{d}r\mathrm{d}\theta \tag{3-50}$$

与摩擦力$f$的计算方法相同，将式（3–50）无量纲化，并转换到坐标系$\theta$–$\xi$下可得

$$\bar{M}=\frac{1}{2}\iint_{\Omega}\left(\frac{\mathrm{e}^{2\xi\sin\alpha}}{H}+6H\frac{\partial P}{\partial \theta}\sin\alpha\right)\mathrm{e}^{2\xi\sin\alpha}\sin\alpha\mathrm{d}\xi\mathrm{d}\theta \tag{3-51}$$

式中：$\bar{M}=M\Big/\left(\dfrac{\omega\mu R_0{}^4}{h_0}\right)$。

将式（3–51）离散得

$$\bar{M}=\sum_{e=1}^{n}\frac{1}{2}\iint_{e}\left(\frac{\mathrm{e}^{2\xi\sin\alpha}}{H}+6H\frac{\partial P^{e}}{\partial\theta}\sin\alpha\right)\mathrm{e}^{2\xi\sin\alpha}\sin\alpha\mathrm{d}\xi\mathrm{d}\theta \tag{3-52}$$

式中，任一单元压力的周向梯度为

$$\frac{\partial P^{e}}{\partial\theta}=P_{i}\frac{\partial N_{i}}{\partial\theta}+P_{j}\frac{\partial N_{j}}{\partial\theta}+P_{k}\frac{\partial N_{k}}{\partial\theta} \tag{3-53}$$

将式（3–53）代入式（3–52），并采用一点高斯积分求出无量纲摩擦力矩 $\bar{M}$。

### 3.2.2　FLUENT 平面等效模型

FLUENT 流体计算软件具有计算精度高、物理模型丰富、后处理功能强大等诸多优点，是目前计算螺旋槽轴承性能参数的常用软件。FLUENT 软件本身不具备前处理功能，一般使用 Gambit 等软件进行前处理，某些复杂模型则需要采用其他的 CAD 软件进行建模。由于螺旋槽轴承结构复杂且表面结构尺寸差异很大，目前主要采用 AutoCAD、Pro/E 等软件对该类轴承进行建模，采用Gambit进行网格划分及边界设置，最后导入FLUENT软件进行模拟计算。对于结构不同的轴承，每次模拟均需重新建模，操作烦琐。

由于锥形动压螺旋槽轴承具有锥形结构，即使采用三维建模软件成功建模，网格划分和边界条件设置也较为困难。本书根据前述有限元法的建模思想，将锥形动压螺旋槽轴承沿螺旋线展开，建立锥形动压螺旋槽轴承的 FLUENT 平面等效模型，并进行等效计算。但是，这种方法只适用于轴承无径向偏心时的情况。

图 3–7 为运用 Gambit 建立的 FLUENT 平面等效模型。如图 3–7 所示，FLUENT 平面等效模型以单对槽台为建模对象，旨在缩短建模和计算时间。建模后，采用 Cooper 法对平面模型进行网格划分，油膜厚度方向网格间隙为 1.5 μm。图 3–7 中 $S_1$ 设置为入口压力边界（pressure–inlet），$S_2$ 根据球窝有无通孔分别设置为出口压力边界（pressure–outlet）或者壁面（wall），$S_3$ 和 $S_4$ 设置为周期性边界（periodic）。运用 FLUENT 软件对模型进行计算，选择层流模型，计算方法为 SIMPLE 二阶迎风解法。FLUENT 等效平面模型的转速应设置为锥形动压螺旋槽轴承实际转速的 sin $\alpha$ 倍。FLUENT 软件计算所得的

油膜承载力为单对槽台沿锥面法向的油膜力 $F$。计算结束时，锥形动压螺旋槽轴承轴向承载力以式 $n \cdot F\sin\alpha$ 进行换算。其中，$n$ 为槽台对数。

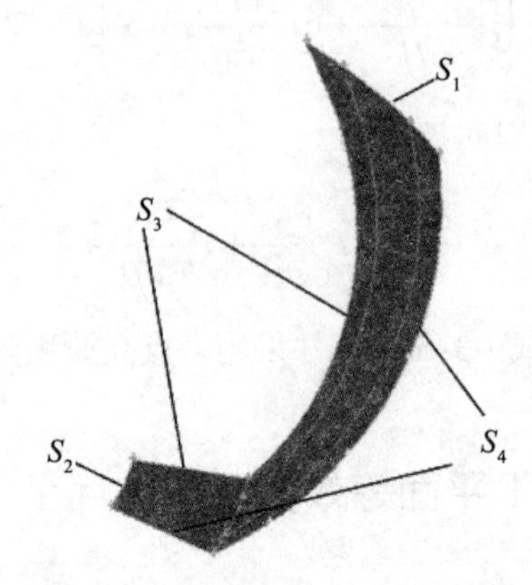


图 3–7 FLUENT 平面等效模型

## 3.2.3 轴承静态性能参数计算结果

下面运用有限元法、FLUENT 平面等效模型和窄槽理论，对图 3–1 所示的泵吸式锥形动压螺旋槽轴承的承载力和摩擦功耗进行计算。表 3–1 列出了轴承的主要结构参数和工况参数。、

表3–1 轴承主要计算参数

| 参数名称 | 数 值 | 参数名称 | 数 值 |
|---|---|---|---|
| 锥半角 $\alpha$/(°) | 30 | 轴承大径 $R_0$/mm | 6 |
| 螺旋槽倾角 $\beta$/(°) | 30 | 螺旋线起始半径 $r_1$/mm | 3 |
| 槽台对数 $n$/ 对 | 10 | 轴承小径 $r_2$/mm | 2 |
| 槽宽比 $B_r$ | 1 | 槽深 $h_g$/μm | 12 |
| 动力黏度 $\mu$/(Pa · s) | 0.01835 | 油膜厚度 $h_0$/μm | 7.5 |

1. 轴承压力分布

图 3–8 为球窝无通孔时同心锥形动压螺旋槽轴承的油膜压力分布图。其中，图 3–8（a）为有限元法计算结果，图 3–8（b）为 FLUENT 软件计算结果。由图 3–8 可知，有限元法和 FLUENT 软件得到的油膜压力分布规律相同。

螺旋线方向，油膜压力从螺旋槽外端向轴承中心逐渐增大，并在螺旋槽的根部达到最大值。润滑油在球窝中心处形成压力油腔。圆周方向，油膜压力均呈周期性锯齿形分布。在润滑油进口端均有一定程度的负压区存在。转速为 4 000 r/min 时，FLUENT 软件计算所得的最大油膜压力约为 1.67 MPa，本书推导的有限元法计算所得的最大油膜压力约为 1.57 MPa，二者相差不多。

无径向偏心（$e$=0）时，锥形动压螺旋槽轴承的动压成膜机理一般认为有两方面的原因。一方面，轴承转动时润滑剂在锥面斜槽内有沿斜槽的运动分量，促使油液汇聚而形成动压油膜，即所谓的泵吸效应。另一方面，轴承转动时油液具有周向运动分量，且轴承表面槽台周期性交替，具有周期性阶梯效应。周期性阶梯效应使得锥形动压螺旋槽轴承油膜压力呈周期性锯齿形分布。

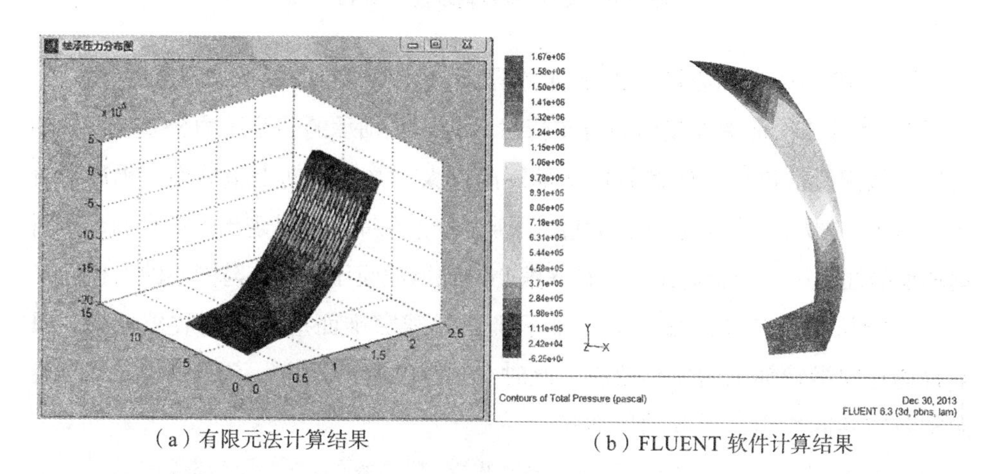


（a）有限元法计算结果　　（b）FLUENT 软件计算结果

**图 3–8　无通孔同心轴承压力分布**

图 3–9 为球窝含通孔时同心锥形动压螺旋槽轴承的油膜压力分布图。其中，图 3–9（a）为有限元法计算结果，图 3–9（b）为 FLUENT 软件计算结果。由图 3–9 可知，球窝含通孔时，轴承油膜压力沿螺旋槽向螺旋槽根部逐渐增大，且具有周期性锯齿形特征。但是，轴承油膜压力在螺旋槽根部达到最大值后逐渐减小，无法在球窝中心形成压力油腔。转速为 4 000 r/min 时，FLUENT 计算所得的最大油膜压力约为 1.31 MPa，有限元法计算所得的最大油膜压力约为 1.29 MPa，二者相差不多。与无通孔球窝相比，球窝含通孔时轴承的油膜压力较小。

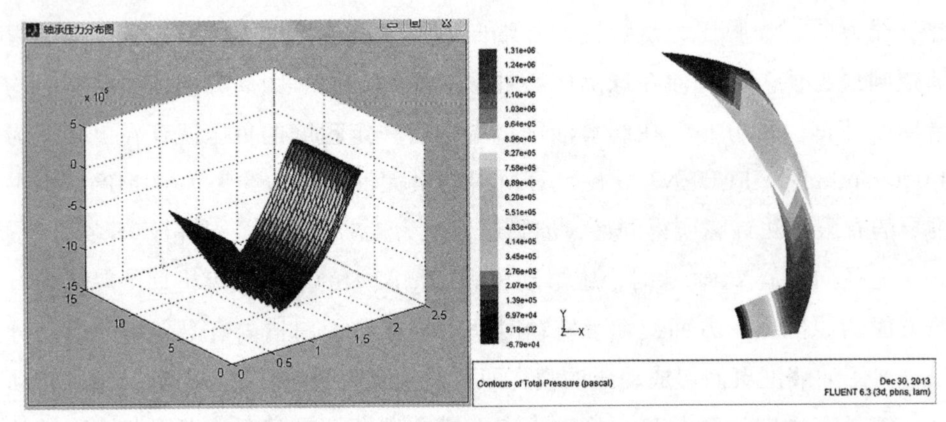


（a）有限元法计算结果　　　　（b）FLUENT 计算结果

**图 3–9　通孔同心轴承压力分布**

图 3–10 为径向偏心量 $e$=2 μm 时有限元法计算所得的轴承油膜压力分布图。由图 3–10 可知，轴承油膜压力分布依然具有同心轴承的油膜压力分布特征：油膜压力从润滑油进口端向螺旋槽根部逐渐增大，并在周向上呈周期性锯齿形分布。然而，轴承有径向偏心时，其油膜压力分布在周向上呈现出普通径向动压滑动轴承的油膜压力分布规律。有径向偏心的轴承油膜压力分布与同心轴承相近。

分析认为：有径向偏心时，轴承锥面和球窝锥面形成周向收敛油楔，具有普通径向滑动轴承的楔形效应。此时，轴承的楔形效应、泵吸效应及周期性阶梯效应共同作用，形成动压油膜。

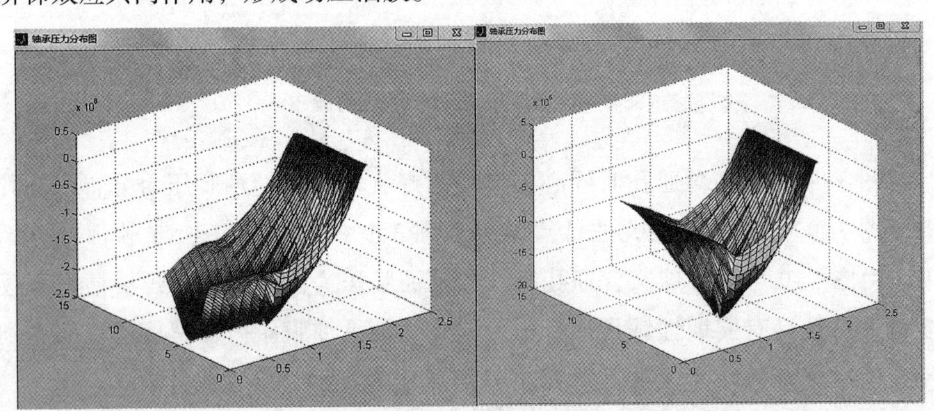


（a）无通孔偏心轴承压力分布　　　　（b）含通孔偏心轴承压力分布

**图 3–10　有限元法计算所得的偏心轴承油膜压力分布图（$e$=2 μm）**

2. 轴向承载力

图 3–11 为无径向偏心时轴承轴向承载力随转速变化的曲线。由图 3–11 可知，轴承轴向承载力随转速增大而增大，二者成正比关系。与无通孔球窝相比，球窝含通孔时，轴承轴向承载力降低约 53%。窄槽理论、有限元法和 FLUENT 平面等效模型的计算结果一致性较好，有限元法计算结果比窄槽理论大 9.3%，FLUENT 计算结果比窄槽理论大 5%。由此可知，运用有限元法和 FLUENT 平面等效模型计算锥形动压螺旋槽轴承的承载力是正确、可行的。

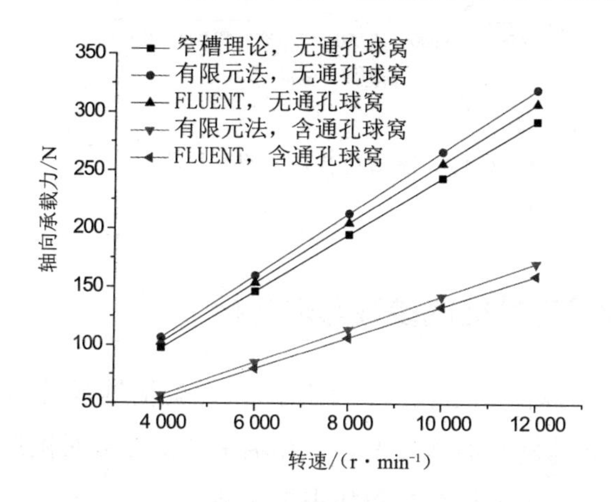


图 3–11 轴向承载力随转速变化的曲线

3. 摩擦功耗

FLUENT 平面等效模型只适用于计算油膜厚度已知时的轴承摩擦功耗，而不适用于计算定载荷下的轴承摩擦功耗。窄槽理论不适用于计算球窝含通孔时的轴承摩擦功耗。因此，本书采用窄槽理论和有限元法，计算球窝无通孔时锥形动压螺旋槽轴承在 100 N 下的摩擦功耗。

图 3–12 为锥形动压螺旋槽轴承的摩擦功耗随转速变化的曲线。由图 3–12 可知，锥形动压螺旋槽轴承的摩擦功耗随转速增加而增加；当转速达到 12 000 r/min 时，窄槽理论与有限元法的计算结果相差 1.5 W，二者一致性较好。

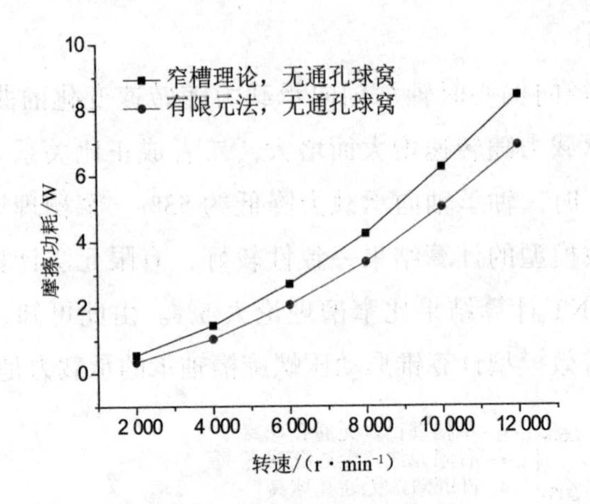


图 3–12 摩擦功耗随转速变化曲线

### 3.2.4 轴承静态性能的参数影响分析

前述内容表明，球窝无通孔时，锥形动压螺旋槽轴承的承载力更大。本节采用有限元法计算球窝无通孔时偏心率和轴承结构参数对锥形动压螺旋槽轴承无量纲性能的影响。主要计算参数如表 3–1 所示。

1. 径向偏心率的影响

图 3–13 为轴承无量纲承载力随径向偏心率 $\varepsilon$ 变化的曲线。由图 3–13 可知，轴承轴向承载力随径向偏心率 $\varepsilon$ 增大而略有减小；轴承无量纲径向承载力随偏心率 $\varepsilon$ 增大而迅速增大。

分析认为：轴承的径向承载力主要是径向偏心下的不对称油膜压力分布引起的，其大小受径向偏心率的影响较大；然而，轴承在径向偏心下的动压油膜压力变化较小，故而轴向承载力受径向偏心率的影响较小。

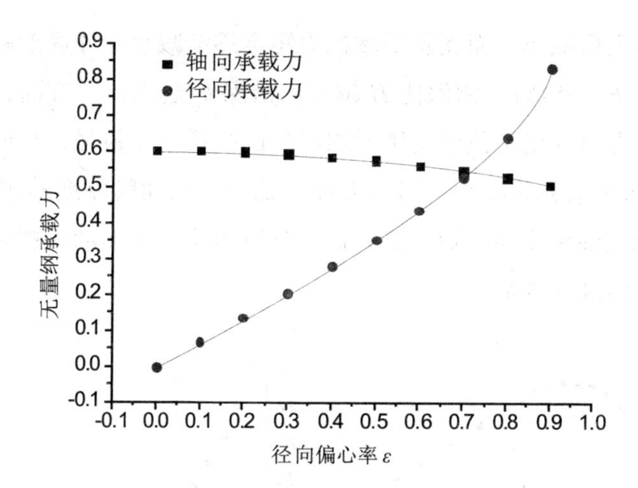


**图 3-13　径向偏心率 ε 对无通孔轴承承载力的影响**

图 3-14 为轴承无量纲摩擦力矩随径向偏心率 ε 变化的曲线。由图 3-14 可知，径向偏心率 ε 较小时，轴承无量纲摩擦力矩基本不变；径向偏心率 ε 较大时，轴承无量纲摩擦力矩随径向偏心率 ε 增大而迅速增大。

分析认为：径向偏心率 ε 较小时，轴承最小油膜厚度较大，摩擦力矩小；径向偏心率 ε 较大时，轴承最小油膜厚度很小，摩擦力矩增大。

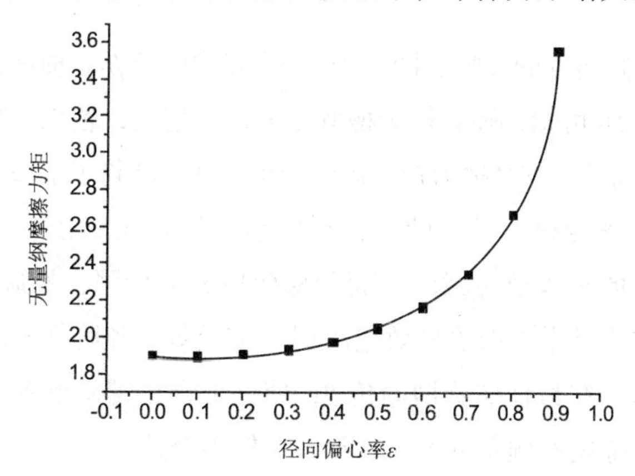


**图 3-14　轴承无量纲摩擦力矩随径向偏心率 ε 变化的曲线**

2. 结构参数的影响

（1）槽深比 $H$ 的影响。图 3-15 为槽深比 $H[H=(h_0+h_g)/h_0]$ 对轴承无量纲性能的影响曲线。由图 3-15 可知，随着槽深比 $H$ 逐渐增大，轴承无量纲轴向承载力先增大后减小，而无量纲摩擦力矩会逐渐减小，并逐渐趋于平稳。

油膜厚度 $h_0$ 一定时，槽深比 $H$ 越大，槽深 $h_g$ 越大。一方面，与传统阶梯轴承相似，存在最佳槽深值使得锥形螺旋槽的阶梯效应最强，故而油膜压力随槽深 $h_g$ 增加而先增大后减小。另一方面，轴承平均油膜厚度随槽深 $h_g$ 增加而增加，故而动压油膜摩擦力矩逐渐降低。计算表明，锥形动压螺旋槽轴承的最佳槽深比 $H$ 为 2.8 ～ 3.4。

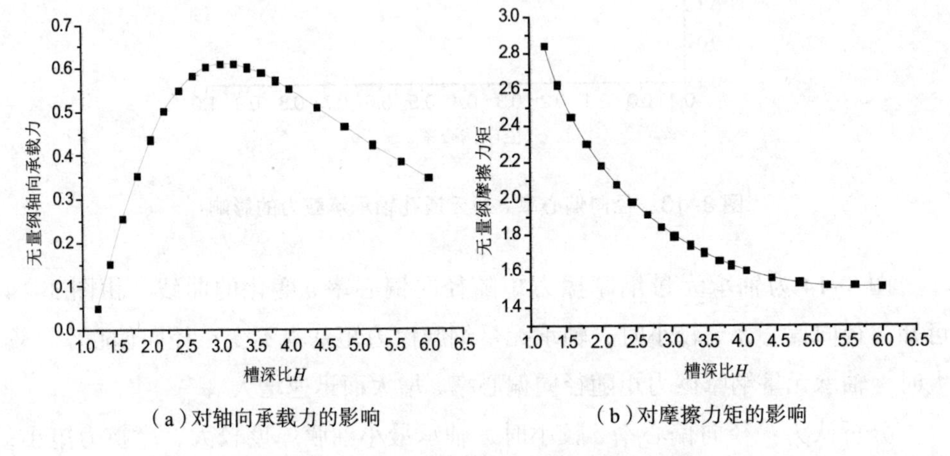


（a）对轴向承载力的影响　　（b）对摩擦力矩的影响

**图 3–15　槽深比 $H=(h_0+h_g)/h_0$ 对轴承无量纲性能的影响曲线**

（2）螺旋槽倾角 $\beta$ 的影响。图 3–16 为螺旋槽倾角 $\beta$ 对轴承无量纲性能的影响曲线。由图 3–16 可知，随着螺旋槽倾角 $\beta$ 逐渐增大，轴承无量纲轴向承载力先增大后减小，而无量纲摩擦力矩会逐渐减小，并逐渐趋于平稳。

分析认为：螺旋槽倾角 $\beta$ 的变化对轴承动压效应有较大影响。螺旋槽倾角 $\beta$ 增大，轴承的泵吸效应减弱，而阶梯效应相对增强；螺旋槽倾角 $\beta$ 减小，螺旋槽的泵吸效应增强，而阶梯效应减弱。泵吸效应和阶梯效应必定存在最佳的比例关系，即存在最佳螺旋槽倾角 $\beta$，使锥形动压螺旋槽轴承的动压效应最强。计算表明，螺旋槽倾角 $\beta$ 取 15° ～ 30° 较为合适。

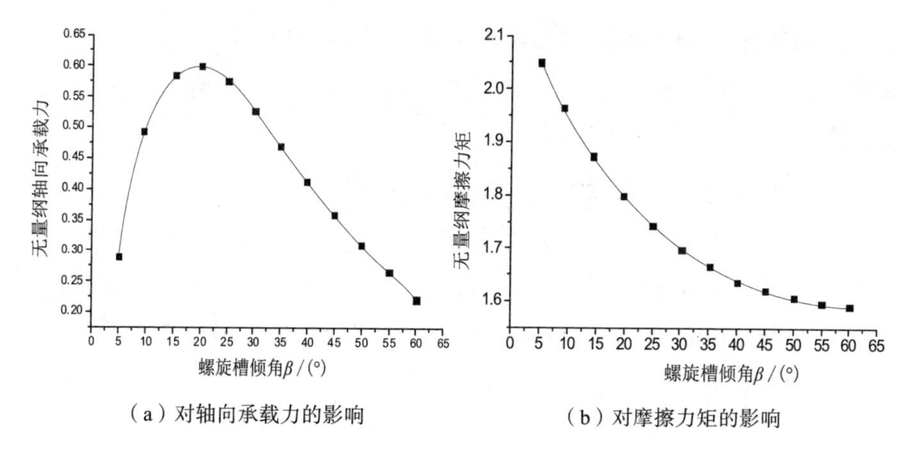


（a）对轴向承载力的影响　　（b）对摩擦力矩的影响

**图 3-16　螺旋槽倾角 $\beta$ 对轴承无量纲性能的影响曲线**

（3）槽台对数 $n$ 的影响。图 3-17 为槽台对数 $n$ 对轴承无量纲性能的影响曲线。由图 3-17 可知，轴承无量纲轴向承载力随槽台对数 $n$ 增加而迅速增大，并逐渐趋于平稳；轴承无量纲摩擦力矩随槽台对数 $n$ 增加而迅速减小，并逐渐趋于平稳。

分析认为：槽台对数 $n$ 是影响轴承性能的重要结构参数。一方面，槽台对数 $n$ 增加，轴承动压效应增强，轴向承载力增大。另一方面，槽台对数 $n$ 增加，轴承平均油膜厚度增加，摩擦力矩减小。然而，槽台对数 $n$ 过大时，不仅轴承制造困难、成本较高，而且轴承性能变化较小。综合考虑轴承性能及制造因素，槽台对数 $n$ 取 10～20 较为合适。

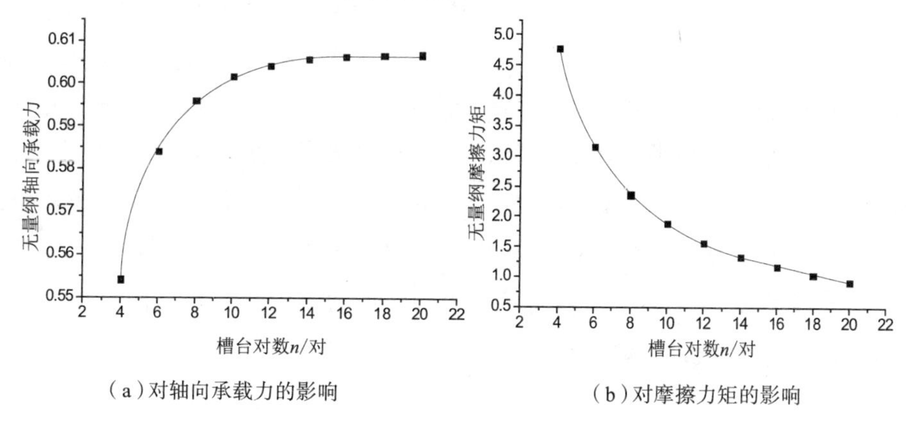


（a）对轴向承载力的影响　　（b）对摩擦力矩的影响

**图 3-17　槽台对数 $n$ 对轴承无量纲性能的影响曲线**

（4）槽宽比 $B_r$ 的影响。图 3-18 为槽宽比 $B_r$（$B_r=b_r/b_g$）对轴承无量纲性能的影响曲线。由图 3-18 可知，轴承无量纲轴向承载力随槽宽比 $B_r$ 增大而先增大后减小，无量纲摩擦力矩随槽宽比 $B_r$ 增大而增大。

分析认为：槽宽比 $B_r$ 是锥形动压螺旋槽轴承槽台主要的特征参数之一。当槽宽比 $B_r$ 为 0 或无穷大时，轴承表面均不存在槽台特征，无法形成动压油膜。因此，槽宽比 $B_r$ 存在最佳值，使得轴承轴向承载力达到最大。油膜厚度 $h_0$ 一定时，槽宽比 $B_r$ 增大，轴承平均油膜厚度减小，进而摩擦力矩增大。计算表明，槽宽比 $B_r$ 取 1 ～ 1.2 较为合适。

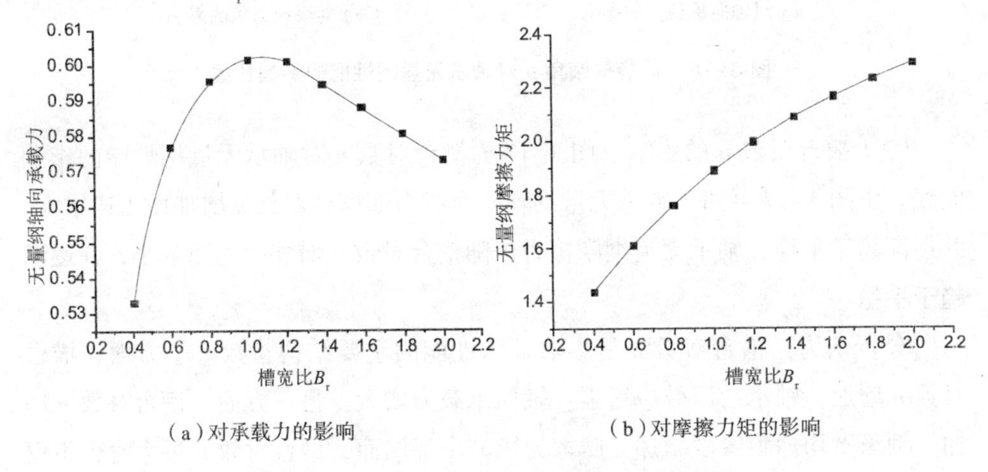


（a）对承载力的影响　　（b）对摩擦力矩的影响

**图 3-18　槽宽比 $B_r$ 对轴承无量纲性能的影响曲线**

（5）槽端半径比 $\bar{R}_1$ 的影响。图 3-19 为槽端半径比 $\bar{R}_1$ 对轴承无量纲性能的影响曲线。由图 3-19 可知，轴承无量纲轴向承载力随槽端半径比 $\bar{R}_1$ 增大而减小，无量纲摩擦力矩随槽端半径比 $\bar{R}_1$ 增大而增大。

分析认为：槽端半径比 $\bar{R}_1$ 增大，螺旋槽的长度减小，轴承的动压效应减弱，平均油膜厚度减小，故而轴向承载力减小，摩擦力矩增大。当槽端半径比 $\bar{R}_1$ 较小时，螺旋槽靠近旋转中心，轴承表面速度小，动压效应弱，此时槽端半径比 $\bar{R}_1$ 增大，不仅轴承的轴向承载力和摩擦力矩变化较小，而且增加了轴承制造难度。计算表明，槽端半径比 $\bar{R}_1$ 取 0.5 较为合适。

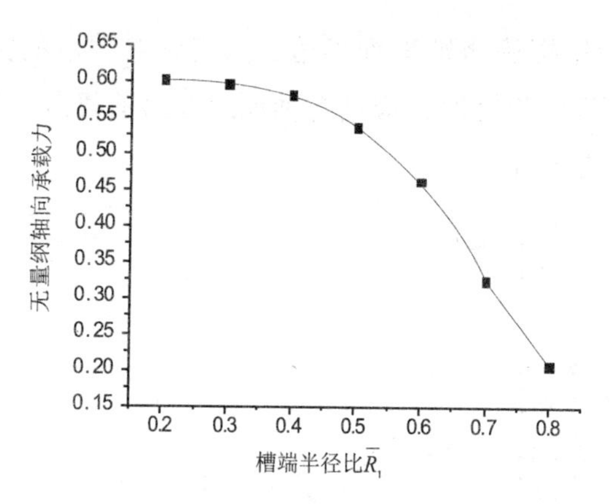


（a）对轴向承载力的影响

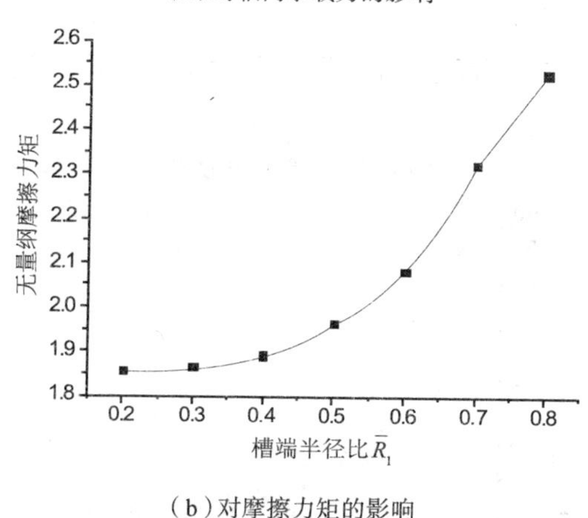


（b）对摩擦力矩的影响

**图 3–19　槽端半径比$\overline{R}_1$对轴承无量纲性能的影响曲线**

（6）锥半角 $\alpha$ 的影响。图 3–20 为锥半角 $\alpha$ 对轴承无量纲性能的影响曲线。由图 3–20 可知，轴承无量纲轴向承载力、无量纲摩擦力矩均随锥半角 $\alpha$ 的增大而迅速减小，并逐渐趋于稳定。

分析认为：锥半角 $\alpha$ 变化会产生多方面的影响。首先，锥形螺旋槽的长度随锥半角 $\alpha$ 增大而减小，轴承动压效应降低。其次，螺旋槽表面速度随锥半角 $\alpha$ 增大而减小，轴承动压效应进一步减弱。最后，锥半角 $\alpha$ 增大，轴承油膜力的轴向分量增大，但其增大值不足以弥补动压效应减弱引起的轴向承载力的减小量。因此，锥形动压螺旋槽轴承的无量纲轴向承载力随锥半角 $\alpha$ 的增大而逐渐减小。不仅如此，锥半角 $\alpha$ 增大，轴承的摩擦面积减小，故而轴承摩擦力矩迅速降低。

显然，锥形动压螺旋槽轴承锥半角 $\alpha$ 的变化对轴承的轴向承载力和摩擦功耗性能的影响不同。设计时，应结合轴承的轴向承载力、摩擦功耗及尺寸要求，合理选取锥半角大小。

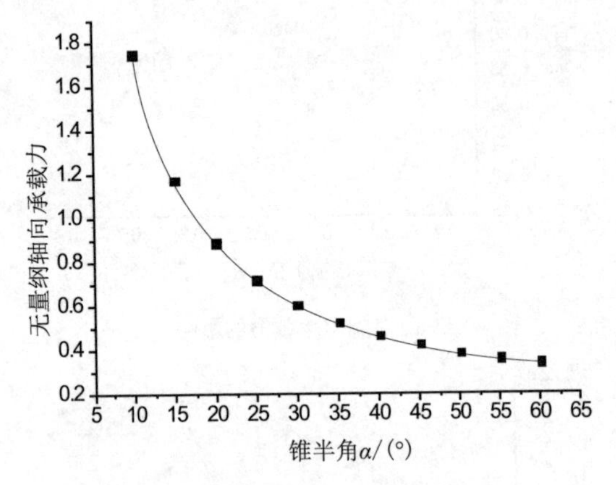


（a）对轴向承载力的影响

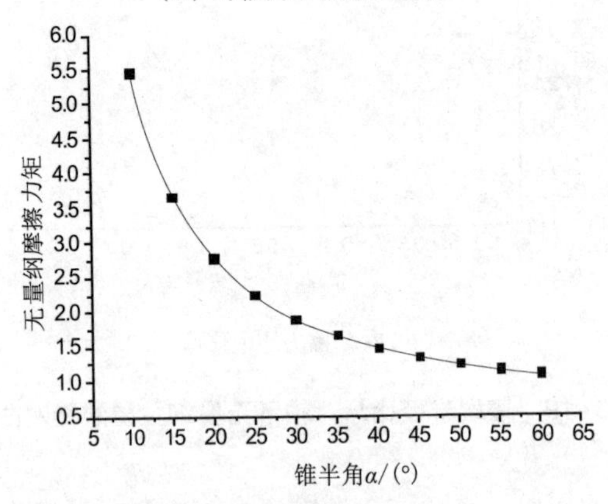


（b）对摩擦力矩的影响

**图 3-20　锥半角 $\alpha$ 对轴承无量纲性能的影响曲线**

3. 分析结论

综上所述，可以得出以下结论：

（1）锥形动压螺旋槽轴承的轴向承载力与转速近似呈正比，摩擦功耗随转速的增大而增大；与含通孔球窝相比，无通孔球窝可有效提高轴承承载力。

（2）径向偏心率增大，锥形动压螺旋槽轴承的轴向承载力减小，而径向承载力增大；小偏心率下，轴承的轴向承载力基本不变，且窄槽理论与 FLUENT 等效模型仍适用于锥形动压螺旋槽轴承承载力和摩擦功耗计算。

（3）锥形动压螺旋槽轴承的槽深比 $H$ 取 2.8～3.4，螺旋槽倾角 $\beta$ 取 15°～30°，槽台对数 $n$ 取 10～20，槽宽比 $B_r$ 取 1～1.2，槽端半径比 $\bar{R}_1$ 取 0.5 较为合适；锥半角 $\alpha$ 的取值应结合轴承的轴向承载力、摩擦功耗以及结构尺寸要求合理选取。

## 3.3　锥形动压螺旋槽轴承结构参数优化设计

### 3.3.1　优化设计模型

1. 设计变量

基于各轴承结构参数对轴承性能的影响，以轴承大径 $R_0$、锥半角 $\alpha$、螺旋槽倾角 $\beta$ 和槽深比 $H$ 为设计变量。槽端半径比 $\bar{R}_1$、槽台对数 $n$ 及槽宽比 $B_r$ 等参数符合一般规律。综合考虑制造因素及经济成本，分别取 $\bar{R}_1=0.5$，$n=10$，$B_r=1$。

2. 目标函数

承载力和摩擦功耗性能是锥形动压螺旋槽轴承的重要性能指标。前述研究表明，轴承承载力和摩擦功耗性能对结构参数要求不一致。

转速较低时，轴承承载力小，摩擦功耗低。若动压油膜无法及时形成，轴承、球窝表面将发生磨损，严重时甚至产生黏着现象。因此，转速较低时，锥形动压螺旋槽轴承的设计应以提高其承载能力为目标。

转速较高时，轴承承载力大，摩擦功耗高。这不仅会造成能源浪费，还会引起润滑油温度上升，进而降低轴承的承载力。因此，转速较高时，锥形动压螺旋槽轴承的设计应以降低其摩擦功耗为目标。

综上所述，确定锥形动压螺旋槽轴承结构参数的优化设计目标：

$$\min[F_1(R_0,\alpha,\beta,H),F_2(R_0,\alpha,\beta,H)] \tag{3-54}$$

式中：$F_1$ 为承载力目标函数，$F_1(R_0,\alpha,\beta,H)=1/W_t$；$F_2$ 为摩擦功耗目标函数，$F_2(R_0,\alpha,\beta,H)=P$。

根据窄槽理论，轴承承载力为

$$W_t = 6\pi g_1[l^* - \frac{3}{2}(l^*)^2 + (l^*)^3 - \frac{1}{4}(l^*)^4]C_2\mu\omega R_0^4 h_0^{\ 2} \tag{3-55}$$

摩擦功耗为

$$P = \frac{2\pi g_2(\beta, H_d, B_r)}{\sin\alpha}\left[l^* - \frac{3}{2}(l^*)^2 + (l^*)^3 - \frac{1}{4}(l^*)^4\right]\mu\omega^2 R_0^4 h_0 \tag{3-56}$$

各参数计算公式为

$$\begin{cases} H = \dfrac{1}{H_d} + 1 \\ g_1(\beta, H_d, B_r) = \dfrac{B_r H_d^{\ 2}\cot\beta(1-H_d)(1-H_d^{\ 3})}{(1+B_r H_d^{\ 3})(B_r + H_d^{\ 3}) + H_d^{\ 3}\cot^2\beta(1+B_r)^2} \\ C_2(\beta, H_d, B_r, \overline{R}_1, n) = \dfrac{e^{-2E} - \overline{R}_1^{\ 4}e^{2E}}{1-\overline{R}_1^{\ 4}}, E = \dfrac{\pi}{n}(1-\dfrac{\alpha}{90^o})\dfrac{2\tan\beta}{1+B_r}\dfrac{1+B_r H_d^{\ 3}}{1+H_d^{\ 3}} \\ \overline{R}_1 = \dfrac{r_1}{R_0}, H_d = \dfrac{h_0}{h_g}, l^* = \dfrac{l}{R_0}\tan\alpha, B_r = \dfrac{b_r}{b_g} \\ g_2(\beta, H_d, B_r) = \dfrac{g_2^*(\beta, H_d, B_r)}{1+B_r} \\ g_2^*(\beta, H_d, B_r) = (B_r + H_d) + \dfrac{3B_r H_d(1-H_d)^2(1+B_r H_d^{\ 3})}{(1+B_r H_d^{\ 3})(B_r + H_d^{\ 3}) + H_d^{\ 3}(\cot^2\beta)(1+B_r)^2} \end{cases} \tag{3-57}$$

3. 约束条件

为使轴承处于全流体润滑状态，最小油膜厚度应大于许用油膜厚度，即有

$$h_0 \geqslant [h] = S(R_{z1} + R_{z2}) \tag{3-58}$$

式中：安全系数 $S \geqslant 2$。

轴承许用油膜厚度 $[h]$ 确定后，槽深比 $H$ 的值主要由槽深 $h_g$ 决定。

设计时，选取机械泵油 70 ℃时的动力黏度 0.01835 Pa · s 作为计算黏度。为了提高计算效率，锥半角 $\alpha$ 和螺旋槽倾角 $\beta$ 计算间隔均为 5°，轴承大径 $R_0$ 计算间隔为 1 mm。主要设计变量约束条件及工况要求如表 3-2 所示。

表3-2　轴承主要设计变量约束条件及工况要求

| 参数名称 | 取值范围 | 参数名称 | 取值范围 |
| --- | --- | --- | --- |
| 锥半角 $\alpha$/(°) | $5 \leqslant \alpha \leqslant 75$ | 轴承大径 $R_0$/mm | $3 \leqslant R_0 \leqslant 8$ |
| 螺旋槽倾角 $\beta$/(°) | $10 \leqslant \beta \leqslant 75$ | 槽深 $h_g$/μm | $1 \leqslant h_g \leqslant 200$ |
| 槽台对数 $n$/ 对 | 10 | 槽端半径比 $\bar{R}_1$ | 0.5 |
| 槽宽比 $B_r$ | 1 | 最小油膜厚度要求 / μm | $h_0 \geqslant 5$ |
| 轴向承载力 /N | 100 | 低速最小成膜转速 / (r · min$^{-1}$) | 2 000 |
| 允许的功耗偏差 /W | $P-P_{min} \leqslant 4$ | 高速转速 /(r · min$^{-1}$) | 21 000 |
| 润滑剂黏度 /(Pa · s) | 0.01835 | — | — |

## 3.3.2　优化设计方法

多目标优化是指找到一组解使所有目标函数的值满足设计者要求。宽容分层序列法先将优化目标函数分出主次，按照重要程度逐一将其排除，然后依次对各个目标函数求最优解。后一目标函数的求解域在前一目标函数的最优解集内。因此，多目标优化的结果是选择一个合适的取值范围。

本书运用宽容分层序列法，以低速轴向承载力 $F_1(R_0,\alpha,\beta,H)$ 为主要目标函数，以高速摩擦功耗 $F_2(R_0,\alpha,\beta,H)$ 为次要目标函数，对锥形动压螺旋槽轴承的主要结构参数进行优化。

图 3-21 为轴承结构参数优化设计流程图。首先，确定结构参数设计变量约束和最小成膜转速约束，通过计算低速承载力目标函数 $F_1(R_0,\alpha,\beta,H)$ 的值，得到许用油膜厚度约束下满足承载力要求的轴承结构参数，并存盘。其次，以符合承载力要求的轴承结构参数作为求解域，计算高速摩擦功耗目标函数 $F_2(R_0,\alpha,\beta,H)$ 的值，得到满足最小功耗偏差约束 $P-P_{min} \leqslant 4$ W 的轴承结构参数，并将之作为最优解输出。

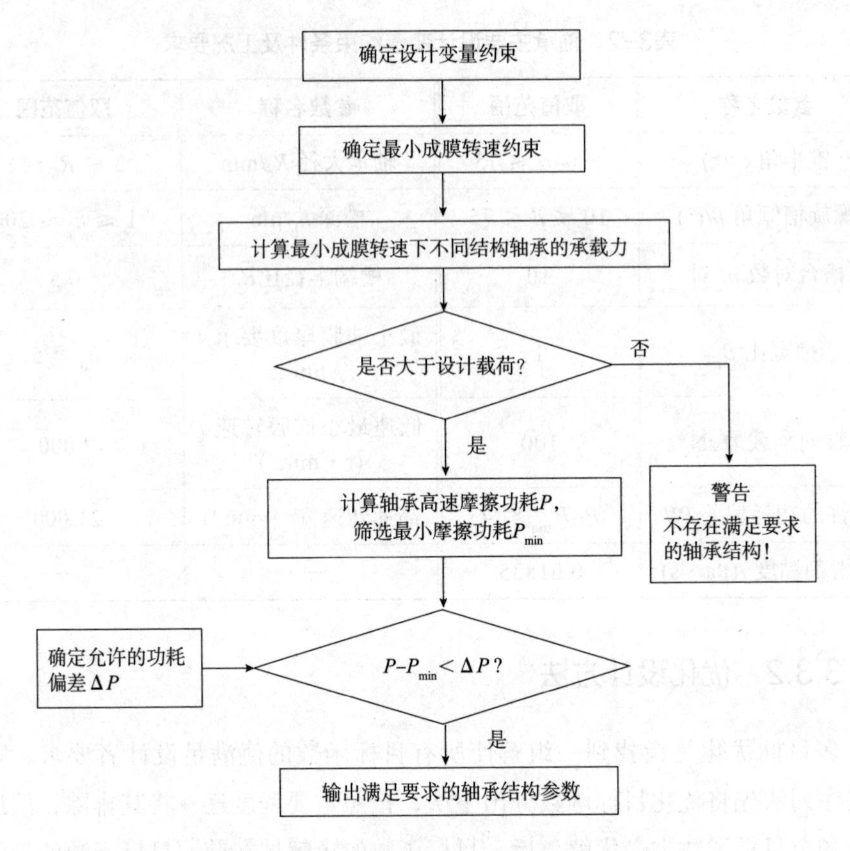


图 3-21　锥形动压螺旋槽轴承结构参数优化设计流程图

## 3.3.3　锥形动压螺旋槽轴承设计软件开发

锥形动压螺旋槽轴承结构参数多，设计过程烦琐。为了简化轴承结构设计过程，本书以窄槽理论为基础，结合有限元法，运用 Matlab GUI 平台开发了锥形动压螺旋槽轴承设计软件。

图 3-22 为开发的锥形动压螺旋槽轴承设计软件总界面。软件的主要功能如下。

（1）轴承结构设计功能，其界面如图 3-23 所示。此功能以窄槽理论为基础，运用宽容分层序列法，对锥形动压螺旋槽轴承的结构参数进行优化设计。设计者可自由设置结构参数约束和工况参数约束，参考软件设计结果合理选择轴承结构参数。

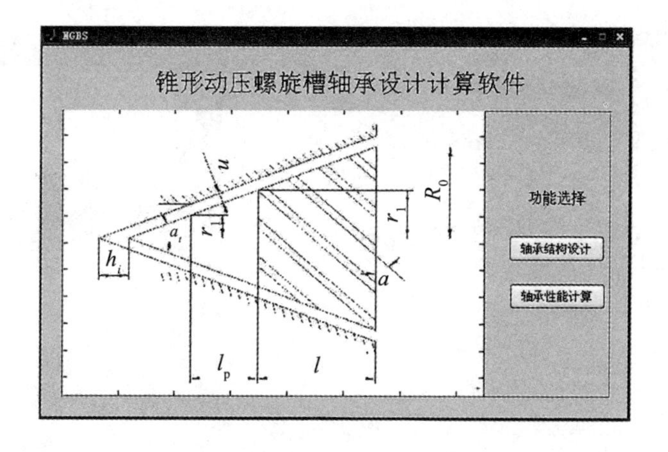


图 3–22　锥形动压螺旋槽轴承设计软件总界面

Design
帮助

锥形动压螺旋槽轴承结构设计

结构设计要求
锥半角设计范围(°)　5　至　75
螺旋槽倾角范围(°)　10　至　75
轴承大径范围(mm)　3　至　8

工况要求
轴向承载力Wt(N)　100　动力黏度(Pa.s)　0.01835
最小膜厚要求(um)　5　功耗偏差(W)　4
最小成膜转速(r/min)　2000　高速(r/min)　21000
开始设计

设计结果

| 序号 | 轴承大径 | 锥半角 | 螺旋槽倾角 | 槽深 | 低速膜厚 | 高速膜厚 | 载荷 | 功耗 |
|---|---|---|---|---|---|---|---|---|
| 1 | 4 | 5 | 20 | 22 | 5.13794 | 17.5085 | 100 | 18.3099 |
| 2 | 5 | 15 | 20 | 15 | 5.37964 | 14.6155 | 100 | 18.2469 |
| 3 | 5 | 15 | 20 | 16 | 5.29175 | 14.9084 | 100 | 17.835 |
| 4 | 5 | 15 | 20 | 17 | 5.17456 | 15.1794 | 100 | 17.4702 |
| 5 | 5 | 15 | 20 | 18 | 5.02808 | 15.4358 | 100 | 17.14 |
| 6 | 6 | 30 | 20 | 17 | 5.43823 | 15.5676 | 100 | 18.3128 |
| 7 | 6 | 30 | 20 | 18 | 5.31372 | 15.8313 | 100 | 17.9639 |
| 8 | 6 | 30 | 20 | 19 | 5.15259 | 16.073 | 100 | 17.6551 |
| 9 | 6 | 35 | 20 | 13 | 5.28442 | 13.656 | 100 | 18.3729 |
| 10 | 6 | 35 | 20 | 14 | 5.24048 | 13.9856 | 100 | 17.8736 |
| 11 | 6 | 35 | 20 | 15 | 5.16724 | 14.2859 | 100 | 17.4403 |
| 12 | 6 | 35 | 20 | 16 | 5.0647 | 14.5642 | 100 | 17.0572 |
| 13 | 6 | 40 | 20 | 11 | 5.01343 | 12.4402 | 100 | 18.1021 |
| 14 | 7 | 55 | 20 | 22 | 5.12329 | 17.4939 | 100 | 18.2859 |
| 15 | 7 | 60 | 20 | 19 | 5.43823 | 16.4685 | 100 | 18.4554 |
| 16 | 7 | 60 | 20 | 20 | 5.26978 | 16.7102 | 100 | 18.152 |
| 17 | 7 | 60 | 20 | 21 | 5.07202 | 16.9299 | 100 | 17.8841 |
| 18 | 7 | 65 | 20 | 18 | 5.39429 | 15.9485 | 100 | 18.2334 |
| 19 | 7 | 65 | 20 | 19 | 5.2478 | 16.2048 | 100 | 17.9059 |
| 20 | 7 | 65 | 20 | 20 | 5.0647 | 16.4319 | 100 | 17.6237 |
| 21 | 7 | 70 | 20 | 17 | 5.38696 | 15.4871 | 100 | 18.1401 |

图 3–23　锥形动压螺旋槽轴承结构设计功能界面

（2）轴承性能计算功能，其界面如图 3–24 所示。此功能将窄槽理论和有限元法有效整合，充分发挥各自优势，方便设计者对锥形动压螺旋槽轴承性能进行计算分析。窄槽理论部分不仅能计算轴承在给定参数下的最小成膜转速及其摩擦功耗，而且能绘制轴承在给定频率区域内的摩擦功耗及油膜厚度变化曲线，且计算快速、准确。有限元法部分可计算轴承的轴向承载力、径向承载力、摩擦力矩、功耗、流量等性能参数，并可绘制轴承压力分布图，便于设计者更全面、直观地了解轴承性能。

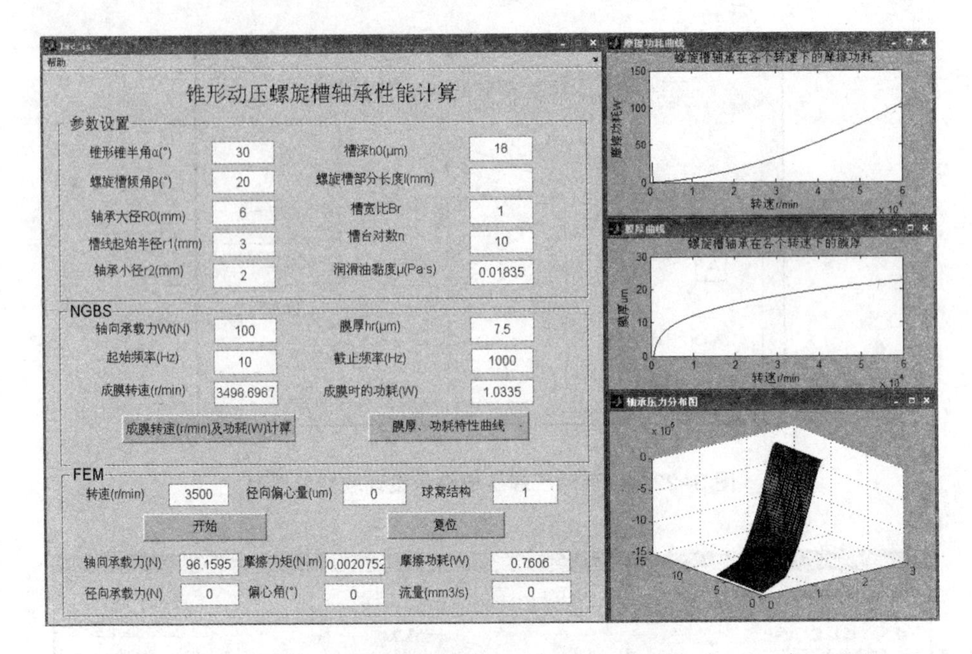


图 3–24　锥形动压螺旋槽轴承性能计算功能界面

## 3.3.4　结果与讨论

表 3–3 列出了锥形动压螺旋槽轴承结构参数优化设计结果。由表 3–3 可知，螺旋槽倾角 $\beta$ 均为 20°，槽深 $h_g$ 为 10 ～ 25 μm；轴承大径 $R_0$ 越大，其对应的锥半角 $\alpha$ 也越大。结合第 2 章内容分析认为：增大轴承大径 $R_0$ 是提高轴承承载力的有效方法，但摩擦功耗随之增加；增大轴承锥半角 $\alpha$ 可有效降低轴承摩擦功耗。

表3–3　锥形动压螺旋槽轴承结构参数优化设计结果

| 轴承大径 $R_0$/mm | 锥半角 $\alpha$/(°) | 螺旋槽倾角 $\beta$/(°) | 槽深 $h_g$/μm | 高速功耗 $P$/W |
|---|---|---|---|---|
| 4 | 5 | 20 | 22 | 18.3099 |
| 5 | 15 | 20 | 15 | 18.2469 |
| | | | 16 | 17.8350 |
| | | | 17 | 17.4702 |
| 6 | 30 | 20 | 17 | 18.3128 |

续表3-3

| 轴承大径 $R_0$/mm | 锥半角 $\alpha$/(°) | 螺旋槽倾角 $\beta$/(°) | 槽深 $h_g$/μm | 高速功耗 $P$/W |
|---|---|---|---|---|
| 6 | 30 | 20 | 18 | 17.9639 |
| | | | 19 | 18.3729 |
| 6 | 35 | 20 | 13 | 18.3279 |
| | | | 14 | 17.8736 |
| | | | 15 | 17.4403 |
| | | | 16 | 17.0572 |
| 6 | 40 | 20 | 11 | 18.1021 |
| 7 | 55 | 20 | 22 | 18.2859 |
| 7 | 60 | 20 | 19 | 18.4554 |
| | | | 20 | 18.1520 |
| | | | 21 | 17.8841 |
| 7 | 65 | 20 | 18 | 18.2334 |
| | | | 19 | 17.9059 |
| | | | 20 | 17.6237 |
| 7 | 70 | 20 | 17 | 18.1401 |
| | | | 18 | 17.7934 |
| | | | 19 | 17.4866 |
| 7 | 75 | 20 | 16 | 18.1832 |
| | | | 17 | 17.8055 |
| | | | 18 | 17.4710 |

## 3.4　锥形动压螺旋槽轴承试验研究

### 3.4.1　测试装置设计

1. 低速测试装置

图 3–25 为研制的低速测试装置夹具结构简图与实物图。如图 3–25 所示，轴承 2 与连接器 1 为小间隙配合，并通过紧定螺钉 3 固定。球窝 4 置于球窝底座 5 中，二者为小间隙配合。试验时，在试验球窝 4 外圆柱表面均匀包裹聚四

氟乙烯－生料带，将之轻压入球窝底座 5 中固定，以避免试验球窝外表面因擦伤而引起的称重误差。通过弹性阻尼橡胶圈 6、7 对试验球窝 4 进行轴向、径向柔性支承，以提供同轴度补偿，并减少测试装置的振动，提高系统稳定性。外套 8 与加载底盘间设有防转销，便于准确测量摩擦力矩。后续试验表明，低速测试装置操作简单，运行稳定可靠。

立式万能摩擦磨损试验机由驱动系统、加载系统、测试系统和辅助系统组成。其中，驱动系统由伺服电机和控制系统组成，可实现无级变速，转速范围为 0 ～ 2 000 r/min，转速误差为 ±5 r/min；加载系统通过滚珠丝杠系统和反馈系统进行实时加载，加载范围为 0 ～ 1 000 N，载荷误差为 ±1%；测试系统由摩擦力矩传感器实现摩擦力矩测量，摩擦力矩测量范围为 0 ～ 2 500 N · mm，摩擦力矩示值鉴别阈不大于 25 N · mm；辅助系统主要包括热电偶加热系统与计算机等。

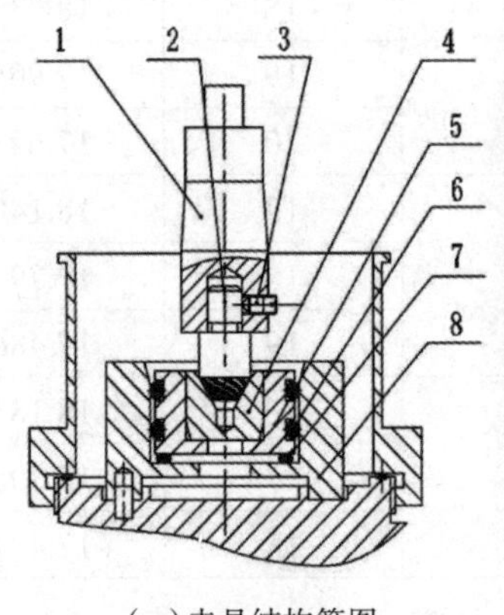


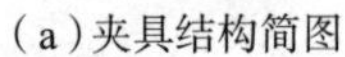
（a）夹具结构简图

（b）实物图

1—连接器；2—轴承；3—紧定螺钉；4—球窝；5—球窝底座；6、7—橡胶圈；8—外套。

**图 3–25　低速测试装置夹具结构简图与实物图**

2. 高速测试装置

锥形动压螺旋槽轴承承载力高速测试装置由机械系统和测试系统组成。

（1）机械系统。图 3–26 为高速测试装置机械系统结构简图与实物图。如图 3–26 所示，高速测试装置为立式结构，由轴承部件、驱动部件和加载部件组成。

①轴承部件。轴承部件包括轴承、球窝和球窝底座。其中，球窝与球窝底座为间隙配合。试验时，在球窝外圆柱表面均匀包裹聚四氟乙烯－生料带，

并将之轻压入球窝底座中固定，以防止其外表面在装拆过程中擦伤，影响磨损量的测量。

②驱动部件。驱动部件包括连接器、高速电机、变频器和油雾润滑系统。通过变频器驱动高速电机无级变速，转速范围为 6 000 ～ 21 000 r/min；高速电机与连接器采用螺纹连接；轴承通过紧定螺钉直接固定于连接器上，以避免联轴器等引起的冲击载荷，提高传动的平稳性。

③加载部件。加载部件包括杠杆、加载套、剖分式定位环和滚动装置。通过杠杆，采用砝码施加轴向加载；剖分式定位环内表面设有直线滚珠导轨，不仅确保灵活加载，而且方便试件更换；滚动装置通过滚珠对球窝底座提供三点支承，并确保轴承部件径向、轴向自由滚动，进而实现轴承自动定心；球窝底座、加载套底面设置精密陶瓷摩擦片，以减小轴承部件的滚动摩擦阻力矩。

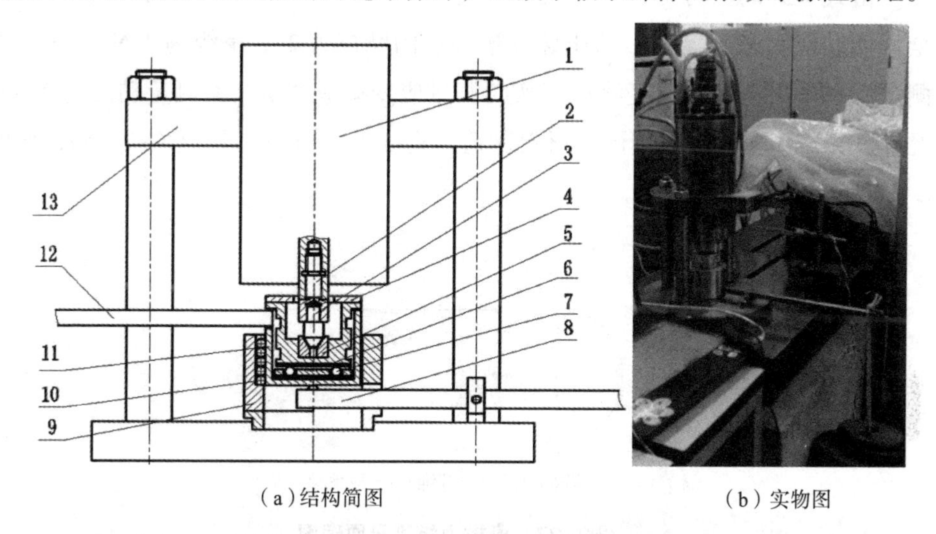


（a）结构简图　（b）实物图

1—高速电机；2—连接器；3—轴承；4—封油板；5—球窝；6—球窝底座；7—滚动装置；8—杠杆；9—剖分式定位环；10—加载套；11—滚珠导轨；12—测试系统；13—台架。

**图 3–26　高速测试装置机械系统结构简图与实物图**

（2）测试系统。测试系统基于平衡力法，通过测量轴承摩擦力矩，评定轴承的摩擦学性能和承载力。

图 3–27 为摩擦力矩测量原理图。如图 3–27 所示，轴承摩擦转矩 $M$ 驱动球窝底座顺时针转动。通过细绳连接球窝底座与应变梁，避免应变梁直接接触

球窝底座时高频电机振动引起的测量误差。由材料力学可知，距应变梁受力端 $L$ 处的应变量为

$$\varepsilon=-\frac{6L}{Ebh^2}\left(\frac{M}{r}\right) \tag{3-59}$$

式中：$E$ 为应变梁的材料弹性模量；$b$ 为矩形应变梁宽度；$h$ 为矩形应变梁厚度；$r$ 为球窝底座旋转半径。

由式（3-59）可知，若能测得应变量 $\varepsilon$，即可求得锥形动压螺旋槽轴承的摩擦力矩 $M$：

$$M=-\frac{\varepsilon Ebh^2 r}{6L} \tag{3-60}$$

由式（3-60）可知，应变梁的弹性模量越低、尺寸越小，其应变量越大。全流体润滑状态下，锥形动压螺旋槽轴承的摩擦力矩数量级为 1 N · mm。本测试系统采用动静态应变测试仪实时测量应变梁应变量，其测量精度为 1 με。经计算，矩形应变梁采用硬铝材料制造，宽度 $b$=10 mm，厚度 $h$=2 mm，长度 $L$=100 mm。

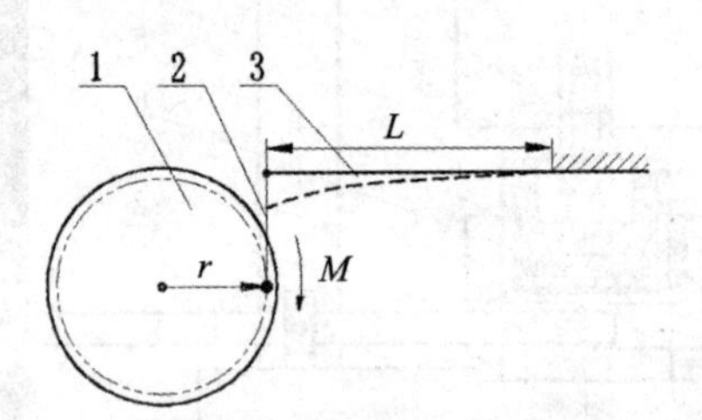


1—球窝底座；2—细绳；3—应变梁。

**图 3-27　摩擦力矩测量原理图**

下面采用 1/4 桥实时测量应变梁的应变量。应变片阻值为（120 ± 0.1）Ω，灵敏度系数为（2.08 ± 1）%。由于应变片的粘贴、应变梁的安装及细绳连接等诸多因素的影响，应变片的测量值与计算值存在差异。因此，需要对应变梁刚度 $K$ 重新进行标定，标定结果如图 3-28 所示。后续试验表明，应变梁的强度和精度能够满足测试需求。

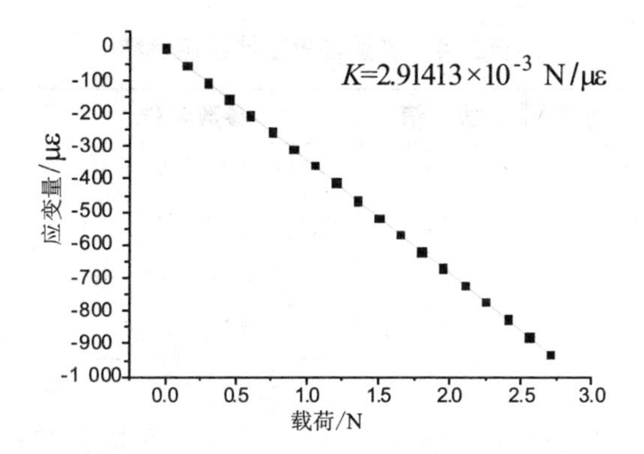


图 3-28　应变梁刚度标定结果

测试内容如下。

为了研究混合润滑状态下锥形动压螺旋槽轴承 / 球窝材料配对的影响，在 MM-W1A 立式万能摩擦磨损试验机和高速测试装置上开展以下试验研究：

①测试 CuAl 球窝、C-Cu-PTFE 球窝及 C-PTFE 球窝的干摩擦性能，为后续试验结果分析奠定基础。

②测试轴承槽深（未刻槽轴承、槽深 10 μm 轴承样件、槽深 50 μm 轴承样件）和球窝材料（铝青铜 CuAl、固体润滑 C-Cu-PTFE 和 C-PTFE）对 Cr15 锥形动压螺旋槽轴承摩擦学性能的影响。

试样制备与试验方法如下。

①图 3-29 为试验轴承实物。其中，a 为锥形动压螺旋槽轴承未刻槽样件；b 为槽深约 10 μm 的锥形动压螺旋槽轴承样件，采用激光加工制造；c 为槽深约 50 μm 的锥形动压螺旋槽轴承样件，采用电火花加工制造。试验轴承材料为 Cr15，轴承锥面精密磨削抛光，表面实测硬度为 750 HV。各轴承主要结构参数如表 3-4 所示。

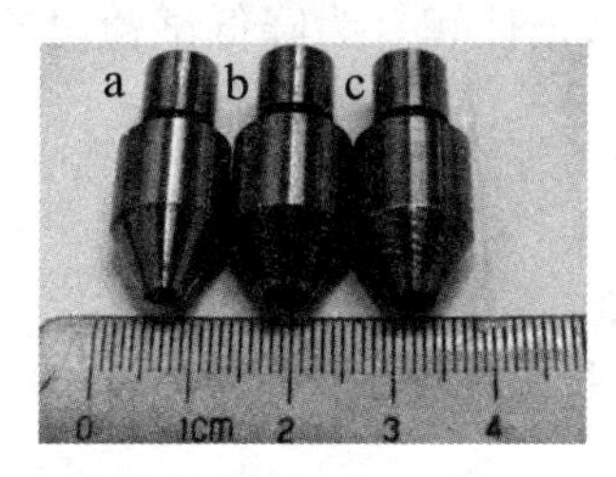


图 3-29　试验轴承实物

表3-4　试验轴承主要结构参数

| 参数名称 | 数　值 | 参数名称 | 数　值 |
|---|---|---|---|
| 锥半角 $\alpha$/(°) | 30 | 轴承大径 $R_0$/mm | 6 |
| 螺旋槽倾角 $\beta$/(°) | 20 | 螺旋线起始半径 $r_1$/mm | 3 |
| 槽台对数 $n$/ 对 | 10 | 轴承小径 $r_2$/mm | 2 |
| 槽宽比 $B_r$ | 1 | 槽深 $h_g$/μm | $h_b \approx 10$，$h_c \approx 50$ |

②图 3-30 为试验球窝实物。其中，a 为含通孔铝青铜 CuAl 球窝；b 为无通孔铝青铜 CuAl 球窝，表面实测硬度为 250 HV，材料密度为 8.34 g/cm³；c 为无通孔 C-PTFE 球窝，表面实测硬度为 12 HV，材料密度为 2.21 g/cm³；d 为无通孔 C-Cu-PTFE 球窝，表面实测硬度为 25 HV，材料密度为 3.96 g/cm³。所有试验球窝与其相应的试验轴承研配。

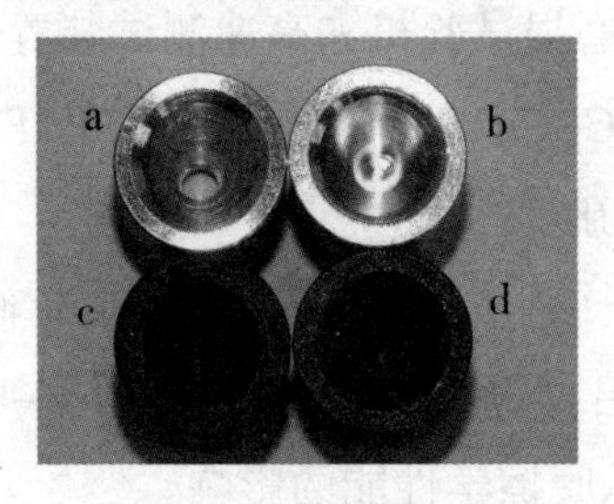


图 3-30　试验球窝实物

在 MM-W1A 立式万能摩擦磨损试验机上，分别测试 CuAl 球窝、C-Cu-PTFE 球窝和 C-PTFE 球窝的干摩擦性能。试验轴承为锥形动压螺旋槽轴承未刻槽样件。试验工况参数为载荷 10 N，转速 100 r/min，试验时间 5 min。所有试件在测试前后均采用丙酮超声波清洗 15 min，烘干后采用 TB-215D 高精度电子称重仪称重并计算磨损体积。为降低试验误差，取 3 次试验的平均值作为最终试验结果。

## 3.4.2　结果与讨论

1. 未刻槽轴承

图 3-31 为未刻槽轴承样件的摩擦力矩及其相应的摩擦因数曲线。由

图 3-31 可知，试验球窝的摩擦力矩从大到小依次为 CuAl 球窝 >C-Cu-PTFE 球窝 >C-PTFE 球窝，相应的摩擦因数值依次为 CuAl 球窝 0.35、C-Cu-PTFE 球窝 0.28、C-PTFE 球窝 0.16。随着试验时间的增加，CuAl 球窝的摩擦力矩呈增大趋势，而 C-Cu-PTFE 球窝和 C-PTFE 球窝的摩擦力矩较为稳定。

分析认为：CuAl 材料硬度高，干摩擦下轴承、球窝表面微凸峰及磨粒的摩擦阻力大，故而摩擦力矩大，摩擦因数高；C-PTFE 材料由聚四氟乙烯和石墨材料合成，硬度低、嵌藏性好，干摩擦下 C-PTFE 球窝表面微凸峰及磨粒的摩擦阻力很小，故而摩擦力矩小，摩擦因数低；C-Cu-PTFE 材料含有金属铜粉，提高了基体材料的硬度，故而其摩擦力矩高于 C-PTFE 球窝，低于 CuAl 球窝。

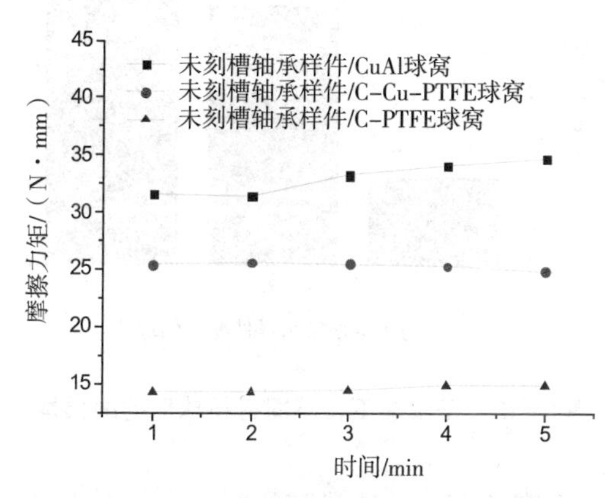


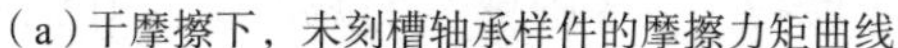
（a）干摩擦下，未刻槽轴承样件的摩擦力矩曲线

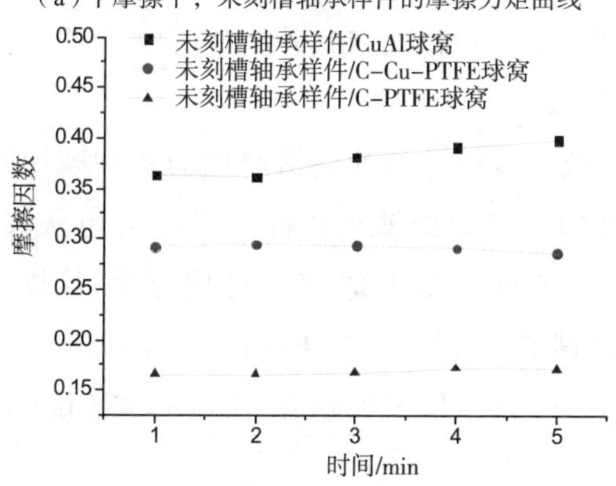


（b）干摩擦下，未刻槽轴承样件的摩擦因数曲线

**图 3-31　未刻槽轴承样件的摩擦力矩及其相应的摩擦因数曲线**

图 3–32 为各试验球窝的磨损体积。由图 3–32 可知，试验球窝的磨损量大小依次为 C–PTFE 球窝（0.15 $mm^3$）>C–Cu–PTFE 球窝（0.12 $mm^3$）>CuAl 球窝（0.04 $mm^3$）。

分析认为：CuAl 材料硬度高，耐磨性好，故而球窝磨损量小；C–PTFE 材料硬度低，轴承表面微凸峰犁沟作用明显，导致 C–PTFE 球窝磨损量较大；C–Cu–PTFE 材料含有金属铜粉，提高了基体材料的硬度，降低了轴承表面微凸峰的犁沟作用，故而 C–Cu–PTFE 球窝磨损量低于 C–PTFE 球窝。

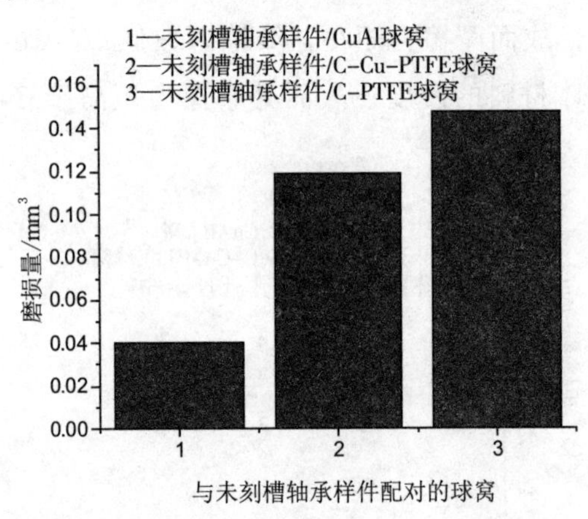


**图 3–32　干摩擦下，不同材料球窝的磨损量**

试验结果表明：干摩擦下，3 种球窝的减摩性由好到差依次为 C–PTFE 球窝 >C–Cu–PTFE 球窝 >CuAl 球窝，耐磨性由好到差依次为 CuAl 球窝>C–Cu–PTFE 球窝 >C–PTFE 球窝。

图 3–33 为未刻槽轴承样件的油润滑摩擦力矩和摩擦因数随转速变化的曲线。由图 3–33 可知，未刻槽轴承样件的摩擦力矩从大到小依次为 CuAl 球窝>C–Cu–PTFE 球窝 >C–PTFE 球窝，对应摩擦因数依次为 CuAl 球窝（0.14）>C–Cu–PTFE 球窝（0.07）>C–PTFE 球窝（0.043）；随转速增加，C–Cu–PTFE 球窝的摩擦力矩呈增大趋势，CuAl 球窝和 C–PTFE 球窝的摩擦力矩基本不变。

分析认为：试验条件下，未刻槽轴承样件处于边界润滑状态，球窝材料是影响轴承摩擦学性能的重要因素。CuAl 材料硬度高，自润滑性能差，轴承、球窝表面微凸峰摩擦阻力大，故而边界摩擦因数较大；C–PTFE 材料硬度低，

自润滑性能优异，球窝表面微凸峰剪切强度低，大幅降低了试件的边界摩擦因数；C-Cu-PTFE 材料硬度低，自润滑性能较好，边界摩擦因数小，但其含有的金属铜粉与 Cr15 轴承亲和力较强，转速较高时有黏着倾向，边界摩擦因数增大。

试验结果表明：C-Cu-PTFE 球窝和 C-PTFE 球窝显著降低了未刻槽轴承样件的边界摩擦因数。

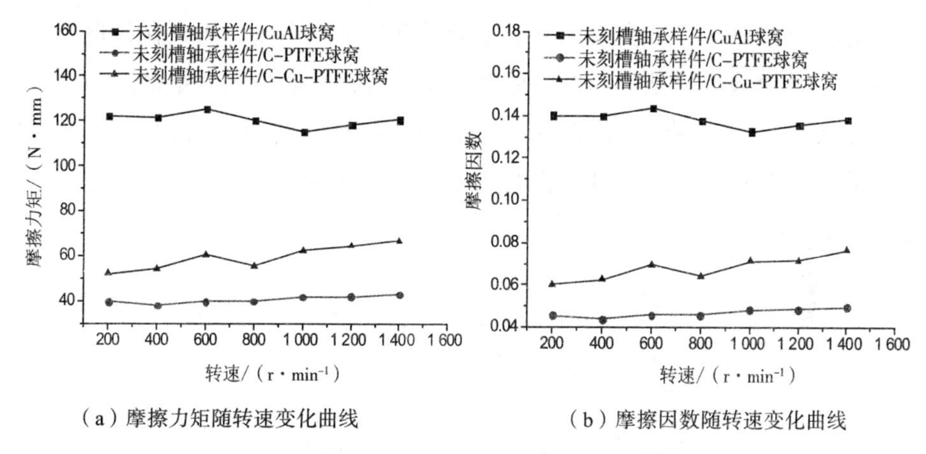


**图 3-33　未刻槽轴承样件的油润滑摩擦力矩和摩擦因数随转速变化的曲线**

2. 槽深 10 μm 轴承

图 3-34（a）为槽深为 10 μm 的轴承摩擦力矩随转速变化的曲线。由图 3-34（a）可知，与 CuAl 球窝、C-Cu-PTFE 球窝配对时，轴承摩擦力矩随转速增加而先减小后增大；与 C-PTFE 球窝配对时，轴承摩擦力矩始终最小，且随转速增加近似呈线性增大趋势。比较可知，轴承摩擦力矩从大到小依次为 CuAl 球窝 >C-Cu-PTFE 球窝 >C-PTFE 球窝；转速较高时，轴承摩擦力矩与转速近似成正比关系，C-Cu-PTFE 球窝、C-PTFE 球窝的试验值与理论值（利用有限元法得到的数据，下同）相符，CuAl 球窝的试验值高于理论值。

图 3-34（b）为槽深为 10 μm 的轴承摩擦因数随转速变化的曲线。由图 3-34（b）可知，轴承摩擦因数与摩擦力矩随转速变化的规律相同；转速较低时，与不同球窝配对的轴承摩擦因数均不足 0.02，远低于边界摩擦因数。

结合未刻槽轴承样件试验结果，分析认为：槽深为 10 μm 的轴承动压效应显著，轴承、球窝的摩擦作用主要由动压润滑膜的剪切作用承担，伴有少量微凸峰及磨粒摩擦作用，处于混合润滑状态。此时，轴承 / 球窝材料配对影响轴承摩擦学性能：C-PTFE 材料不仅顺应性好，轴承、球窝表面充分贴合，形成了较厚的动压油膜，而且自润滑性能优异，轴承、球窝表面微凸峰及磨粒的摩擦阻力小，故而轴承摩擦力矩小、摩擦因数低；C-Cu-PTFE 材料虽然顺应性较好，有利于轴承形成动压油膜，但其含有的金属铜粉导致轴承、球窝表面微凸峰及磨粒的摩擦阻力较大，故而摩擦力矩高于 C-PTFE 球窝；CuAl 材料不仅硬度高，轴承、球窝表面不易贴合，动压承载力差，而且材料自润滑性差，轴承、球窝表面微凸峰及磨粒的摩擦阻力大，故而摩擦力矩最大。

试验结果表明：槽深为 10 μm 的锥形动压螺旋槽轴承承载力大，低转速下可顺利形成动压油膜；固体润滑材料 C-PTFE 球窝和 C-Cu-PTFE 球窝有利于轴承形成动压润滑膜，降低轴承摩擦力矩。

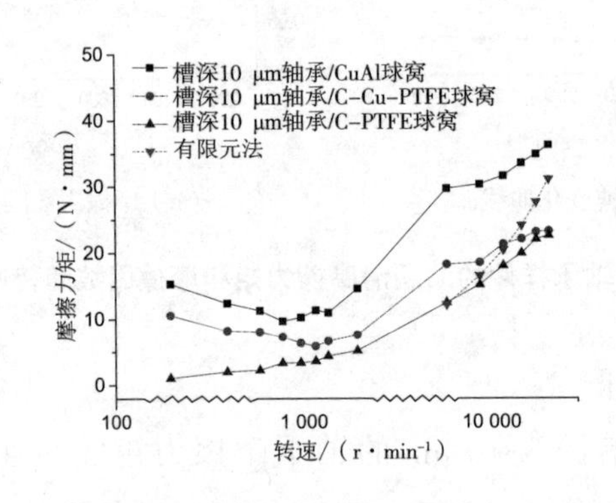


（a）摩擦力矩随转速变化曲线

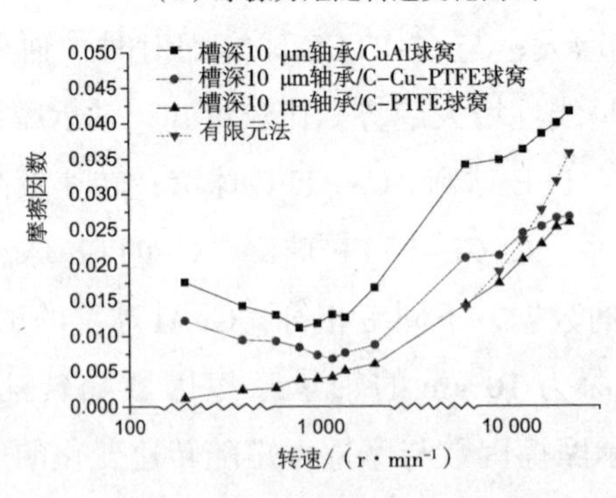


（b）摩擦因数随转速变化曲线

**图 3-34　槽深 10 μm 轴承的摩擦力矩与摩擦因数随转速变化曲线**

图 3–35 为槽深为 10 μm 的轴承摩擦功耗随转速变化曲线。由图 3–35 可知，转速较低时，轴承摩擦功耗几乎为 0，且与球窝材料相关性较小；转速较高时，轴承摩擦功耗随转速增加而迅速增大，从大到小依次为 CuAl 球窝>C–Cu–PTFE 球窝 >C–PTFE 球窝；转速为 21 000 r/min 时，轴承摩擦功耗理论值为 68 W，与 C–Cu–PTFE 球窝、C–PTFE 球窝配对的轴承摩擦功耗约为 50 W，与 CuAl 球窝配对的轴承摩擦功耗约为 80 W。

试验结果表明：槽深为 10 μm 的轴承的低速摩擦功耗几乎为 0，高速摩擦功耗较大；与 CuAl 球窝配对时，轴承摩擦功耗试验值比理论值高约 17.6%；与固体润滑材料 C–Cu–PTFE 球窝和 C–PTFE 球窝配对时，轴承摩擦功耗试验值比理论值低约 26.5%。

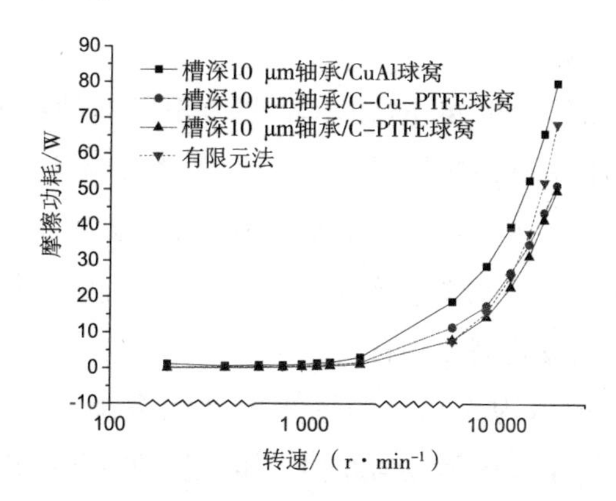


图 3–35　槽深 10 μm 轴承的摩擦功耗随转速变化曲线

图 3–36 为不同材料球窝的磨损量。由图 3–36 可知，球窝的磨损量由大到小依次为 C–Cu–PTFE 球窝（0.31 $mm^3$）>C–PTFE 球窝（0.27 $mm^3$）>CuAl 球窝（0.1 $mm^3$），与干摩擦磨损规律不同。

分析认为：CuAl 球窝硬度高，耐磨性好，故而磨损量小；C–PTFE 球窝硬度虽低，但动压润滑作用强，轴承表面微凸峰的犁沟作用小，有效减小了球窝磨损量（与 C–Cu–PTFE 球窝相比）；C–Cu–PTFE 球窝硬度低于 CuAl 球窝，且动压效应比 C–PTFE 球窝差，由轴承表面微凸峰犁沟引起的磨损量较大。

试验结果表明：混合润滑状态下，球窝磨损量不仅与材料配对有关，而且与轴承润滑状态有关。

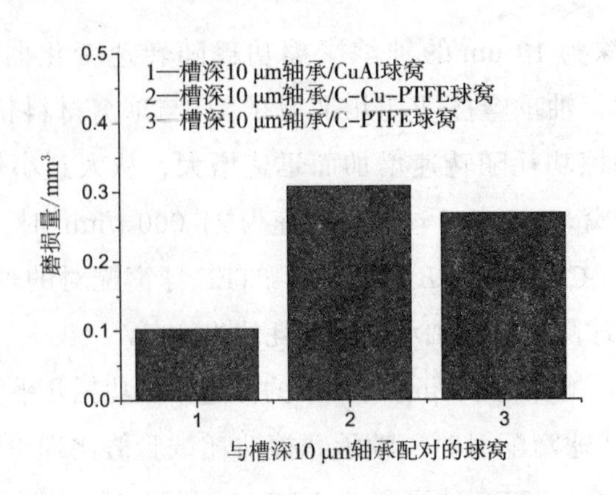


图 3-36　与槽深 10 μm 轴承配对的球窝磨损量

3. 槽深 50 μm 轴承

图 3-37（a）为槽深 50 μm 的轴承摩擦力矩随转速变化的曲线。由图 3-37（a）可知，轴承摩擦力矩随转速的增加而逐渐减小，并稳定于一相近值；相同转速下，与不同球窝配对的轴承摩擦力矩从大到小依次为CuAl球窝、C-Cu-PTFE 球窝 >C-PTFE 球窝；转速较高时，轴承摩擦力矩与转速近似成正比，试验值与理论值变化规律相符。

图 3-37（b）为槽深为 50 μm 的轴承摩擦因数随转速变化的曲线。由图 3-37（b）可知，轴承摩擦因数与摩擦力矩随转速变化的规律相同；摩擦因数稳定后，与不同球窝配对的轴承摩擦因数相近，约为 0.01。

结合未刻槽轴承样件和槽深 10 μm 轴承的试验结果，分析认为：槽深为 50 μm 时，轴承动压效应弱，润滑状态过渡明显。转速较低时，轴承、球窝摩擦主要由二者表面微凸峰的摩擦作用承担，而动压润滑作用较小，轴承主要处于边界润滑状态，自润滑性能优异的 C-Cu-PTFE 球窝和 C-PTFE 球窝有效降低了轴承的摩擦力矩，故其摩擦因数小；随着转速增加，轴承动压效应逐渐增强，动压油膜逐渐增厚，轴承、球窝表面微凸峰及磨粒的摩擦作用逐渐减少，轴承由混合润滑向全流体润滑状态过渡，故而摩擦力矩逐渐减小；转速较高时，轴承动压效应显著，轴承、球窝的摩擦主要由动压润滑膜的剪切作用承担，伴有部分微凸峰及磨粒的摩擦作用，故而与不同球窝配对的轴承摩擦力矩相近。

试验结果表明：槽深为 50 μm 的锥形动压螺旋槽轴承承载力小，低转速

下无法形成动压油膜，因此固体润滑材料 C-PTFE 球窝和 C-Cu-PTFE 球窝在低转速下可显著降低轴承摩擦力矩。

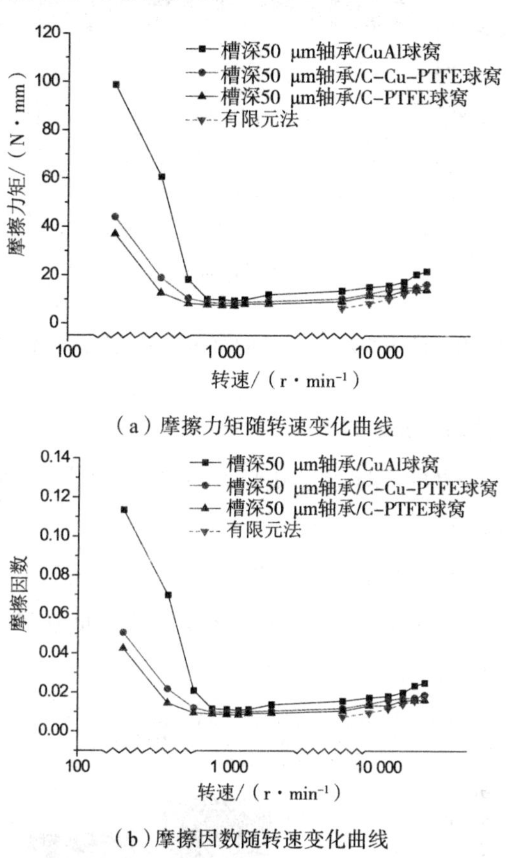


（a）摩擦力矩随转速变化曲线

（b）摩擦因数随转速变化曲线

**图 3-37　槽深 50 μm 轴承的摩擦力矩与摩擦因数随转速变化曲线**

图 3-38 为槽深为 50 μm 的轴承摩擦功耗随转速变化的曲线。由图 3-38 可知，转速较低时，轴承摩擦功耗几乎为 0，且与球窝材料相关性较小；转速较高时，轴承摩擦功耗随转速增加而迅速增大，从大到小依次为 CuAl 球窝>C-Cu-PTFE 球窝 >C-PTFE 球窝；转速 21 000 r/min 时，轴承摩擦功耗理论值为 34 W，与 C-Cu-PTFE 球窝配对的轴承摩擦功耗约 36 W，与 C-PTFE 球窝配对的轴承摩擦功耗约 31 W，与 CuAl 球窝配对的轴承摩擦功耗约 48 W。

试验结果表明：与 CuAl 球窝配对时，槽深为 50 μm 的轴承摩擦功耗试验值比理论值高约 41%；与固体润滑材料 C-Cu-PTFE 球窝、C-PTFE 球窝配对时，轴承摩擦功耗试验值与理论值相差不足 10%。

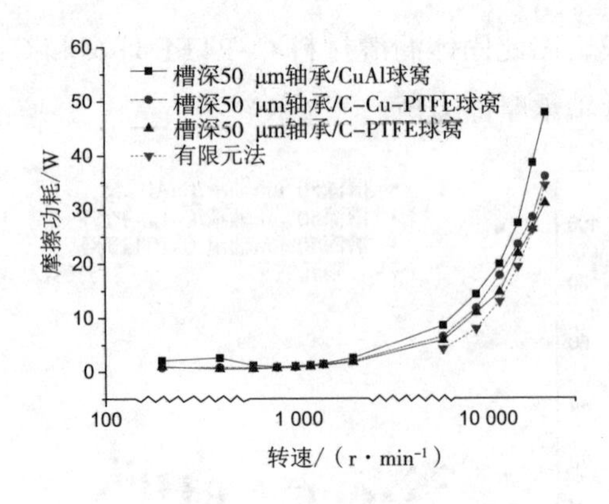


图 3-38　槽深 50 μm 轴承的摩擦功耗随转速变化曲线

图 3-39 为不同材料球窝的磨损体积。由图 3-39 可知，球窝的磨损量由大到小依次为 C-Cu-PTFE 球窝（0.44 $mm^3$）>C-PTFE 球窝（0.37 $mm^3$）>CuAl 球窝（0.19 $mm^3$）。

对比槽深为 10 μm 的轴承试验结果（图 3-36）可知，二者球窝的磨损规律相同。然而，槽深为 50 μm 时，轴承承载力差，低转速下经较长时间的混合摩擦作用，球窝磨损量大。

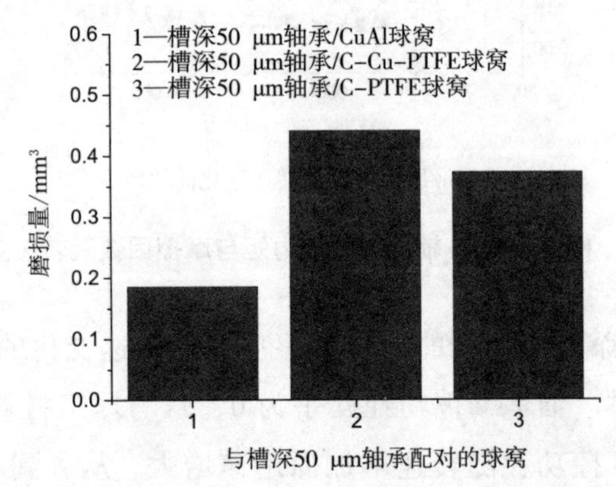


图 3-39　与槽深 50 μm 轴承配对的球窝磨损量

4. 槽深的影响

图 3-40（a）为不同槽深的轴承的摩擦力矩随转速变化曲线。由图 3-40（a）可知，随着转速增加，槽深为 10 μm 的轴承摩擦力矩近似呈线性增大，槽深为 50 μm 的轴承摩擦力矩先迅速减小，后逐渐增大。

图 3-40（b）为不同槽深的轴承摩擦因数随转速变化曲线。由图 3-40（b）可知，轴承摩擦因数与摩擦力矩随转速变化的规律相同；转速较低时，槽深为 10 μm 的轴承摩擦因数不足 0.005，而槽深为 50 μm 的轴承摩擦因数稳定后约为 0.01。

分析认为：与槽深为 50 μm 的轴承相比，槽深为 10 μm 的轴承承载力大，低速时可顺利形成动压润滑膜，故而轴承摩擦力矩小，摩擦因数低；转速较高时，槽深为 10 μm、50 μm 的轴承均可形成动压油膜，但槽深为 50 μm 时，轴承平均油膜厚度显著增加。

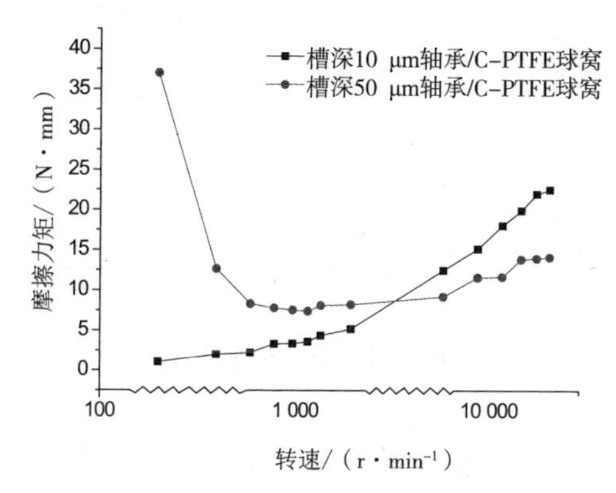


（a）不同槽深的轴承的摩擦力矩随转速变化曲线

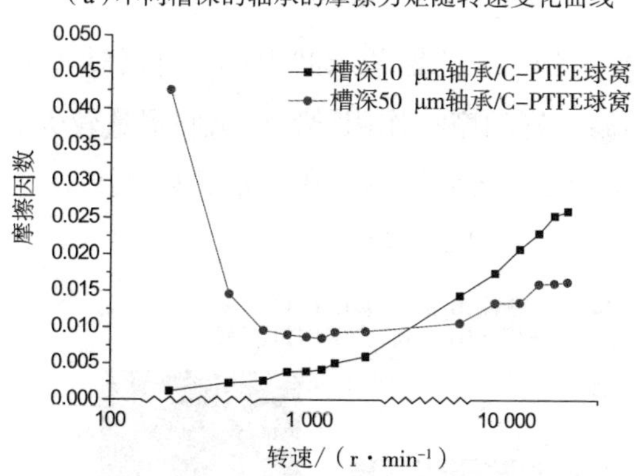


（b）不同槽深的轴承的摩擦因数随转速变化曲线

**图 3-40 不同槽深的轴承的摩擦力矩和摩擦因数随转速变化曲线**

图 3-41 为槽深对轴承摩擦功耗的影响曲线。由图 3-41 可知，转速较低时，槽深为 10 μm、50 μm 的轴承摩擦功耗相近，二者几乎 0；转速较高时，槽深为 50 μm 的轴承摩擦功耗较小；并且，与槽深为 10 μm 的轴承相比，槽

深为 50 μm 的轴承在 21 000 r/min 下的摩擦功耗试验值降低约 50%。

分析认为：转速相同时，轴承摩擦功耗主要取决于其摩擦力矩。转速较低时，轴承摩擦力矩虽大，但其摩擦功耗较小，摩擦力矩的影响较小；转速较高时，轴承摩擦功耗随转速的增加而迅速增大，此时摩擦力矩对轴承功耗的影响显著。

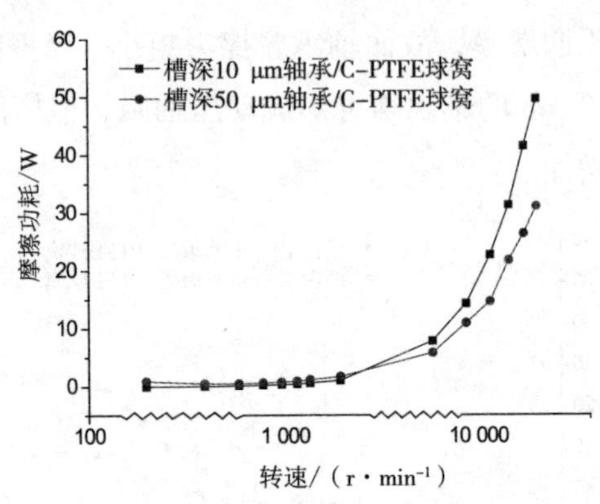


图 3-41 槽深对摩擦功耗的影响

图 3-42 为槽深对球窝磨损量的影响。由图 3-42 可知，槽深为 10 μm 时，球窝磨损量较小。

分析认为：槽深为 50 μm 的轴承承载力小，低转速下其处于混合润滑状态，轴承、球窝表面微凸峰的摩擦作用导致球窝磨损量较大。

结果表明：增加槽深是降低锥形动压螺旋槽轴承高速摩擦功耗的有效方法，但承载力也随之降低，增加轴承磨损。

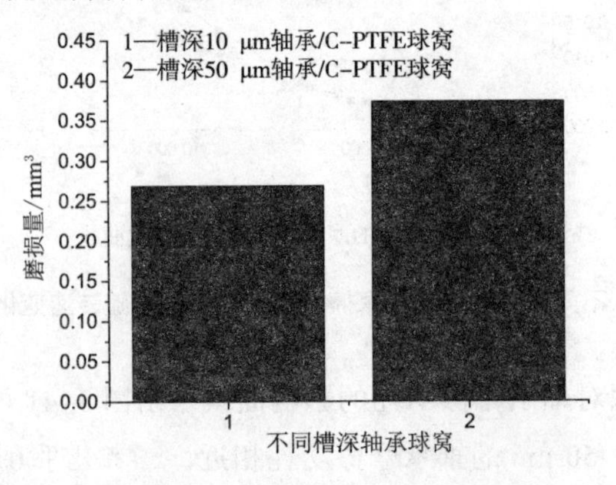


图 3-42 槽深对球窝磨损量的影响

摩擦学性能试验结果表明，C–Cu–PTFE 球窝和 C–PTFE 球窝具有优异的自润滑性，可降低轴承在低速下的摩擦力矩，减小轴承高速摩擦功耗。承载力是判断锥形动压螺旋槽轴承性能的又一指标。本节介绍了在 MM–W1A 万能摩擦磨损试验机上开展的锥形动压螺旋槽轴承轴向承载力试验。

结合摩擦学性能试验可知，当转速增加至某值时，轴承摩擦力矩趋于稳定。此时，动压润滑膜起主要润滑作用，轴承摩擦力矩的变化符合动压润滑规律。不妨以摩擦力矩开始稳定时的转速作为最小成膜转速，分别研究主轴转速、润滑油黏度及球窝结构对轴承轴向承载力的影响，并与理论值进行对比。转速较低时，锥形动压螺旋槽轴承动压效应弱，动压润滑膜较薄。假设摩擦力矩稳定时形成的油膜厚度为 1～3 μm，并运用有限元法计算最小成膜转速。

5. 转速的影响

在万能摩擦磨损试验机上，测试转速对锥形动压螺旋槽轴承轴向承载力的影响。试验选择槽深为 10 μm 的轴承，46 号机械油，油浴润滑。试验时，逐渐增加主轴转速，测试轴承摩擦力矩大小，直至摩擦力矩趋于稳定，停机并记录最小成膜转速。

图 3–43 为最小成膜转速随轴向载荷变化曲线。由图 3–43 可知，锥形动压螺旋槽轴承的最小成膜转速随载荷增大而增大，二者近似成正比；试验值始终处于理论值区域内，二者一致性较好；相同载荷下，与不同球窝配对的轴承最小成膜转速由高到低依次为 CuAl 球窝 >C–Cu–PTFE 球窝 >C–PTFE 球窝。不仅如此，与 CuAl 球窝配对时，轴承最大试验载荷为 400 N，载荷 500 N 下无法成膜；与 C–PTFE 球窝配对时，轴承在载荷 500 N 下的最小成膜转速显著增大，载荷 600 N 下无法成膜；与 C–Cu–PTFE 球窝配对时，轴承在载荷 700 N 下可正常成膜。

分析认为：CuAl 材料硬度高，顺应性差，轴承、球窝表面未充分贴合，故而轴承动压效应弱，承载力差，随着载荷增加，轴承润滑条件逐渐变差，不易成膜。C–PTFE 材料硬度低，具有良好的顺应性，轴承、球窝表面充分贴合，故而轴承动压效应强，最小成膜转速低。然而，C–PTFE 材料弹性模量小，C–PTFE 球窝在较大载荷下易产生弹性变形，进而限制了轴承承载力。C–Cu–PTFE 球窝不仅具有良好的顺应性和自润滑性，而且弹性模量比 C–PTFE 球窝高，故而轴承动压效应强，承载力大。

试验结果表明：转速在 0～2 000 r/min 内，锥形动压螺旋槽轴承的轴向承载力与转速成正比；与 CuAl 球窝相比，固体润滑材料 C–Cu–PTFE 球窝和 C–PTFE 球窝提高了锥形动压螺旋槽轴承的承载力。

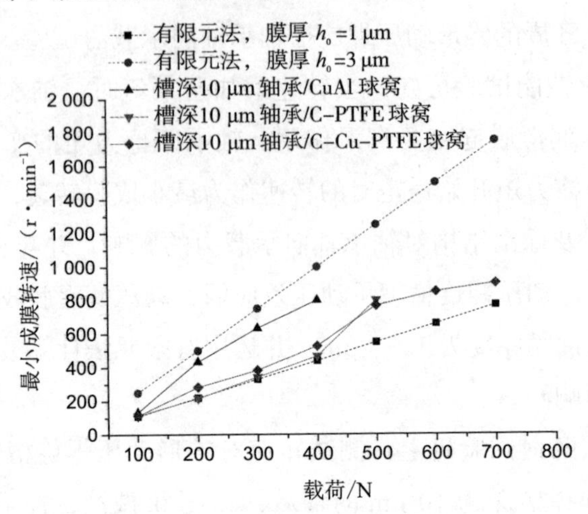


图 3–43　最小成膜转速随轴向载荷变化曲线

6. 润滑油黏度的影响

在 MM–W1A 万能摩擦磨损试验机上，测试润滑油黏度对锥形动压螺旋槽轴承轴向承载力的影响。试验选择槽深为 10 μm 的轴承，载荷 200 N。选用 20 号、46 号、68 号和 100 号机械油，油浴润滑。

图 3–44 为最小成膜转速随润滑油黏度变化曲线。由图 3–44 可知，相同载荷下，轴承最小成膜转速随润滑油黏度增大而减小；相同黏度下，与不同球窝配对的轴承最小成膜转速由高到低依次为 CuAl 球窝 >C–Cu–PTFE 球窝>C–PTFE 球窝。不仅如此，采用 20 号机械油润滑时，与 CuAl 球窝配对的轴承无法成膜。采用不同黏度机械油润滑时，最小成膜转速试验值始终处于理论值区域内，二者一致性较好。

分析认为：润滑油黏度越大，锥形动压螺旋槽轴承的动压效应越强，最小成膜转速越低；与 CuAl 球窝配对时，轴承在低黏度润滑油下的动压效应弱，润滑条件差，承载力低，无法成膜；与 C–Cu–PTFE 球窝、C–PTFE 球窝配对时，轴承在低黏度润滑油下的动压效应强，承载力大，可正常形成动压油膜。

试验结果表明：锥形动压螺旋槽轴承的承载力随润滑油黏度增大而增大；与 CuAl 球窝相比，固体润滑材料 C–Cu–PTFE 球窝、C–PTFE 球窝提高了锥形动压螺旋槽轴承的承载力。

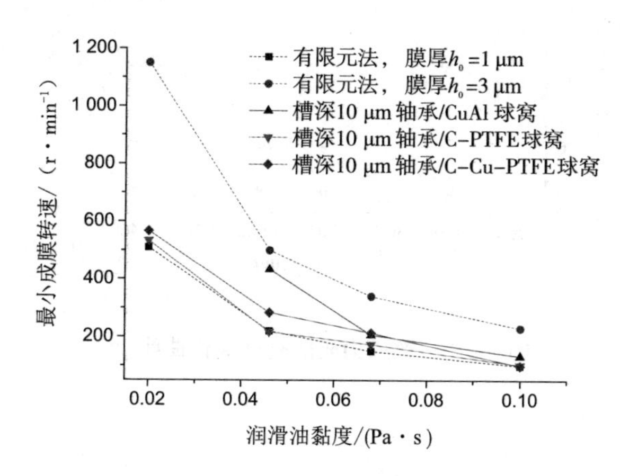


**图 3–44　最小成膜转速随润滑油黏度变化曲线**

7. 球窝结构的影响

在 MM–W1A 万能摩擦磨损试验机上，测试球窝结构对锥形动压螺旋槽轴承轴向承载力的影响。试验球窝采用无通孔 CuAl 球窝和含通孔 CuAl 球窝。试验轴承为槽深 50 μm 轴承。试验载荷 50 N，100 号机械油，油浴润滑。

图 3–45 为轴承摩擦力矩随转速变化曲线。由图 3–45 可知，球窝无通孔时，轴承最小成膜转速为 400 r/min；球窝含通孔时，轴承最小成膜转速为 600 r/min；与含通孔球窝相比，无通孔球窝的摩擦力矩整体较小。

分析认为：球窝无通孔时，轴承动压效应强，且在球窝中心形成压力油腔，故而动压承载力大，摩擦力矩小。

试验结果表明：与含通孔球窝相比，无通孔球窝可显著提高锥形动压螺旋槽轴承的承载力。

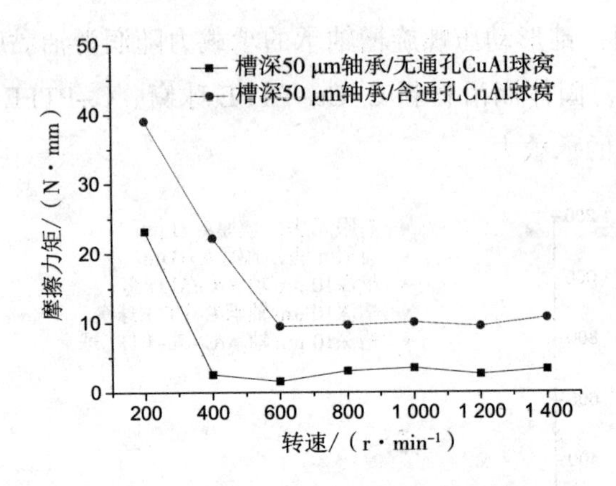


图 3-45　摩擦力矩随转速变化曲线

## 3.5　本章小结

本章介绍了动压螺旋槽轴承雷诺方程和基于有限元法的雷诺方程求解方法，分析了轴承结构参数对其承载力和摩擦功耗的影响，确定了影响轴承性能的主要结构参数；基于窄槽理论，以提高低速承载力、降低高速摩擦功耗为目标，运用宽容分层序列法，对轴承主要结构参数进行了优化。另外，本章提出了一种轴承承载力测试方法与装置，测试并对比了螺旋槽轴承材料为 CuAl、C-Cu-PTFE 及 C-PTFE 时的摩擦学性能和承载力，结果表明，优化后的轴承结构的承载力较好，具有自润滑性能的 C-PTFE 复合材料可以大幅降低轴承的摩擦功耗。

# 第 4 章　永磁轴承设计技术

## 4.1　概述

如前所述，飞轮上侧设置永磁轴承，以承担大部分的飞轮重量，减小螺旋槽轴承的负载。图 4–1 为传统结构的单环永磁轴承，它由定子（永磁环）、转子（飞轮本体）和软磁环共同构成。在单环永磁轴承结构中，永磁环作为磁源，产生磁场；飞轮本体在磁场中被磁化，并受磁场力作用，该磁场力能够卸载飞轮本体的部分重量；同时，当转子与定子发生径向偏移时，永磁轴承还能产生一定的径向刚度。大量研究表明：传统结构的单环永磁轴承虽然能够提供较大的轴向承载力，但是其径向刚度较弱，并且磁路长、漏磁大，适用于转子负载较小的场合，不能满足大容量的飞轮系统的要求。

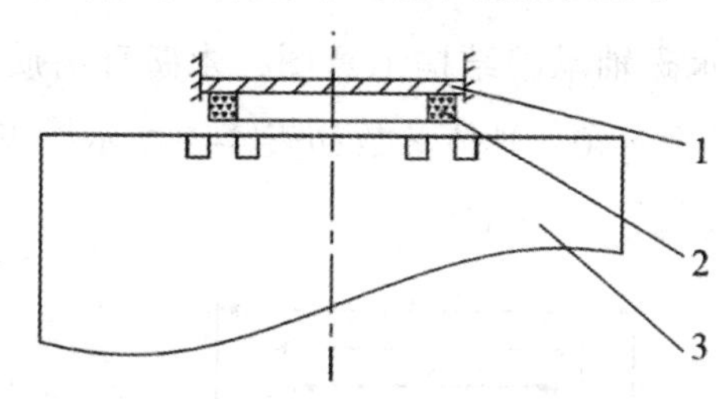


1—软磁环；2—定子（永磁环）；3—转子（飞轮本体）。

**图 4–1　单磁环永磁轴承结构示意图**

因此，本书提出了一种双环永磁轴承，它可以在保证提供足够的轴向承载力的同时提高永磁轴承的径向刚度。针对提出的双环永磁轴承，本书基于 ANSYS 软件，分析了双磁环永磁轴承结构参数对轴承力学性能的影响，将双磁环永磁轴承与传统单环永磁轴承的力学性能进行比较，同时针对一款大容量的储能飞轮系统的使用要求，设计了永磁轴承的结构参数。此外，基于永磁轴承和储能飞轮系统的实际工况，设计了永磁轴承力学性能测试装置，并测试得到永磁轴承轴向力随轴向气隙变化的关系以及径向力随径向偏移变化的关系。

## 4.2 双环永磁轴承结构与力学特性分析

### 4.2.1 永磁轴承的设计目标

本书研究的立式高速储能飞轮系统的飞轮本体材质为40Cr，质量约为110 kg，采用永磁轴承与动压螺旋槽轴承混合支承。永磁轴承作为储能飞轮系统的上支承，用来卸载飞轮本体的部分重量，并提供一定的径向刚度。为了达到储能飞轮系统的使用要求，永磁轴承的力学性能需满足如下的设计目标：

（1）永磁轴承轴向承载力能够承载飞轮本体约90%的重量，即轴向承载力约为1 000 N。

（2）永磁轴承能够提供一定的径向刚度。

### 4.2.2 双磁环永磁轴承结构

图4-2为双磁环永磁轴承的结构示意图，永磁环材质为性能优异的钕铁硼（Nd-Fe-B），牌号为N40，具体参数如表4-1所示。飞轮本体和辅助安装软铁环材质为导磁性能优异的40 Cr。

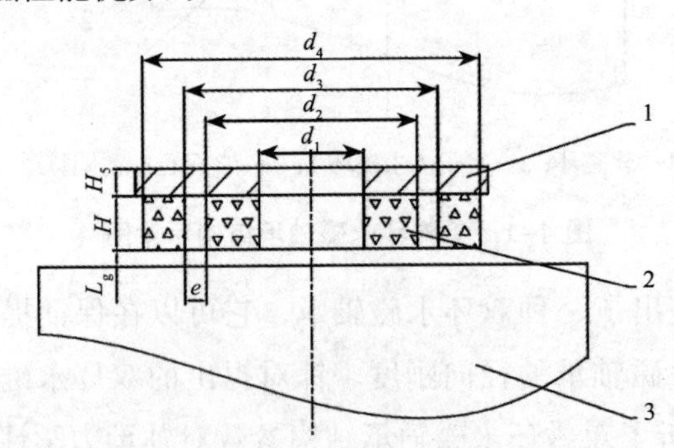


1—辅助安装软铁环；2—永磁环（内磁环、外磁环）；3—转子（飞轮本体）。

图4-2　双磁环永磁轴承结构示意图

表4-1　钕铁硼（Nd-Fe-B）永磁体牌号和参数

| 项目内容 | 技术参数 |
| --- | --- |
| 牌号 | N40 |
| 材料 | Nd-Fe-B |
| 剩磁 $B_r$ /T | 1.275 |
| 矫顽力 $H_c$/（A·$m^{-1}$） | 929 000 |
| 充磁方向 | 轴向充磁 |

双磁环永磁轴承主要由轴承定子和轴承转子两部分组成。轴承定子由内磁环、外磁环以及辅助安装软铁环组成，内磁环和外磁环同轴安装于辅助安装软铁环上，并且充磁方向相反。轴承转子为飞轮本体。双磁环永磁轴承结构中，轴承定子作为磁源，产生磁场；飞轮本体在磁场中被磁化，并受磁场力作用，该磁场力能够卸载飞轮本体的部分重量；同时，当转子与定子发生径向偏移时，永磁轴承还能产生一定的径向刚度。

### 4.2.3　双环永磁轴承的力学特性分析

如图 4-2 所示，双磁环永磁轴承结构中，主要结构参数有磁环的体积 $V$，内磁环的内径 $d_1$ 和外径 $d_2$，外磁环的内径 $d_3$ 和外径 $d_4$，磁环的高度（厚度）$H$，永磁轴承轴向气隙 $L_g$，内磁环和外磁环径向间隙 $e$，辅助安装软铁环厚度 $H_5$ 等。由于双磁环永磁轴承的结构参数较多，且结构中含有软磁材料，相关计算比较困难，因此本章运用 ANSYS 软件分析双磁环永磁轴承的结构参数对轴承力学性能的影响。图 4-3 为双磁环永磁轴承的有限元模型（三维模型中未标出空气介质和远场单元）。

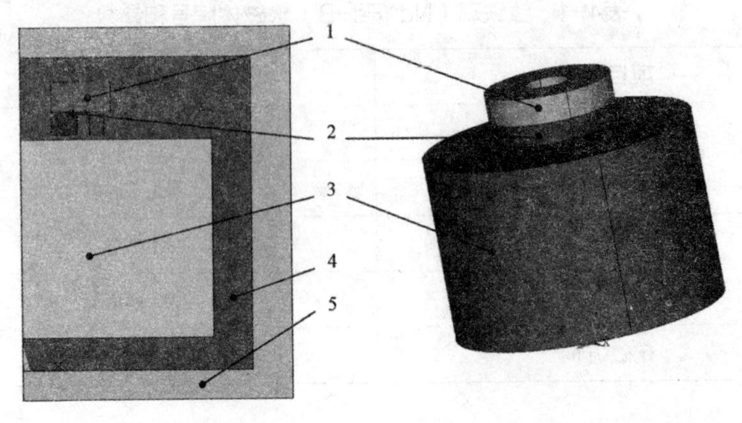


（a）二维模型　　（b）三维模型

1—辅助安装软铁环；2—永磁环（内磁环、外磁环）；3—转子（飞轮本体）；4—空气介质；5—远场单元。

图 4–3　双磁环永磁轴承有限元模型

1. 内外磁环端面面积对轴承性能的影响

双磁环永磁轴承结构参数较多，其中永磁轴承体积与端面面积和磁环厚度之间存在如式（4–1）所示的关系：

$$V=(S_1+S_2)H=S_1(\lambda+1)H \quad (4\text{–}1)$$

式中：$S_1$、$S_2$ 分别为内外磁环的端面面积；$H$ 为内外磁环的高度；$\lambda$ 为内外磁环的端面面积之比。

以内外磁环端面面积之比 $\lambda$ 为变量，建立双磁环永磁轴承的参数化有限元模型，其他结构参数如表 4–2 所示。经过划分网格、设置无限远场标志、计算以及后处理等步骤完成永磁轴承轴向力计算。

表4–2　永磁轴承结构参数（1）

| 参数名称 | 参数值 |
|---|---|
| 磁体总体积（$V=V_1+V_2$）/m³ | $2\times10^{-4}$ |
| 永磁轴承中径（$R_0$）/mm | 45 |
| 永磁环的厚度（$H=H_1=H_2$）/mm | 15 |
| 内外永磁环之间的间隙（$e$）/mm | 4 |

续表4-2

| 参数名称 | 参数值 |
| --- | --- |
| 轴向工作间隙（$L_g$）/mm | 2 |
| 辅助安装软铁环的厚度（$H_5$）/mm | 15 |

图 4–4 为双磁环永磁轴承轴向力随内外磁环端面面积之比 $\lambda$ 变化的关系曲线。由图 4–1 可知，随着内外磁环端面面积之比 $\lambda$ 逐渐增大，双磁环永磁轴承轴向力先增大后减小，当 $\lambda \approx 1$ 时，永磁轴承轴向力达到最大，此时内磁环与外磁环的端面面积相等。

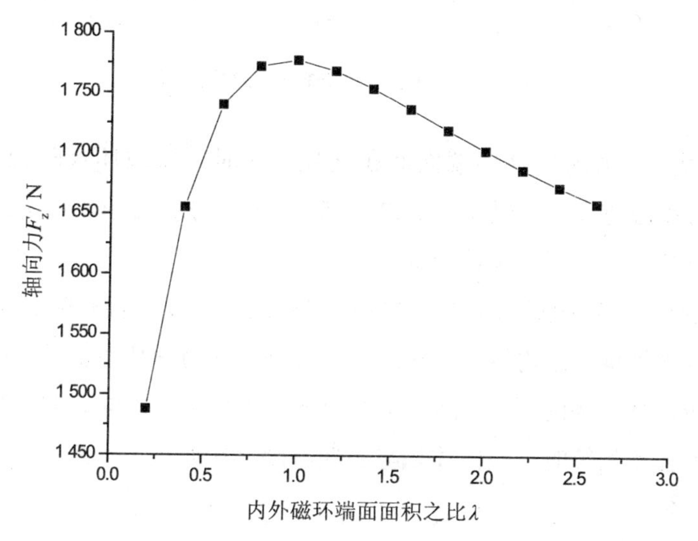


**图 4–4　轴向力随内外磁环端面面积之比 $\lambda$ 变化的曲线**

图 4–5 为内外磁环端面面积之比分别为 $\lambda<1$、$\lambda=1$ 和 $\lambda>1$ 时，双磁环永磁轴承的磁力线分布图。由图 4–5 可知，当 $\lambda<1$ 或 $\lambda>1$ 时，双磁环永磁轴承的磁力线分布区域较广，磁路中漏磁较大，有用磁通较少，因此轴向力减小；而当 $\lambda=1$ 时，磁力线分布比较集中，轴承磁路中的漏磁最小，有用磁通最大，因此轴向力最大。永磁轴承磁力线分布图很好地验证了轴向力随内外磁环端面面积之比 $\lambda$ 变化的关系。不仅如此，根据广义的磁屏蔽原理，双磁环永磁轴承在结构参数合理时具有较好的磁屏蔽效果。

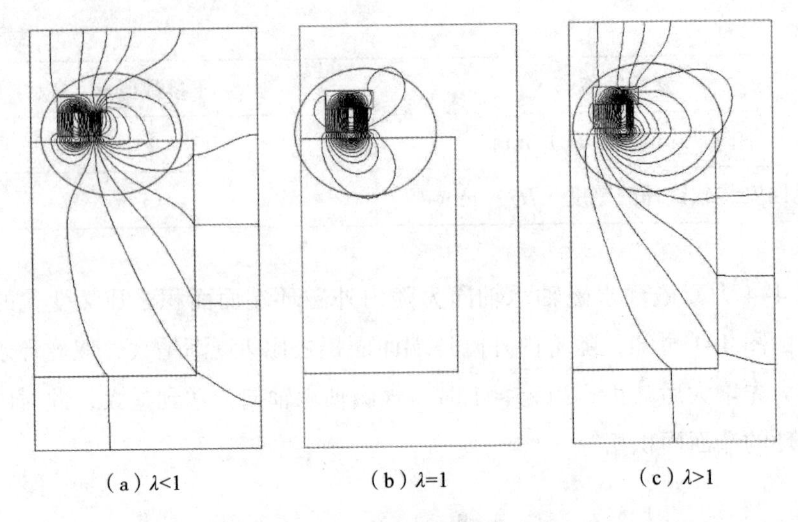

（a）$\lambda<1$　　（b）$\lambda=1$　　（c）$\lambda>1$

图 4–5　双磁环永磁轴承磁力线分布

综上所述，当内外磁环端面面积之比 $\lambda=1$ 时，双磁环永磁轴承磁路短，漏磁小，有用磁通大，永磁体性能得到充分发挥，永磁轴承轴向力最大。

2. 内外磁环厚度对轴承性能的影响

在双磁环永磁轴承结构中，内磁环和外磁环厚度直接影响到永磁轴承的结构。当永磁轴承的结构发生变化时，永磁轴承的力学特性也会有所变化。本节主要分析内外磁环的厚度（高度）对永磁轴承力学性能的影响。当内磁环与外磁环端面面积相等时，磁体体积与磁环厚度存在如式（4–2）所示的关系：

$$V=S(H_1+H_2)=S(\lambda_1+1)\cdot H_2 \tag{4–2}$$

式中：$H_1$、$H_2$ 分别为内外磁环的高度；$S$ 为内外磁环的端面面积（内磁环和外磁环端面面积相等）。

以内外磁环的厚度比 $\lambda_1$ 为变量，建立双磁环永磁轴承的参数化有限元模型，其他参数如表 4–3 所示。经过划分网格、设置无限远场标志、计算以及后处理等步骤完成永磁轴承轴向力计算。

表4–3　永磁轴承结构参数（2）

| 参数名称 | 参数值 |
|---|---|
| 磁体总体积（$V=V_1+V_2$）/m$^3$ | $2\times10^{-4}$ |

续表4-3

| 参数名称 | 参数值 |
| --- | --- |
| 永磁轴承中径（$R_0$）/mm | 45 |
| 永磁环的端面面积（$S=S_1+S_2$，$S_1=S_2$）/m² | $8\times10^{-4}$ |
| 内外永磁环之间的间隙（$e$）/mm | 4 |
| 轴向工作间隙（$L_g$）/mm | 5 |
| 辅助安装软铁环的厚度（$H_5$）/mm | 15 |

图 4-6 为永磁轴承轴向力随内外磁环厚度比 $\lambda_1$ 变化的关系曲线。由图 4-6 可知，随着内外磁环厚度比 $\lambda_1$ 的增大，双磁环永磁轴承的轴向力先增大后减小。当 $\lambda_1\approx1$ 时，永磁轴承轴向力达到最大值，此时内磁环和外磁环厚度相等。

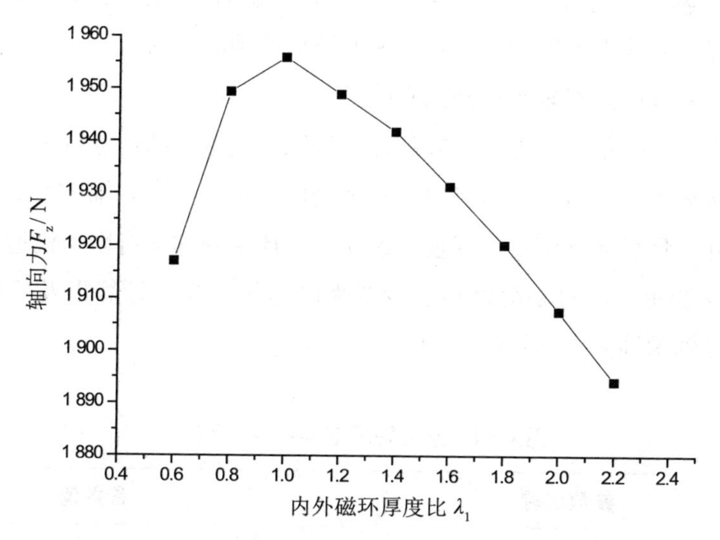


**图 4-6　轴向力随内外磁环厚度比 $\lambda_1$ 变化的关系曲线**

当内外磁环厚度比 $\lambda_1$ 不同时，永磁轴承结构也会有所不同。图 4-7（a）为 $\lambda_1>1$ 时双磁环永磁轴承的结构示意图，图 4-7（b）为 $\lambda_1<1$ 时双磁环永磁轴承的结构示意图。由图 4-7 可知，当 $\lambda_1\neq1$ 时，辅助安装软铁环部分的磁路变长，磁阻变大；当 $\lambda_1=1$ 时，辅助安装软铁环部分的磁路最短，磁阻最小。

由磁体磁阻公式 $R_{\mathrm{m}} = L/(\mu_0\mu_{\mathrm{r}}A) = (H_1 + H_2)^2/(\mu_0\mu_{\mathrm{r}}V)$ 可知，当内外磁环端面面积之比 $\lambda=1$ 时，改变内外磁环的高度 $H_1$ 和 $H_2$，磁体的内磁阻不变。因此，分析认为：当内外磁环厚度比 $\lambda_1=1$ 时，双磁环永磁轴承磁路最短，磁阻最小，永磁轴承轴向力最大。

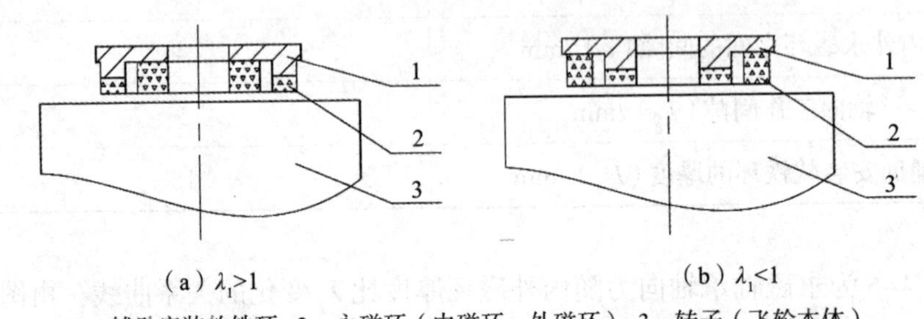


（a）$\lambda_1>1$　　（b）$\lambda_1<1$

1—辅助安装软铁环；2—永磁环（内磁环、外磁环）；3—转子（飞轮本体）。

**图 4-7　内外磁环厚度不相等时轴承结构示意图**

综上所述，当内外磁环厚度比 $\lambda_1=H_1/H_2\approx 1$ 时，辅助安装软铁环磁路能够缩短，同时能减小磁阻，使双磁环永磁轴承的轴向力增大。

3. 内外磁环间隙对轴承性能的影响

双磁环永磁轴承内外磁环之间的径向气隙 $e$ 是重要结构参数之一，对轴承的性能影响较大。本节主要研究内外磁环径向气隙 $e$ 对永磁轴承力学性能的影响。以内外磁环径向气隙 $e$ 为变量，建立双磁环永磁轴承有限元模型，其他参数如表 4-4 所示。经过划分网格、设置无限远场标志、计算以及后处理等步骤完成永磁轴承轴向力计算。

**表4-4　永磁轴承结构参数（3）**

| 参数名称 | 参数值 |
|---|---|
| 磁体总体积（$V=V_1+V_2$）/m³ | $2\times10^{-4}$ |
| 永磁轴承中径（$R_0$）/mm | 45 |
| 永磁环的端面积（$S=S_1+S_2$，$S_1=S_2$）/m² | $8\times10^{-4}$ |
| 轴向气隙（$L_g$）/mm | 5 |
| 辅助安装软铁环的厚度（$H_5$）/mm | 15 |

图 4–8 为永磁轴承的轴向力随内外磁环径向间隙 $e$ 与轴承轴向气隙 $L_g$ 的比值（$e/L_g$）变化的关系曲线。由图 4–8 可知，随着内外磁环径向间隙与轴承轴向气隙比值 $e/L_g$ 的逐渐增大，永磁轴承轴向力逐渐增大并逐渐趋于稳定。当 $e/L_g<2$ 时，轴向力基本呈线性增大趋势，增大趋势比较明显；当 $e/L_g>2$ 时，轴向力增幅急剧下降，增幅由初始的 7.30% 下降到 0.67%。

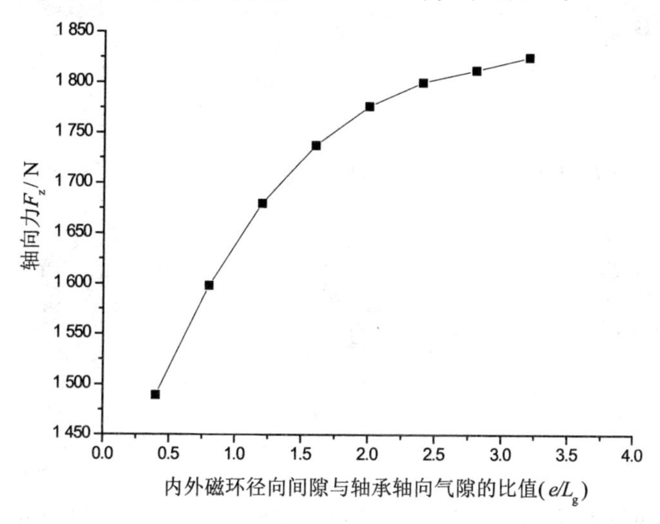


**图 4–8　轴向力随内外磁环径向气隙 $e$ 与轴承轴向工作气隙 $L_g$ 的比值变化的关系**

图 4–9 为轴向气隙 $L_g$=5 mm 时双磁环永磁轴承在不同径向间隙下的磁力线分布图。由图 4–9 可知，随着径向间隙 $e$ 逐渐增大，内外磁环之间的磁力线逐渐减少；当径向间隙 $e$ 增大到一定值后，内外磁环之间的磁力线基本不再变化。由双磁环永磁轴承的结构可知，轴承结构中存在 3 处气隙磁阻。如图 4–9（a）所示，此 3 处磁阻分别为内外磁环之间的气隙磁阻，标记为 A，磁阻为 $R_{mA}$；内磁环与转子飞轮之间的轴向气隙磁阻，标记为 B，磁阻为 $R_{mB}$；外磁环与转子飞轮之间的轴向气隙磁阻，标记为 C，磁阻为 $R_{mC}$。当内外磁环径向间隙 $e$ 较小时，气隙 A 处的磁阻较小，此时 $R_{mA} < R_{mB} + R_{mC}$，部分磁力线会直接从气隙 A 处穿过，气隙 B、C 处的磁场减小，轴承轴向力减小；随着径向间隙 $e$ 逐渐增大，气隙 A 处的磁阻随之增大，当 $R_{mA} > R_{mB} + R_{mC}$ 时，从气隙 A 处穿过的部分磁力线会改变磁路，从磁阻较小的气隙 B 和 C 处穿过，使气隙 B、C 处的磁场增强，永磁轴承的轴向力增加。虽然磁力线与电流性质相似，

但磁力线又不可完全等同于电流，所以即使气隙 A 处的磁阻再大，也不能做到磁绝缘，仍然会有少许磁力线从气隙 A 处经过。

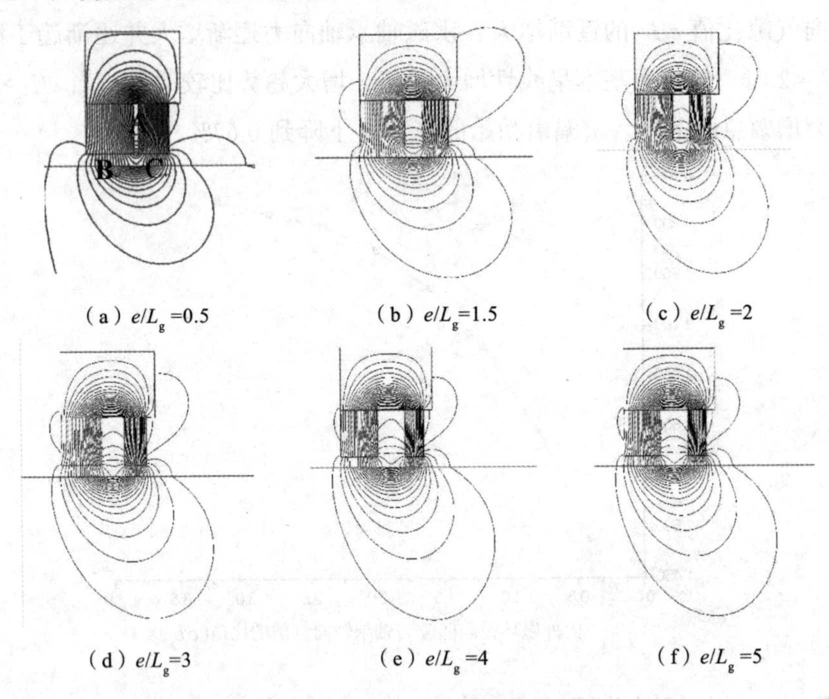


（a）$e/L_g=0.5$　（b）$e/L_g=1.5$　（c）$e/L_g=2$

（d）$e/L_g=3$　（e）$e/L_g=4$　（f）$e/L_g=5$

**图 4–9　不同径向间隙 $e$ 时永磁轴承磁力线分布图**

综上所述，当内外磁环径向间隙 $e$ 与轴向气隙 $L_g$ 之间满足 $e/L_g \approx 2$ 时，内外磁环径向间隙内的磁通能有效地减小，同时能增加轴向气隙中的有用磁通，使双磁环永磁轴承的轴向力增大。

### 4.2.4　与单磁环永磁轴承力学性能的比较

本节在永磁体材料、磁体体积、轴承内径相同时，对单磁环永磁轴承和双磁环永磁轴承的力学性能进行了比较。永磁体材料为钕铁硼，永磁体体积 $V=2\times10^5$ mm³，轴承内径 $R_0=20$ mm。

1. 轴向力性能的比较

图 4–10 为永磁轴承轴向力随轴向气隙变化的关系曲线。由图 4–10 可知，两类永磁轴承轴向力与轴向气隙之间的关系变化趋势一致，随着轴向气隙逐渐增大，轴向力均急剧减小，其中单磁环永磁轴承轴向力的变化趋势相对比较平

缓。当永磁轴承轴向气隙相等时，双磁环永磁轴承的轴向力更大。通过计算可知，当轴向气隙 $L_g$=1 mm 时，双磁环永磁轴承轴向力比单磁环永磁轴承轴向力提高了约 89.8%；当轴向气隙 $L_g$=5 mm 时，双磁环永磁轴承轴向力比单磁环永磁轴承轴向力提高了约 50.4%。

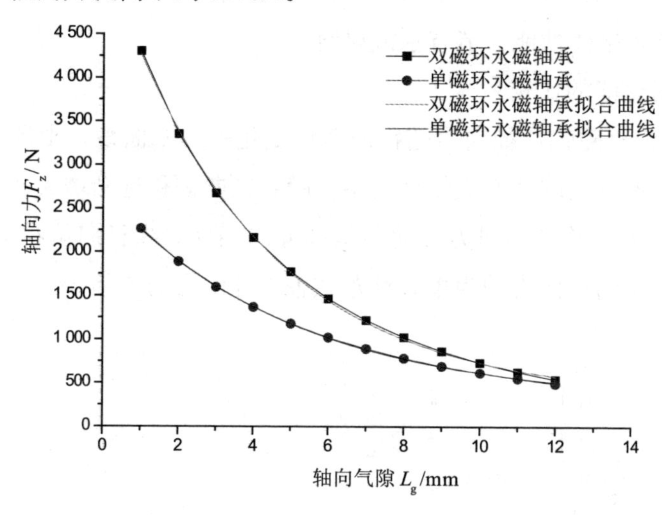


图 4-10　永磁轴承轴向力随轴向气隙 $L_g$ 变化的关系

对永磁轴承轴向力进行拟合，可得到轴向力与轴向气隙的关系式。双磁环永磁轴承轴向力与轴向气隙的关系为

$$F_z = 5\,072.83e^{(-L_g/3.96)} + 328 \qquad (4-3)$$

单磁环永磁轴承轴向力与轴向气隙的关系为

$$F_z = 2\,407.2e^{(-L_g/5.09)} + 277.58 \qquad (4-4)$$

从图 4-10 可以看到拟合函数曲线与原曲线吻合很好。通过对式（4-3）和式（4-4）求偏导，可得到永磁轴承在不同轴向气隙时的轴向刚度。

双磁环永磁轴承的轴向刚度为

$$K_z = -1\,281.02e^{(-L_g/3.96)} \qquad (4-5)$$

单磁环永磁轴承的轴向刚度为

$$K_z = -472.93e^{(-L_g/5.09)} \qquad (4-6)$$

计算表明，当 $L_g$=5 mm 时，单磁环永磁轴承的轴向刚度为 177 N/mm，双磁环永磁轴承的轴向刚度为 362 N/mm，双磁环永磁轴承的轴向刚度比单磁环永磁轴承轴向刚度提高了约 105%。

综上所述，磁体体积相等时，双磁环永磁轴承能够提供更大的轴向力和轴向刚度；或者说，永磁轴承轴向力或轴向刚度目标相同时，双磁环永磁轴承能够充分发挥永磁体性能，节省永磁材料。

2. 径向力性能的比较

图 4-11 为永磁轴承径向力随径向偏移变化的关系曲线。由图 4-11 可知，径向力与径向偏移之间基本成线性关系，随着径向偏移逐渐增大，永磁轴承的径向力逐渐增大，并且径向力方向与偏移方向相反。当径向偏移为 1 mm 时，双磁环永磁轴承的径向力约为单磁环永磁轴承径向力的 4 倍。

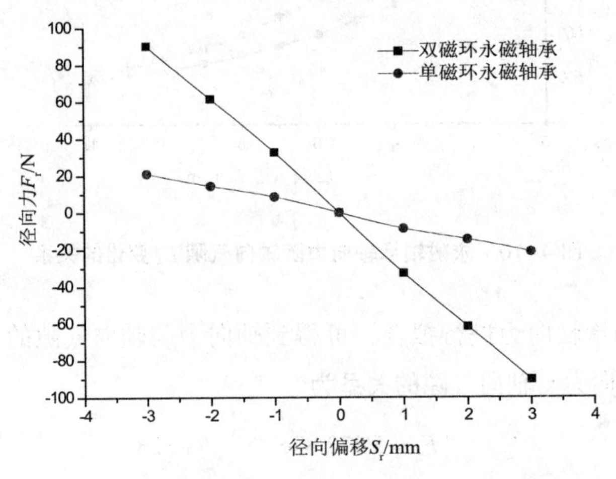


**图 4-11　永磁轴承径向力随径向偏移变化的关系曲线**

当径向偏移较小时，永磁轴承径向刚度可由式（4-7）计算得到：

$$K_{\mathrm{r}}=\frac{\Delta F_{\mathrm{r}}}{\Delta S_{\mathrm{r}}} \tag{4-7}$$

当永磁轴承轴向气隙 $L_g$=5 mm 时，双磁环永磁轴承的径向刚度为 $3.28\times10^4$ N/m，单磁环永磁轴承的径向刚度为 $0.875\times10^4$ N/m，双磁环永磁轴承的径向刚度比单磁环永磁轴承的径向刚度提高了约 275%。

分析结果表明，当两类轴承的磁体体积和轴向气隙相等时，双磁环永磁轴承能够提供较大的径向力和径向刚度。

3. 辅助安装装置对轴承性能的影响

永磁体材质较脆，不易对其进行机械加工，并且由于磁体磁性强、磁力大，安装较为困难。因此，本书在双磁环永磁轴承结构中设计了辅助安装装置。辅助安装装置为环状结构，内径与永磁轴承内磁环的内径相同，外径比外磁环的外径略大，材质为导磁性能优异的 40 Cr。辅助安装装置与内外磁环的安装如图 4-2 所示。本节主要分析了辅助安装软铁环的厚度对双磁环永磁轴承性能的影响。图 4-12 为双磁环永磁轴承轴向力随辅助安装软铁环厚度与永磁环厚度的比值变化的关系曲线，图 4-13 为不同厚度的辅助安装软铁环对永磁轴承磁力线分布的影响示意图。

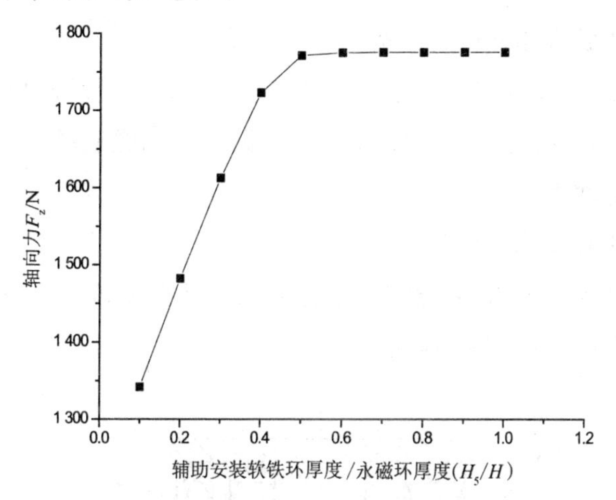


图 4-12　轴向力随辅助安装软铁环厚度与永磁环厚度的比值变化的关系曲线

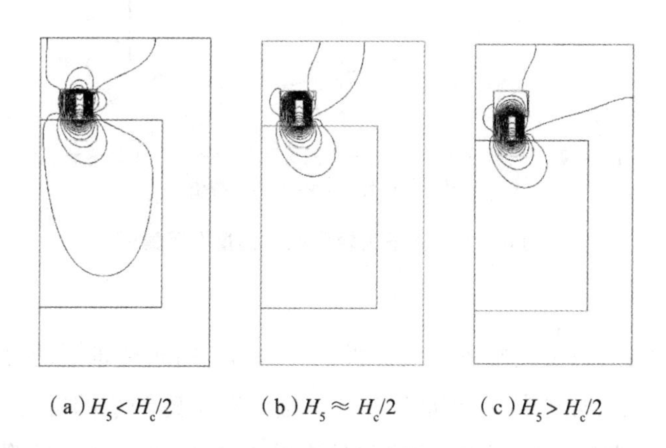

(a) $H_5 < H_c/2$　　(b) $H_5 \approx H_c/2$　　(c) $H_5 > H_c/2$

图 4-13　不同厚度的辅助安装软铁环对磁力线分布的影响

由图 4–12 可知，随着辅助安装软铁环厚度与永磁环厚度的比值 $H_5/H$ 逐渐增大，双磁环永磁轴承的轴向力逐渐增大并趋于稳定。当 $H_5/H<1/2$ 时，轴向力基本呈线性增大趋势；当 $H_5/H \geqslant 1/2$ 时，曲线趋于水平，轴向力基本保持不变。

由图 4–13 可知，当辅助安装软铁环厚度与磁环厚度比值 $H_5/H<1/2$ 时，软铁环上表面漏磁比较严重；当 $H_5/H \geqslant 1/2$ 时，磁力线基本全部从软铁环中穿行，软铁环上表面基本没有漏磁现象。因此，分析认为：当软铁环厚度与磁环厚度比值大于 1/2 时，双磁环永磁轴承磁路中磁漏最小，有用磁通最大，永磁轴承轴向力最大。但是，继续增大软铁环厚度不仅不能提高永磁轴承的力学性能，而且会造成磁体材料的浪费。

综上所述，当辅助安装软铁环的厚度约为永磁轴承磁体厚度一半，即 $H_5=H_c/2$ 时，软铁环上表面漏磁最小，且磁路中有用磁通增大，可使双磁环永磁轴承的轴向力增大。

4. 影响轴承径向力的因素分析

为了使双磁环永磁轴承能够产生径向力和径向刚度，在飞轮本体上表面设计了“沟槽”结构，如图 4–14 所示。

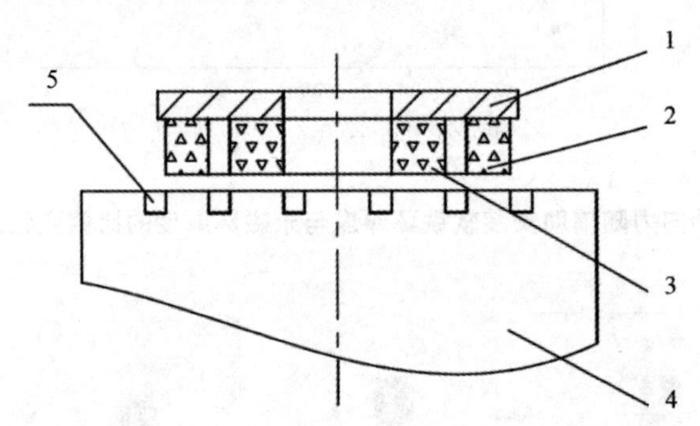


1—辅助安装软铁环；2—定子（内磁环）；3—定子（外磁环）；
4—转子（飞轮本体）；5—沟槽。

**图 4–14　转子飞轮表面“沟槽”示意图**

图 4–15（a）为飞轮本体上表面没开“沟槽”时永磁轴承的磁力线分布图，图 4–15（b）为飞轮本体上表面开有“沟槽”时永磁轴承的磁力线分布图。由图 4–15 可知，中间的“沟槽”能将飞轮本体上表面的 N、S 磁极明显地区分开。

内侧和外侧的“沟槽”的主要作用有以下两点：一是当转子飞轮与定子磁体发生微小径向偏移时，沟槽能够固定转子飞轮上表面的磁极，使之不随转子飞轮的移动而移动；二是当转子飞轮与定子磁体发生径向偏移时，沟槽能够改变永磁轴承定子影射在转子飞轮上表面的面积，改变气隙内的磁能，使永磁轴承能够产生径向力和径向刚度。

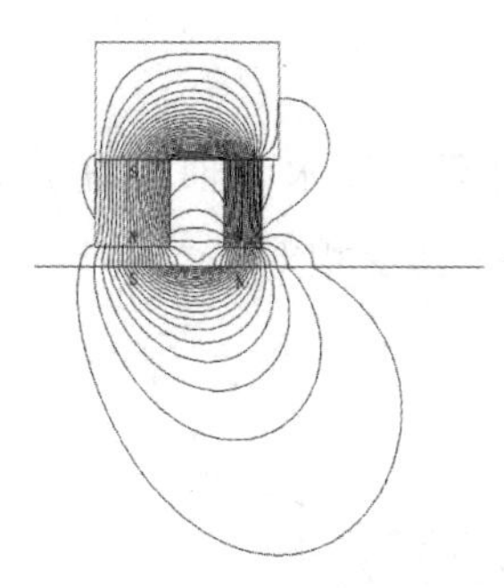

（a）飞轮本体上表面没开“沟槽”

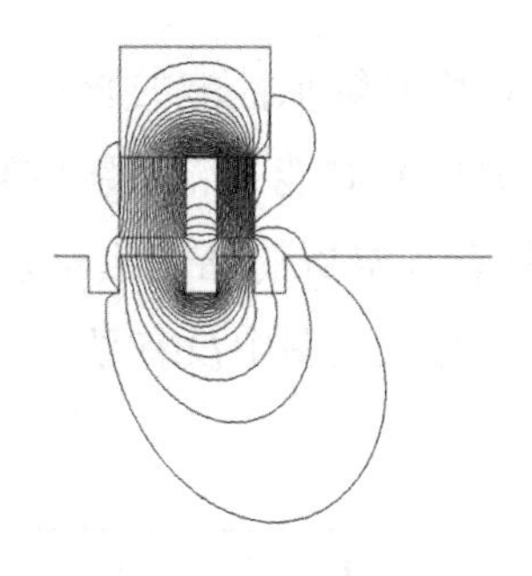

（b）飞轮本体上表面开有“沟槽”

**图 4-15　双磁环永磁轴承磁力线分布**

计算结果表明，当“沟槽”宽度为 $d_r$、深度为 $d_h$ 与永磁轴承轴向气隙 $L_g$ 满足关系 $d_r=d_h \approx 2L_g$ 时，双磁环永磁轴承能够提供较大径向力。表 4-5 为永磁轴承的结构参数，表 4-6 为飞轮本体上表面开“沟槽”前和开“沟槽”后永磁轴承的径向力性能。由表 4-6 可知，飞轮本体上表面开有“沟槽”后，双磁环永磁轴承的径向力和径向刚度得到较大提升。

**表 4-5　永磁轴承结构参数（4）**

| 参数名称 | 参数值 |
|---|---|
| 磁体总体积（$V=V_1+V_2$）/m³ | $2\times10^{-4}$ |
| 永磁轴承中径（$R_0$）/mm | 45 |
| 永磁环的端面积（$S=S_1+S_2$，$S_1=S_2$）/m² | $8\times10^{-4}$ |
| 轴向气隙（$L_g$）/mm | 5 |
| 径向偏移（$S_r$）/mm | 1 |
| 辅助安装软铁环的厚度（$H_5$）/mm | 15 |

表4–6　“沟槽”结构对轴承径向力性能的影响

| 性能参数 | 开“沟槽”前 | 开“沟槽”后 | 比　较 |
|---|---|---|---|
| 径向力 $F_r$/N | 0 | 32.765 | 增大 |
| 径向刚度 $K_r$/（N·m$^{-1}$） | 0 | $3.28\times10^4$ | 增大 |

5. 外部环境对轴承性能的影响

本节主要研究储能飞轮系统的真空罩对双磁环永磁轴承力学特性的影响。图 4–16 是具有真空罩的储能飞轮系统简图，其中相对磁导率与空气接近的部件被等效为空气，在图中没有显示。

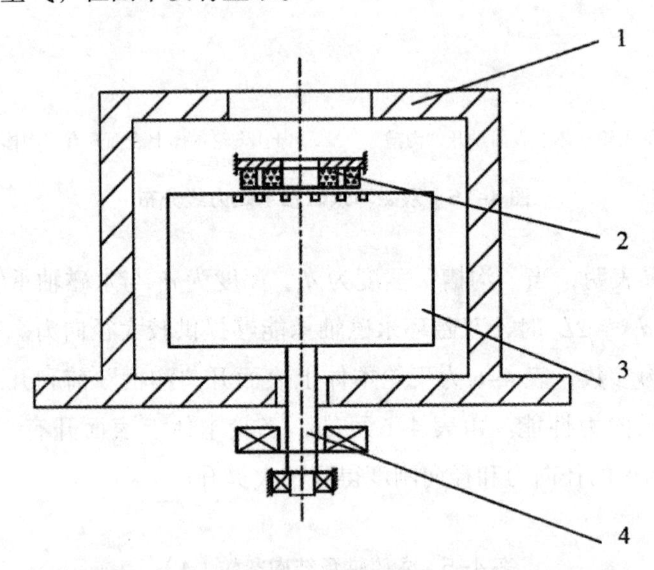


1—真空罩；2—定子；3—转子（飞轮本体）；4—电机、支撑系统。

**图 4–16　具有真空罩的飞轮系统简图**

图 4–17 为双磁环永磁轴承安装于真空罩内时的磁力线分布图。由图 4–17 可知，双磁环永磁轴承的磁路很短，漏磁很小，磁力线分布区域较小，没有散布到空气或者真空罩中。

分析认为：双磁环永磁轴承的力学性能基本不受真空罩的影响。

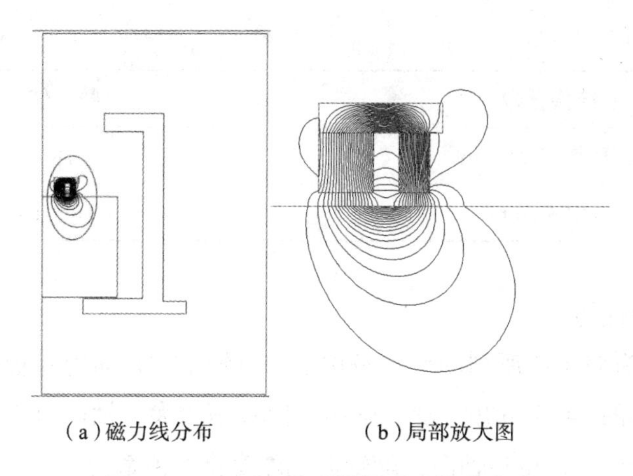

（a）磁力线分布　　（b）局部放大图

**图 4–17　双磁环永磁轴承磁力线分布图**

## 4.2.5　双磁环永磁轴承结构参数确定

分析结果表明，双磁环永磁轴承因磁路短、漏磁小、受外部环境影响小等优势，比单磁环永磁轴承性能更加优异，更适合作为储能飞轮用永磁轴承。

以轴承内径 $R_0$=20 mm，轴向气隙 $L_g$=5 mm，内外磁环端面面积比 $\lambda$=1，内外磁环厚度比 $\lambda_1$=1，内外磁环径向间隙 $e$ =2$L_g$，“沟槽”深度和宽度 $d_r$=$d_h\approx 2L_g$ 为约束条件，建立参数化有限元模型。以轴向承载力 1 000 N 为目标，经过反复计算，确定了双磁环永磁轴承的结构参数，具体参数值如表 4–7 所示。双磁环永磁轴承所采用的永磁材料为钕铁硼，牌号为 N40。

**表4–7　永磁轴承结构参数（5）**

| 结构参数 | 数　值 |
| --- | --- |
| 轴向气隙 $L_g$/mm | 5 |
| 内径 $R_0$/mm | 20 |
| 内环截面宽 $\Delta R_1$/mm | 18 |
| 径向间隙 $e$/mm | 10 |
| 外环截面宽 $\Delta R_2$/mm | 10 |

续表4-7

| 结构参数 | 数　值 |
|---|---|
| 磁环厚度 $H$/mm | 18 |
| 体积 $V$/mm³ | $1.18\times10^5$ |

1. 轴向力性能

图 4-18 为表 4-7 所列的参数条件下永磁轴承的轴向力随轴向气隙变化的关系曲线。由图 4-18 可知，随着轴向气隙逐渐增大，轴向力逐渐减小。对轴向力曲线进行拟合，得到轴向力随轴向气隙变化的关系为

$$F_z = 3\,396.7\mathrm{e}^{(-L_g/3.5)} + 198.86 \tag{4-8}$$

由此可知，拟合曲线与计算曲线吻合较好。式（4-8）计算表明，当 $L_g$=5 ～ 5.5 mm 时，永磁轴承能够卸载飞轮本体 82% ～ 92% 的重量。

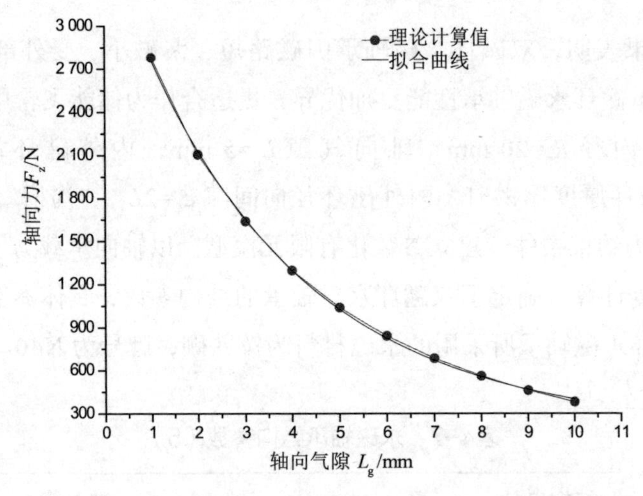


图 4-18　永磁轴承轴向力随轴向气隙变化的关系曲线

2. 径向力性能

图 4-19 为表 4-7 所列参数条件下的永磁轴承的径向力随径向偏移变化的关系曲线。由图 4-19 可知，随着径向偏移量逐渐增大，径向力（绝对值）逐渐增大。径向力与径向偏移近似呈线性关系。由式（4-8）计算可得，在轴向气隙 $L_g$=5 mm 时，双磁环永磁轴承的径向刚度约为 $2.67\times10^4$ N/m。

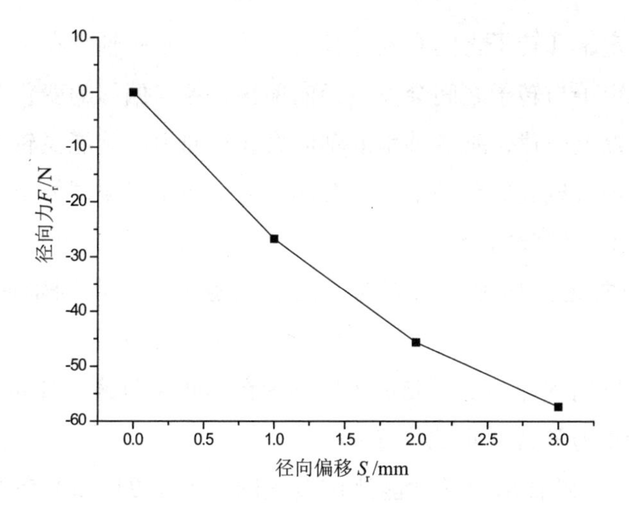


图 4-19　永磁轴承径向力随径向偏移变化的关系曲线

综上所述，双磁环永磁轴承结构中，当内外磁环端面面积之比接近 1，内外磁环厚度比为 1，辅助安装软铁环厚度约为磁环厚度的 1/2 时，双磁环永磁轴承轴向力最大。双磁环永磁轴承具有磁路闭合的特点，力学性能基本不受外界环境的影响。与单磁环永磁轴承相比，双磁环永磁轴承磁路短，漏磁小，对永磁体的利用比较充分。当两类轴承的磁体体积和磁环内径相等时，双磁环永磁轴承轴向力性能和径向力性能均优于单磁环永磁轴承。

## 4.3　永磁轴承力学特性的试验研究

### 4.3.1　永磁轴承力学特性测试装置

1. 永磁轴承力学特性测试需求分析

在立式储能飞轮系统中，永磁轴承轴向承载力直接决定着下支承的载荷。当轴向气隙较大时，永磁轴承轴向承载力较小，下支承载荷较大，导致下支承系统的损耗增加；当轴向气隙较小时，永磁轴承轴向承载力较大，且当轴承转子存在轴向跳动时，飞轮本体会被定子磁环吸附。储能飞轮系统在高速旋转时，永磁轴承定子和转子之间会发生径向振动。当永磁轴承在工作中发生径向振动时，轴承定子与转子之间会发生径向偏移，径向偏移的变化会引起轴承径向力的变化。综上所述，永磁轴承的轴向力和径向力在储能飞轮系统中起着重要作用，对其进行试验研究是十分必要的。为了便于将测试值与理论值进行比较，确定了如下的试验内容：

（1）在径向无偏移理想状态时，测试永磁轴承在不同轴向气隙时的轴向力。

（2）保持轴向气隙不变，测试永磁轴承在不同径向偏移时的径向力。

2. 永磁轴承力学特性测试装置

图 4–20 为永磁轴承力学性能测试装置图。图 4–21（a）是测试装置的实物照片，图 4–21（b）是被测试的双磁环永磁轴承定子。测试装置采用立式结构，主要由安装调节结构和测试机构组成。

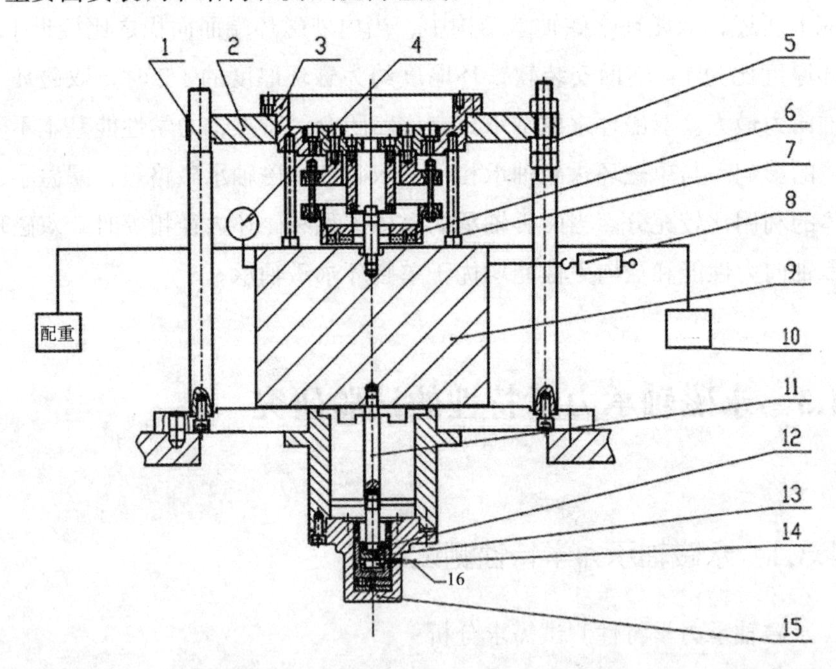


1—定位导杆；2—上支承板；3—永磁轴承安装座；4—千分表；5—调节杆；6—永磁轴承组件；7—防撞螺栓；8—拉力计；9—飞轮；10—配重；11—支撑轴；12—角接触轴承；13—轴承支撑座；14—称重传感器；15—传感器安装座；16—传感器线。

**图 4–20　永磁轴承力学性能测试装置**

（a）测试装置的实物照片

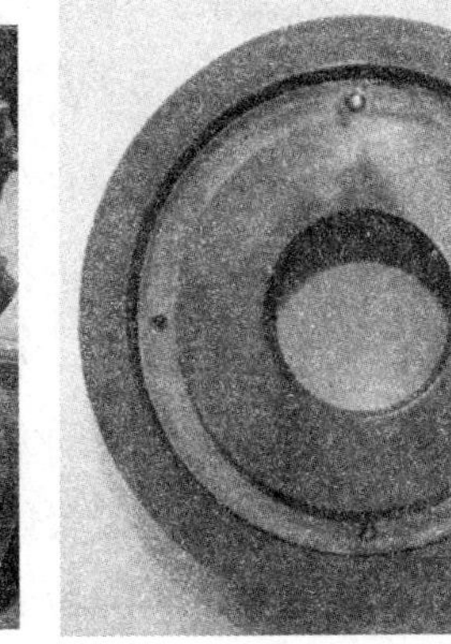

（b）轴承定子组件

**图 4–21　测试装置的实物照片及轴承定子组件**

安装调节结构主要由定位导杆、上支承板、永磁轴承安装座、调节杆、永磁轴承组件、防撞螺栓组成。被测试的永磁轴承组件安装在永磁轴承安装座上。永磁轴承安装座通过小间隙配合安装于上支承板上。上支承板由调节杆的调节螺母支承，并且通过调节螺母调节轴承轴向气隙的大小。定位导杆与上支承板采用小间隙配合安装，在试验过程中起到轴向定位和导向的作用。防撞螺栓的长度较长，通过螺纹与上支承板连接，能防止永磁轴承定子和飞轮转子直接接触或碰撞。

测试机构主要分为径向力测试部分和轴向力测试部分。径向力测试部分主要由拉力计和千分表组成，千分表显示轴承定子和转子的径向偏移，拉力计则直接读取轴承的径向力。轴向力测试部分主要由支承轴、角接触轴承、轴承支承座、称重传感器以及传感器安装座组成。转子飞轮通过支承轴、角接触轴承安装在轴承支承座上，并一起置于称重传感器上，称重传感器示数即为飞轮本体受磁场力作用后剩余的重量。

（1）永磁轴承轴向力的测试原理。永磁轴承轴向力由间接测量法测得。如图 4–20 所示，测试装置从上到下主要部件依次为永磁轴承定子、转子飞轮、配重、称重传感器。配重通过钢架搁置于转子飞轮上，转子飞轮通过支撑轴和角接触轴承支承于称重传感器上。称重传感器示数为飞轮转子被永磁轴承吸附后剩余的重量。飞轮转子的重量 $G$、称重传感器示数 $F$ 以及永磁轴承轴向力

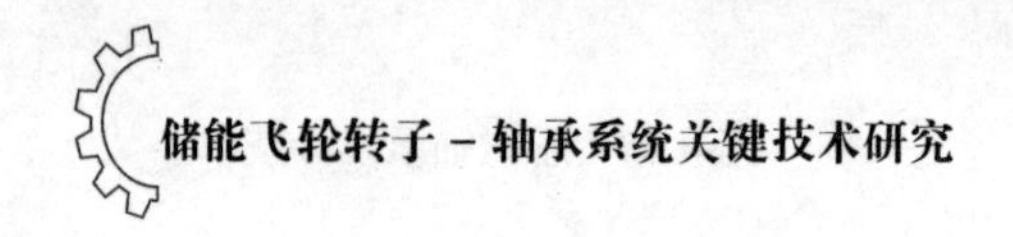


$F_z$ 之间满足式（4–9）所示关系：

$$F_z = G - F \tag{4-9}$$

改变轴向气隙，可测得不同轴向气隙下永磁轴承的轴向承载力。为了得到比较准确的测试值，可改变配重并进行多次测量，测量结果取平均值。

（2）永磁轴承径向力的测试原理。永磁轴承径向力由直接测量法得到。如图 4–20 所示，通过调节杆和支承板将永磁轴承定子与转子飞轮之间的轴向气隙调节为预先设定值，并保持不变。设置好千分表，用拉力计在千分表的对称位置施加径向载荷。然后通过千分表和拉力计的读数，直接得到不同径向偏移时永磁轴承的径向力。为了得到比较准确的测试结果，需进行多次测量，结果取平均值。

### 4.3.2 双磁环永磁轴承测试结果

1. 轴向力测试结果

为了测得双磁环永磁轴承在不同轴向气隙时的轴向力，试验将测试过程分为两种，一种是轴向气隙逐渐增大的过程，另一种是轴向气隙逐渐减小的过程。为了减小测量误差，试验更换了不同的配重并进行多次测量，测量结果取其平均值。测试结果如表 4–8 所示。

表4–8 双磁环永磁轴承轴向力测试结果

| 被测对象设定的轴向气隙 $L_g$/mm | 测 试 (1) | | | | 测 试 (2) | | | | 轴向力平均值 $F_z$/N |
|---|---|---|---|---|---|---|---|---|---|
| | 轴向气隙增大 | | 轴向气隙减小 | | 轴向气隙增大 | | 轴向气隙减小 | | |
| | 传感器示数 | 轴向力 $F_z$/N | 传感器示数 | 轴向力 $F_z$/N | 传感器示数 | 轴向力 $F_z$/N | 传感器示数 | 轴向力 $F_z$/N | |
| 4 | 379 | 1 211 | 376 | 1 201 | 465 | 1 212 | 480 | 1 223 | 1211.75 |
| 5 | 637 | 953 | 597 | 980 | 738 | 939 | 707 | 996 | 967.00 |
| 6 | 788 | 802 | 780 | 797 | 860 | 817 | 893 | 810 | 806.50 |
| 7 | 980 | 610 | 947 | 630 | 1 025 | 652 | 1 064 | 639 | 632.75 |
| 8 | 1 081 | 509 | 1 057 | 520 | 1 174 | 503 | 1 167 | 536 | 517.00 |

续表4-8

| 被测对象设定的轴向气隙 $L_g$/mm | 测　试 (1) | | | | 测　试 (2) | | | | 轴向力平均值 $F_z$/N |
|---|---|---|---|---|---|---|---|---|---|
| | 轴向气隙增大 | | 轴向气隙减小 | | 轴向气隙增大 | | 轴向气隙减小 | | |
| | 传感器示数 | 轴向力 $F_z$/N | 传感器示数 | 轴向力 $F_z$/N | 传感器示数 | 轴向力 $F_z$/N | 传感器示数 | 轴向力 $F_z$/N | |
| 9 | 1 128 | 462 | 1 150 | 427 | 1 238 | 439 | 1 262 | 441 | 442.25 |
| 10 | 1 239 | 351 | 1 250 | 327 | 1 343 | 334 | 1 342 | 361 | 343.25 |
| ∞ | 1 590 | — | 1 577 | — | 1 677 | — | 1 703 | — | — |

注：表中“∞”表示没有永磁轴承时传感器示数。

图 4–22 为双磁环永磁轴承轴向力随轴向气隙变化的关系曲线。由图 4–22 可知，双磁环永磁轴承轴向力测试值与理论值比较接近，均随着轴向气隙的增大而急剧减小。当轴向气隙相等时，双磁环永磁轴承轴向力测试值均小于理论值。

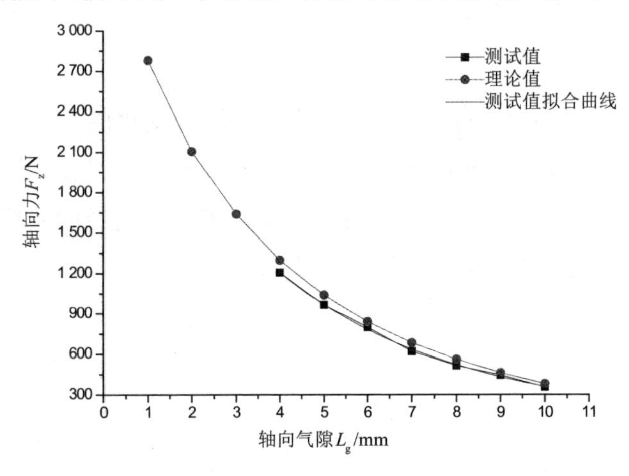


**图 4–22　永磁轴承轴向力随轴向气隙变化的关系 ($S_r$=0)**

通过对永磁轴承轴向力测试值进行拟合，得到轴向力与轴向气隙关系：

$$F_z = 2\,913.2e^{(-L_g/4.13)} + 172.8 \qquad (4\text{–}10)$$

由式（4–10）计算可知，要使永磁轴承轴向承载力为 1 000 N，则需要将轴向气隙 $L_g$ 调节为 5.2 mm。试验中，以 5.2 mm 为参考值，对永磁轴承轴向气隙进行调节。经调试，当双磁环永磁轴承轴向气隙 $L_g$ 约为 5.5 mm 时，飞轮转子经过永磁轴承卸载后剩余重量为 120 N，卸载的飞轮转子重量约为 980 N，约占总重量的 89%。由调试结果可知，双磁环永磁轴承轴向承载力达到了永磁轴承的设计目标，能满足储能飞轮系统的使用要求。

2. 径向力测试结果

在测试双磁环永磁轴承径向力时，为了减小测量误差，进行了多次测量。测试结果如表 4-9 所示。

表4-9　双磁环永磁轴承径向力测试结果

| 径向偏移 $S_r$/mm | 测试序号 | | | | 径向力平均值 /N |
|---|---|---|---|---|---|
| | 1 | 2 | 3 | 4 | |
| 0 | 0 | 0 | 0 | 0 | 0 |
| 1.0 | −15 | −14.5 | −15 | −16.5 | −15.25 |
| 2.0 | −26 | −25.5 | −28 | −27.5 | −26.75 |
| 3.0 | −39 | −39.0 | −40 | −40.0 | −39.50 |

图 4-23 为双磁环永磁轴承径向力随径向偏移变化的关系图。由图 4-23 可知，双磁环永磁轴承径向力测试值和理论值（绝对值）均随径向偏移量的增大呈线性增大，但是测试值与理论值相对误差较大，当径向偏移为 2 mm 时，测试值与理论计算值相对误差最大，达到 40%。

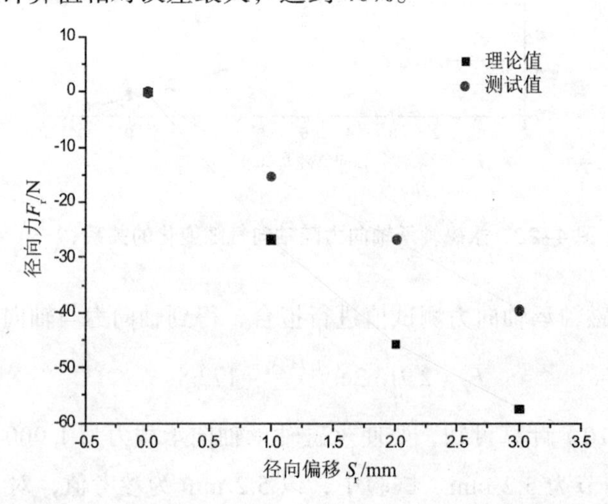


图 4-23　永磁轴承径向力随径向偏移变化时其理论值与测试值比较（$L_g$=5 mm）

为了减小误差，将径向力测试方法由摆动式改为平动式，如图 4–24 所示。改进后的径向力测试装置的下支承方式由轴支承改为滚球支承。当永磁轴承定子磁体与飞轮转子之间发生径向偏移时，飞轮转子是平动，而不是之前的微幅摆动。经测试获得了不同径向偏移时永磁轴承径向力，如表 4–10 所示。

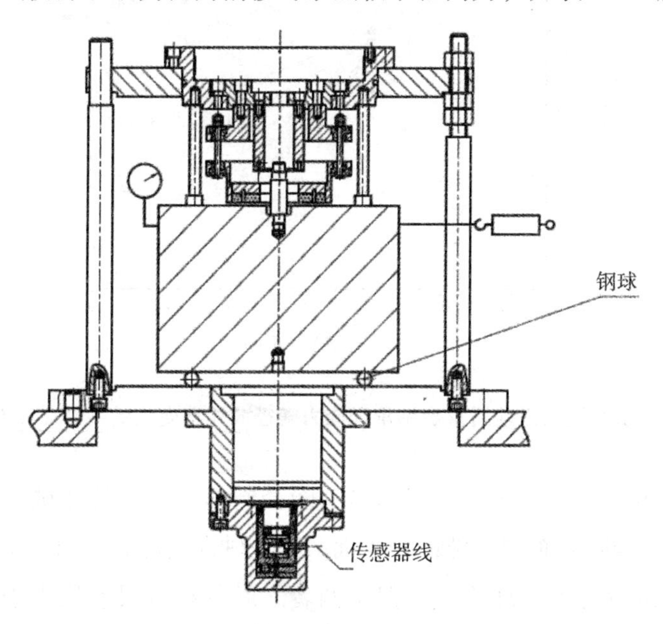


图 4–24　平动式的径向力测试装置图

表4–10　永磁轴承径向力测试结果

| 径向偏移 $S_r$/mm | 测试序号 | | | | 径向力平均值 /N |
|---|---|---|---|---|---|
| | 1 | 2 | 3 | 4 | |
| 0 | 0 | 0 | 0 | 0 | 0 |
| 1.0 | –18 | –17.5 | –16.5 | –17.0 | –17.250 |
| 2.0 | –33 | –32.5 | –33.0 | –32.5 | –32.750 |
| 3.0 | –46 | –45.0 | –45.5 | –46.0 | –45.625 |

图 4–25 为测试装置改进前后永磁轴承径向力随径向偏移变化的关系曲线。由图 4–25 可知，试验装置改进后，径向力的测试值比没有改进前有所提高，

当径向偏移为 1 mm 时，径向力测试值提高了约 25%。试验装置改进后，径向力测试值与理论值之间的相对误差有所减小，由原来的 40% 降低为 29%。

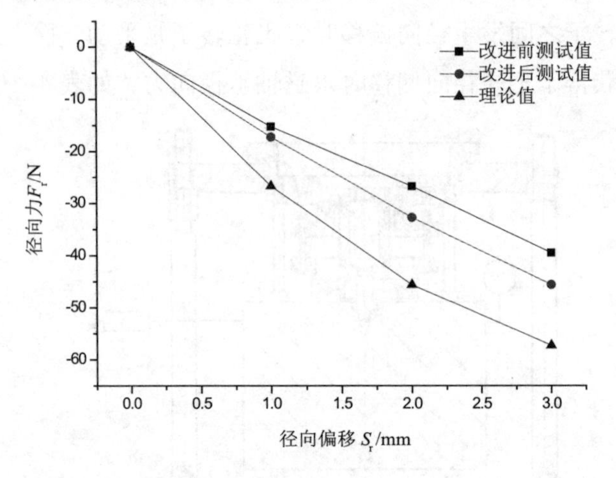


图 4-25　测试装置改进前后永磁轴承径向力随径向偏移变化的关系曲线 ($L_g$=5 mm)

综上所述，双磁环永磁轴承轴向力随径向偏移变化的测试值与理论值变化趋势一致，均随着轴向气隙的增大而减小；轴向气隙相等时，双磁环永磁轴承轴向力测试值均小于理论值，但是两者之间的相对误差均小于 10%。双磁环永磁轴承径向力测试值与理论值变化趋势一致，均随着径向偏移的增大而呈线性增大，方向与偏移方向相反。径向力测试值与理论值的相对误差较大，最大达到 29%。

## 4.4　本章小结

本章针对大容量储能飞轮系统的需求提出了一种双环结构的永磁轴承。以提高永磁轴承轴向承载力和径向刚度为目标，建立了基于 ANSYS 的永磁轴承的有限元模型，分析了轴承结构参数对轴承承载力性能的影响，并对比了传统单环永磁轴承和双环永磁轴承的承载力性能。最后，提出了一种基于储能飞轮转子系统的永磁轴承力学性能测试方法与装置，对双磁环永磁轴承力学性能进行了试验研究，对比了理论试验结果。

# 第 5 章　储能飞轮转子系统的模态分析

## 5.1　概述

本章针对永磁轴承（permanent magnetic bearing, PMB）和螺旋槽轴承支承的储能飞轮转子系统开展理论模态分析，进而基于模态信息探究飞轮转子系统的动态特性参数设计。主要内容如下：基于含耗散力的第二类拉格朗日方程，建立储能飞轮转子系统的线性自由振动模型；运用状态向量法计算系统的模态频率、振型和模态阻尼比等参数，分析上、下阻尼器的功能，分别探讨上、下阻尼器的特性参数对飞轮一阶和二阶进动模态阻尼比的影响；对比分析径向 PMB 激励式 TMD 和轴向 PMB 激励式 TMD 的减振性能。

## 5.2　储能飞轮转子系统线性自由振动方程的建立

为了便于建立动力学模型，根据图 2-1 所示的储能飞轮转子系统的结构特点，做出如下简化假设：

（1）静止时，转子轴完全垂直，无倾斜，忽略重力对转轴的影响。

（2）飞轮本体工作在亚临界状态下，视其为刚体。

（3）枢轴质量远小于飞轮本体质量，因此忽略枢轴质量，只计其弹性变形。

（4）忽略电机磁场力对飞轮转子系统的影响。

（5）相比枢轴和 O 形圈的刚度，螺旋槽轴承的油膜刚度较大；相比下阻尼器阻尼，螺旋槽轴承的油膜阻尼较小。因此，忽略螺旋槽轴承的油膜刚度和

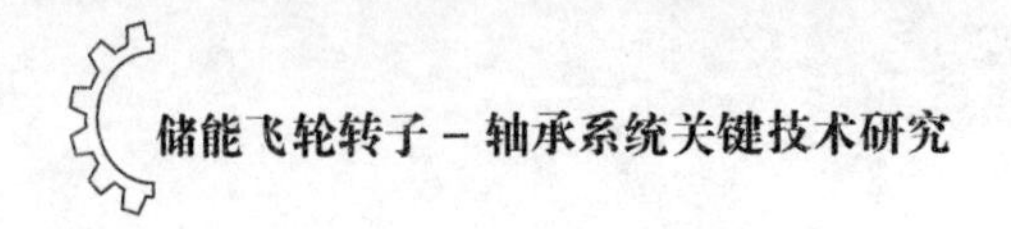


阻尼对飞轮转子系统的影响。

（6）系统的横向振动远小于轴向振动，仅考虑横向振动影响，且振动为线性的。

（7）上、下阻尼器分别简化为一个线性质量－弹簧－阻尼单元。

（8）与上、下阻尼器的阻尼相比，其他阻尼比较小，因此忽略系统中存在的磁阻尼、涡流阻尼、摩擦阻尼和材料内阻尼等，只计油膜阻尼和 O 形圈的材料内阻尼。

（9）与支承刚度相比，阻尼器的油膜刚度比较小，因此忽略油膜刚度。

在以上假设下，建立如图 5-1 所示的飞轮转子系统的自由振动模型。很明显，该模型由一个刚性飞轮和上下两个质量－弹簧－阻尼系统组成，属于多刚体动力学系统。

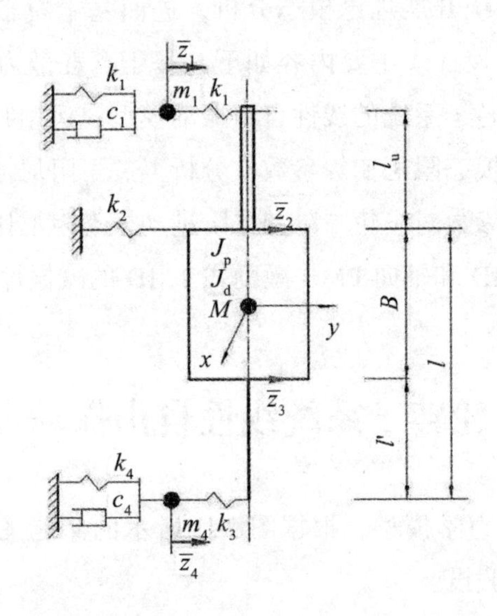


图 5-1　径向 PMB 激励式 TMD 的储能飞轮转子系统自由振动模型

## 5.2.1　坐标系

为了便于数学模型的建立，定义如表 5-1 所示的符号。为了描述飞轮转子的运动，建立如图 5-2 所示的坐标系。如图 5-2 所示，坐标 $oxyz$ 为固定坐标系，$o'x'y'z'$ 为随基点 $o'$ 运动的平动坐标系，基点 $o'$ 为飞轮的几何中心，

$o'\eta\xi\varsigma$ 为固结于飞轮转子上的转动坐标系。于是，飞轮转子的运动就可以分解为飞轮转子随基点 $o'$ 的平动和绕基点 $o'$ 的转动。

对于飞轮转子绕基点 $o'$ 的转动采用 3 个欧拉角表示（ $-\theta_\eta$，$\theta_y$，$\theta_\varsigma$ ），如图 5–2 所示。飞轮转动时，可以认为飞轮先绕 $o'y'$ 轴转动 $\theta_y$ 角而到达 $o'\eta_1 y'\varsigma_1$ 的位置，然后绕 $o'\eta_1$ 轴转过 $-\theta_\eta$ 角（负号表示转动矢量方向与坐标轴方向相反）而到达 $o'\eta_1\xi_1\varsigma$ 的位置，最后绕 $o'\varsigma$ 轴转动 $\theta_\varsigma$ 角到达 $o'\eta\xi\,\varsigma$ 的位置。

表5–1　符号含义表

| 符　号 | 含　义 | 符　号 | 含　义 |
|---|---|---|---|
| $k_1$ | 上阻尼器刚度 | $\bar{z}_1=(x_1+iy_1)$ | 上阻尼器动件横向坐标 |
| $k_2$ | 轴向 PMB 横向刚度 | $\bar{z}_2=(x_2+iy_2)$ | 飞轮上端面横向坐标 |
| $k_3$ | 枢轴横向弯曲刚度 | $\bar{z}_3=(x_3+iy_3)$ | 飞轮下端面横向坐标 |
| $k_4$ | O 形圈横向刚度 | $\bar{z}_4=(x_4+iy_4)$ | 下阻尼器动件横向坐标 |
| $k_u$ | 径向 PMB 横向刚度 | $\bar{z}_c=(x_c+iy_c)$ | 飞轮本体质心横向坐标 |
| $c_1$ | 上阻尼器阻尼系数 | $M$ | 飞轮本体质量 |
| $c_4$ | 下阻尼器阻尼系数 | $J_d$ | 飞轮直径转动惯量 |
| $m_1$ | 上阻尼器参振质量 | $J_p$ | 飞轮极转动惯量 |
| $m_4$ | 下阻尼器参振质量 | $\Omega$ | 飞轮转子转动角速度 |

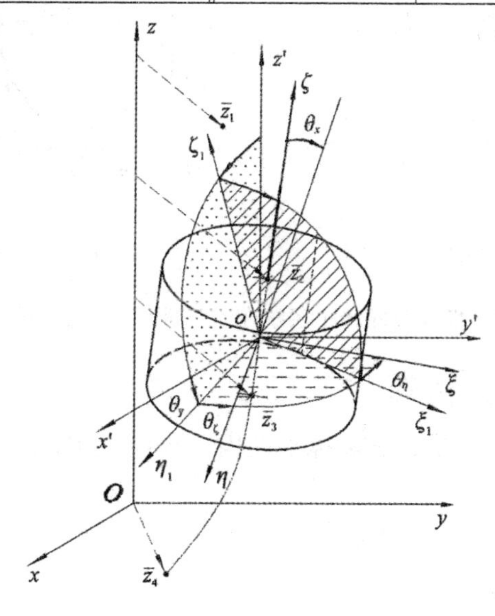


图 5–2　储能飞轮转子系统坐标系

## 5.2.2 变形几何关系

1. 转子质心

图 5-3 为某一时刻飞轮转子系统在 $Oxz$ 面和 $Oyz$ 面坐标平面内的投影。图中，$P_u$、$P_2$、$P_3$ 和 $P_4$ 分别表示径向 PMB 内环几何中心、飞轮上端面几何中心、飞轮下端面几何中心及下阻尼器中心所在位置。

图 5-3（a）中，$\theta_x$ 为 $\theta_\eta$ 在 $Oxz$ 面内的投影，小振动量下 $\theta_\eta \approx \theta_x$，根据几何关系知

$$x_c = (x_2 + x_3)/2, \quad \theta_y = (x_2 - x_3)/B \tag{5-1}$$

同样，在 $Oyz$ 面内可得

$$y_c = (y_2 + y_3)/2, \quad \theta_x = (y_2 - y_3)/B \tag{5-2}$$

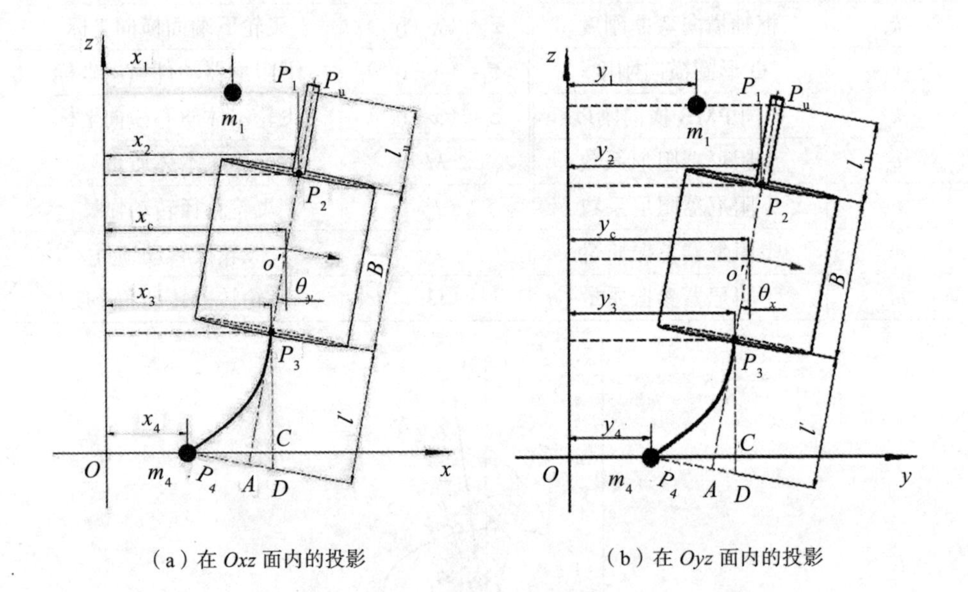


（a）在 $Oxz$ 面内的投影　　（b）在 $Oyz$ 面内的投影

**图 5-3　储能飞轮转子系统在 $Oxz$ 面和 $Oyz$ 面内的投影**

2. 径向 PMB 的横向位移

由图 5-3（a）知，在 $Oxz$ 坐标平面内，径向 PMB 沿 $x$ 轴的横向位移为

$$\begin{aligned}\Delta x_u &= x_2 - x_1 + \overline{P_1P_u} \\ &= x_2 - x_1 + l_u \sin\theta_y \\ &\approx x_2 - x_1 + \frac{l_u}{B}(x_2 - x_3)\end{aligned} \tag{5-3}$$

同理可得，径向 PMB 沿 $y$ 轴的横向位移为

$$\Delta y_{\mathrm{u}} = y_2 - y_1 + \frac{l_{\mathrm{u}}}{B}(y_2 - y_3) \tag{5-4}$$

3. 枢轴的横向变形量

从图 5-3（a）中可以看出，枢轴的横向变形量在 $Oxz$ 平面的投影为

$$\Delta x_3 = (\overline{P_4D} - \overline{AD}) = \frac{\overline{P_4C}}{\cos\theta_y} - l'\tan\theta_y = \frac{x_3 - x_4}{\cos\theta_y} - l'\tan\theta_y \tag{5-5}$$

由于飞轮转子实际的偏转角很小，有

$$\Delta x_3 \approx x_3 - x_4 - \frac{l'}{B}(x_2 - x_3) \tag{5-6}$$

同理，在 $Oyz$ 平面内，有

$$\Delta y_3 \approx y_3 - y_4 - \frac{l'}{B}(y_2 - y_3) \tag{5-7}$$

## 5.2.3　系统能量

由转子动力学理论可知，系统的动能为

$$\begin{aligned} T &= \frac{1}{2}mv_1^2 + \frac{1}{2}mv_4^2 + \frac{1}{2}m(\dot{x}_{\mathrm{c}}^2 + \dot{y}_{\mathrm{c}}^2) + \frac{1}{2}J_{\mathrm{p}}\Omega(\Omega + 2\dot{\theta}_x\theta_y) + \frac{1}{2}J_{\mathrm{d}}(\dot{\theta}_x^2 + \dot{\theta}_y^2) \\ &= \frac{1}{2}m(\dot{x}_{\mathrm{c}}^2 + \dot{y}_{\mathrm{c}}^2) + \frac{1}{2}J_{\mathrm{p}}\Omega(\Omega + 2\dot{\theta}_x\theta_y) + \frac{1}{2}J_{\mathrm{d}}(\dot{\theta}_x^2 + \dot{\theta}_y^2) \\ &= \frac{1}{2}m_1(\dot{x}_1^2 + \dot{y}_1^2) + \frac{1}{2}m_4(\dot{x}_4^2 + \dot{y}_4^2) + \frac{1}{2}m\left[\left(\frac{\dot{x}_2 + \dot{x}_3}{2}\right)^2 + \left(\frac{\dot{y}_2 + \dot{y}_3}{2}\right)^2\right] \\ &\quad + \frac{1}{2}J_{\mathrm{p}}\Omega\left[\Omega + 2\left(\frac{\dot{x}_2 - \dot{x}_3}{B}\right)\left(\frac{y_2 - y_3}{B}\right)\right] + \frac{1}{2}J_{\mathrm{d}}\left[\left(\frac{\dot{x}_2 - \dot{x}_3}{B}\right)^2 + \left(\frac{\dot{y}_2 - \dot{y}_3}{B}\right)^2\right] \end{aligned} \tag{5-8}$$

系统势能为

$$\begin{aligned} V &= \frac{1}{2}k_1(x_1^2 + y_1^2) + \frac{1}{2}k_{\mathrm{u}}\left\{\left[(x_2 - x_1) + \frac{l_{\mathrm{u}}}{B}(x_2 - x_3)\right]^2 + \left[(y_2 - y_1) + \frac{l_{\mathrm{u}}}{B}(y_2 - y_3)\right]^2\right\} \\ &\quad + \frac{1}{2}k_2(x_2^2 + y_2^2) + \frac{1}{2}k_3\left\{\left[(x_3 - x_4) - \frac{l'}{B}(x_2 - x_3)\right]^2 + \left[(y_3 - y_4) - \frac{l'}{B}(y_2 - y_3)\right]^2\right\} \\ &\quad + \frac{1}{2}k_4(x_4^2 + y_4^2) \end{aligned} \tag{5-9}$$

系统耗散能为

$$U=\frac{1}{2}c_1(\dot{x}_1^2+\dot{y}_1^2)+\frac{1}{2}c_4(\dot{x}_4^2+\dot{y}_4^2) \tag{5-10}$$

## 5.2.4 飞轮转子系统的自由振动方程

将式（5–8）、式（5–9）、式（5–10）代入含耗散力的第二类拉格朗日方程（5–11），推导可得储能飞轮转子系统的自由振动方程（5–12）：

$$\frac{\mathrm{d}}{\mathrm{d}t}\left(\frac{\partial T}{\partial \dot{q}}\right)-\frac{\partial T}{\partial q}+\frac{\partial V}{\partial q}+\frac{\partial U}{\partial \dot{q}}=0 \tag{5-11}$$

$$\boldsymbol{M}\ddot{\boldsymbol{z}}+(\mathrm{i}\Omega\boldsymbol{H}+\boldsymbol{C})\dot{\boldsymbol{z}}+\boldsymbol{K}\boldsymbol{z}=0 \tag{5-12}$$

式中：$\boldsymbol{M}=\begin{bmatrix} m_1 & 0 & 0 & 0 \\ 0 & m_2 & m_3 & 0 \\ 0 & m_3 & m_2 & 0 \\ 0 & 0 & 0 & m_4 \end{bmatrix}$，$\boldsymbol{H}=\begin{bmatrix} 0 & 0 & 0 & 0 \\ 0 & -\frac{J_\mathrm{p}}{B^2} & \frac{J_\mathrm{p}}{B^2} & 0 \\ 0 & \frac{J_\mathrm{p}}{B^2} & -\frac{J_\mathrm{p}}{B^2} & 0 \\ 0 & 0 & 0 & 0 \end{bmatrix}$；$\boldsymbol{C}=\begin{bmatrix} c_1 & 0 & 0 & 0 \\ 0 & 0 & 0 & 0 \\ 0 & 0 & 0 & 0 \\ 0 & 0 & 0 & c_4 \end{bmatrix}$，$\boldsymbol{Z}=\begin{Bmatrix} \bar{z}_1 \\ \bar{z}_2 \\ \bar{z}_3 \\ \bar{z}_4 \end{Bmatrix}$；

$$\boldsymbol{K}=\begin{bmatrix} k_1+k_\mathrm{u} & -\left(1+\frac{l_\mathrm{u}}{B}\right)k_\mathrm{u} & \frac{l_\mathrm{u}}{B}k_\mathrm{u} & 0 \\ -\left(1+\frac{l_\mathrm{u}}{B}\right)k_\mathrm{u} & \left[k_2+\left(1+\frac{l_\mathrm{u}}{B}\right)^2 k_\mathrm{u}+\left(\frac{l'}{B}\right)^2 k_3\right] & -\left[\frac{l_\mathrm{u}}{B}\left(1+\frac{l_\mathrm{u}}{B}\right)k_\mathrm{u}+\left(1+\frac{l'}{B}\right)\frac{l'}{B}k_3\right] & \frac{l'}{B}k_3 \\ \frac{l_\mathrm{u}}{B}k_\mathrm{u} & -\left[\frac{l_\mathrm{u}}{B}\left(1+\frac{l_\mathrm{u}}{B}\right)k_\mathrm{u}+\left(1+\frac{l'}{B}\right)\left(\frac{l'}{B}\right)k_3\right] & \left[\left(\frac{l_\mathrm{u}}{B}\right)^2 k_\mathrm{u}+\left(1+\frac{l'}{B}\right)^2 k_3\right] & -\left(1+\frac{l'}{B}\right)k_3 \\ 0 & \frac{l'}{B}k_3 & -\left(1+\frac{l'}{B}\right)k_3 & k_3+k_4 \end{bmatrix};$$

$\bar{z}_j=x_j+\mathrm{i}y_j \quad (j=1,2,3,4)$；$m_2=\frac{M}{4}+\frac{J_\mathrm{d}}{B^2}$；$m_3=\frac{M}{4}-\frac{J_\mathrm{d}}{B^2}$。

# 5.3 储能飞轮转子系统线性自由振动方程的求解

在式（5–12）所示的方程中，由于存在陀螺力矩项和非比例阻尼项，采用传统的模态综合法求解无法使方程解耦，因此需采用状态向量法求解方程。

设 $\boldsymbol{Z}=\{\boldsymbol{z},\dot{\boldsymbol{z}}\}^{\mathrm{T}}$，并引入 $\boldsymbol{M}\dot{\boldsymbol{z}}-\boldsymbol{M}\dot{\boldsymbol{z}}=0$，结合式（5–12），有

$$\boldsymbol{A}\dot{\boldsymbol{Z}}+\boldsymbol{B}\boldsymbol{Z}=0 \tag{5–13}$$

其中

$$\boldsymbol{A}=\begin{bmatrix}\mathrm{i}\Omega\boldsymbol{H}+\boldsymbol{C} & \boldsymbol{M}\\ \boldsymbol{M} & \boldsymbol{0}\end{bmatrix},\quad \boldsymbol{B}=\begin{bmatrix}\boldsymbol{K} & 0\\ 0 & -\boldsymbol{M}\end{bmatrix} \tag{5–14}$$

设式（5–13）解的形式为

$$\boldsymbol{Z}=\tilde{\boldsymbol{Z}}\mathrm{e}^{\lambda t},\quad \lambda=\sigma+\mathrm{i}\,\nu \tag{5–15}$$

$\lambda$ 的虚部 $\nu$ 即为系统的模态圆频率，实部 $\sigma$ 为系统的衰减系数。将式（5–15）代入式（5–13），求解即可得到储能飞轮转子系统的第 $r$ 阶复频率 $\lambda_r$ 和复振型 $\tilde{Z}_r$，则系统的第 $r$ 阶模态阻尼比为

$$\zeta_r=-\frac{\sigma_r}{\nu_r} \tag{5–16}$$

由模态分析理论可知，模态阻尼比的大小是衡量转子系统模态稳定性和振动衰减快慢的重要指标之一，当 $\zeta_r>0$ 时，系统稳定。$\zeta_r$ 越大，系统的稳定性越好，振动衰减越快，反之则系统不稳定。

因此，为了提高储能飞轮转子系统的稳定性，在进行系统的动力学参数设计时，应尽可能提高系统各阶模态的阻尼比。同时，根据调谐阻尼器的工作原理，当阻尼器的固有频率与需抑制的振动频率一致时，阻尼器才能有效地发挥振动抑制作用。因此，为了有效抑制系统在某一阶模态处的共振响应，阻尼器的固有频率应等于该阶模态频率。

分析可知，对于储能飞轮系统中的两个阻尼器，其固有频率分别为

上阻尼器：

$$\nu_{\mathrm{U}}=\sqrt{(k_1+k_{\mathrm{u}})/m_1} \tag{5–17}$$

下阻尼器：

$$\nu_{\mathrm{D}}=\sqrt{(k_3+k_4)/m_4} \tag{5–18}$$

## 5.4 结果与讨论

参照轴向 PMB 的径向刚度和飞轮本体的结构参数，初步选择储能飞轮转子系统的动力学特性参数和结构参数，如表 5-2 所示。

表5-2 储能飞轮转子系统的计算参数

| 上阻尼器 | | 下阻尼器 | | 飞轮转子 | | | |
|---|---|---|---|---|---|---|---|
| 参数 | 数值 | 参数 | 数值 | 参数 | 数值 | 参数 | 数值 |
| $k_1/(N\cdot m^{-1})$ | 1 000 | $k_3/(N\cdot m^{-1})$ | $0.5\times10^6$ | $M$/kg | 110 | $B$/m | 0.20 |
| $k_2/(N\cdot m^{-1})$ | $1.5\times10^4$ | $k_4/(N\cdot m^{-1})$ | $1.0\times10^6$ | $J_p/(kg\cdot m^2)$ | 1.275 | $l'$/m | 0.20 |
| $k_u/(N\cdot m^{-1})$ | $2.0\times10^4$ | $m_4$/kg | 0.5 | $J_d/(kg\cdot m^2)$ | 0.9854 | $l_u$/m | 0.07 |
| $m_1$/kg | 4.0 | — | — | — | — | — | — |

### 5.4.1 储能飞轮转子系统的模态特征

1. 飞轮转子系统静止时的模态频率和振型

运用上述方法，计算得到了无阻尼飞轮转子系统静止时的模态频率和振型，如图 5-4 所示。图中振型为最大振幅归一化振型。为了便于叙述，根据振型特点，系统的 4 个模态从左至右依次称为飞轮一阶模态（FL1）、上阻尼器模态（UD）、飞轮二阶模态（FL2）和下阻尼器模态（LD）。

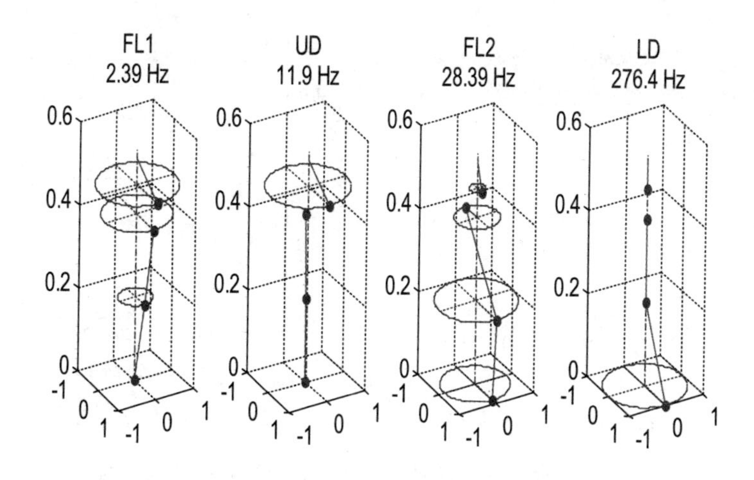


图 5-4　无阻尼储能飞轮转子系统静止时的模态振型与频率

由图 5-4 可知，飞轮一阶模态频率为 2.39 Hz，飞轮本体的振型为柱形，上端面振动幅值大于下端面，与支承轴无交点，上阻尼器处的振动幅值最大，下阻尼器处的振幅近似为 0。飞轮二阶模态频率为 28.39 Hz，飞轮本体的振型为锥形，与支承轴有一个交点，飞轮下端面振幅最大为 1，上阻尼器的振幅约为 0.05 μm，下阻尼器振幅约为 0.91 μm。因此，静止状态下，系统在飞轮一阶模态频率下的振动抑制主要依靠上阻尼器，在飞轮二阶模态频率下的振动抑制主要依靠下阻尼器。由于在飞轮一阶和二阶模态处飞轮转子均出现明显的振动，所以上、下阻尼器的设计应以提高这两阶模态的阻尼为目标开展。

同时也可以看到，上阻尼器模态频率为 11.9 Hz，由上阻尼器的局部共振引起；下阻尼器模态频率为 276.4 Hz，由下阻尼器的局部共振引起，上、下阻尼器模态对飞轮本体的振动影响很小。

2. 无阻尼飞轮转子系统的模态频率与转速关系

在飞轮转子转动时，受转子陀螺力矩的影响，飞轮转子系统静止下的各阶模态将分别分化为一个正进动模态和一个反进动模态，其模态特征值将随着转速的变化而变化。经计算得到了飞轮转子系统无阻尼时的 8 个模态频率随转速的变化曲线，如图 5-5 所示。图中，“+”表示正进动模态，“-”表示反进动模态。

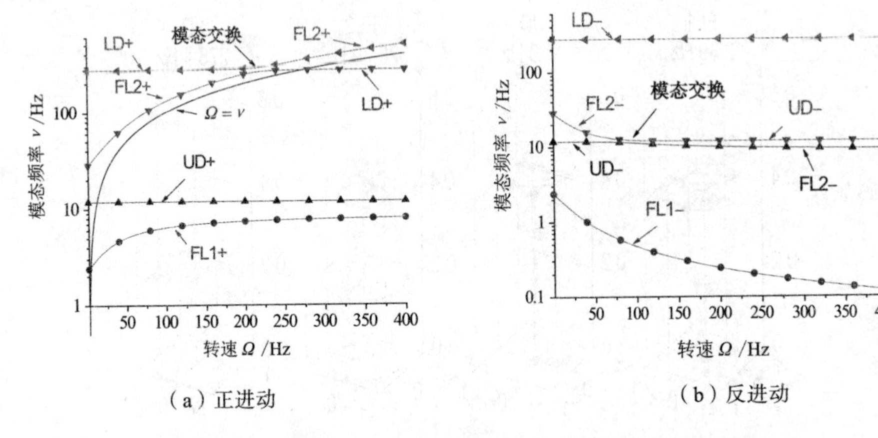


（a）正进动　　（b）反进动

**图 5–5　储能飞轮转子系统模态频率随转速的变化曲线**

由图 5–5 可知，随着转速的增加，飞轮一阶反进动模态频率减小，逐渐趋于 0；飞轮一阶正进动模态频率增加，飞轮二阶反进动模态频率减小，二者都逐渐趋近同一极限值；转子二阶正进动模态频率增加，其变化曲线逐渐趋于一条渐近线。

推导可知，在忽略上、下阻尼器参振质量的前提下，飞轮一阶正进动模态频率和飞轮二阶反进动模态频率的渐进值为

$$\nu_{\mathrm{FL1+}}\big|_{\varOmega=+\infty}=\nu_{\mathrm{FL2-}}\big|_{\varOmega=-\infty}=\sqrt{\frac{k_{1\mathrm{u}}+k_2+k_{34}}{M}},\quad k_{1\mathrm{u}}=\frac{k_1k_u}{k_1+k_u},\quad k_{34}=\frac{k_3k_4}{k_3+k_4} \tag{5–19}$$

飞轮二阶正进动模态频率渐进线为

$$\nu_{\mathrm{FL2+}}\big|_{\varOmega=+\infty}=\frac{J_{\mathrm{p}}}{J_{\mathrm{d}}}\varOmega \tag{5–20}$$

由于 $k_3$ 和 $k_4$ 远大于 $k_1$、$k_2$ 和 $k_{\mathrm{u}}$，所以飞轮一阶正进动模态频率和飞轮二阶反进动模态频率的渐进值主要取决于 $k_3$ 和 $k_4$。

由图 5–5（a）可以看到，飞轮一阶正进动模态频率与转子转速曲线有一交点，该交点对应的频率即为飞轮转子系统的一阶临界转速，大小为 2.5 Hz；飞轮二阶正进动模态频率曲线与转子转速曲线无交点，这说明系统不存在由高频率的飞轮二阶正进动模态引起的临界转速；上下阻尼器模态频率几乎不随飞轮转速变化，转子转速曲线与它们的交点即为系统的二阶和三阶临界转速，大小分别等于上、下阻尼器的固有频率。由于上、下阻尼器模态是由阻尼器的局

部共振引起，因此系统在越过 2 Hz 左右的一阶临界转速后，制作良好的飞轮转子系统将能够稳定地运行。

3. 有阻尼飞轮转子系统的模态阻尼比

图 5-6 显示了在 $c_1$=200 N·s/m，$c_4$=0 N·s/m 和 $c_1$=0 N·s/m，$c_4$=1 000 N·s/m 时的飞轮转子系统的模态阻尼比随转速变化的曲线。

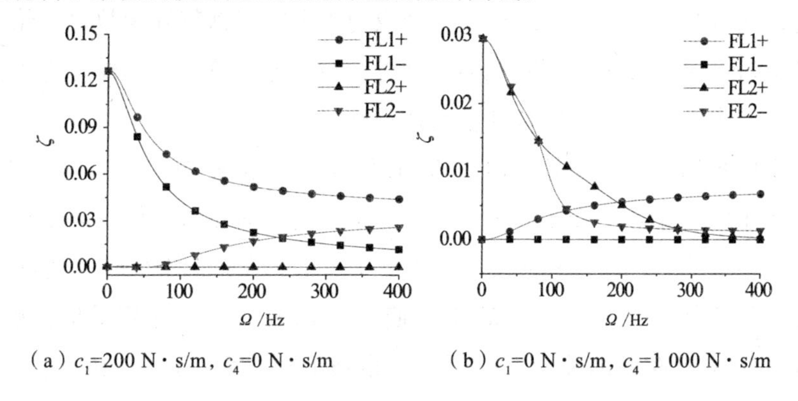


（a）$c_1$=200 N · s/m，$c_4$=0 N · s/m　　（b）$c_1$=0 N · s/m，$c_4$=1 000 N · s/m

**图 5-6　储能飞轮转子系统的模态阻尼比**

如图 5-6（a）所示，在 $c_4$=0 N · s/m 时，飞轮一阶正、反进动模态阻尼比随转子转速的增加而减小，在转速大于 100 Hz 后，其减小的幅度变小；在 0～400 Hz 时，飞轮二阶正进动模态阻尼比几乎为 0，而飞轮二阶反进动模态阻尼比随转速增加而增加，特别是在转速大于 100 Hz 后，其增幅明显。因此，上阻尼器可以为飞轮一阶正、反进动模态和转速大于 100 Hz 时的飞轮二阶反进动模态提供阻尼，分析认为这主要是因为这三阶进动模态频率接近上阻尼器的共振频率。

如图 5-6（b）所示，在 $c_1$=0 N · s/m 时，转速增加，飞轮一阶反进动模态阻尼比近似为 0，飞轮一阶正进动模态阻尼比增加；飞轮二阶正、反进动模态阻尼比随转速增加而减小，在转速大于 100 Hz 后，其减小的幅度明显变小。由此可知，下阻尼器可以为高速阶段的飞轮一阶正进动模态和飞轮二阶正、反进动模态提供阻尼。但是，相比于上阻尼器，下阻尼器为飞轮一阶正进动和飞轮二阶反进动模态提供的阻尼较小。

基于以上分析可知，飞轮一阶正、反进动模态阻尼和高速下的（$\Omega$>100 Hz）的飞轮二阶反进动模态阻尼的提高主要依靠上阻尼器；飞轮二阶正进动模态阻尼的提高主要依靠下阻尼器。

### 5.4.2 飞轮转子系统主要特性参数对模态阻尼比的影响

由转子动力学理论可知，在飞轮转子不平衡量的激励下，转子很难出现反进动，同时结合上一节的结论，本节仅讨论上阻尼器特性参数对飞轮一阶正进动模态阻尼比的影响和下阻尼器特性参数对飞轮二阶正进动模态阻尼比的影响，进而完成上、下阻尼器特性参数的优化。

1. 上阻尼器参数对飞轮一阶正进动模态阻尼比的影响

（1）上阻尼系数。图 5–7 为不同转速下飞轮一阶正进动模态阻尼比（$\zeta_{FL1+}$）随上阻尼系数（$c_1$）的变化曲线。如图 5–7 所示，当转速不变时，随着 $c_1$ 的增加，$\zeta_{FL1+}$ 先增加后减小，存在最佳 $c_1$ 使 $\zeta_{FL1+}$ 最大。在 $c_1$ 达到最佳值前，$\zeta_{FL1+}$ 与转速几乎呈线性增加关系，此后呈现指数下降关系。在相同的 $c_1$ 下，转速越高，$\zeta_{FL1+}$ 越小。可见，上阻尼系数的选择必须考虑转速的因素。

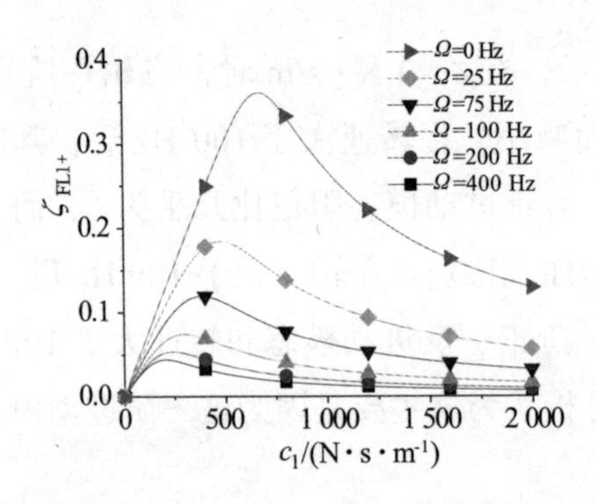


图 5–7 飞轮一阶正进动模态阻尼比随上阻尼系数的变化曲线

下面探讨最佳 $c_1$ 及最大 $\zeta_{FL1+}$ 与转速的变化关系，其变化关系如图 5–8 所示。由图 5–8 可知，随着转速 $\Omega$ 的增加，最佳 $c_1$ 减小，最大 $\zeta_{FL1+}$ 减小。转速从 0 Hz 增加到 100 Hz 时，最佳 $c_1$ 从 688 N · s/m 迅速减小至 295 N · s/m，最大 $\zeta_{FL1+}$ 从 0.36 迅速减小到 0.074，下降了 0.286；转速从 100 Hz 增加到 400 Hz 时，最大 $\zeta_{FL1+}$ 从 0.074 减小到 0.046，仅下降了 0.028，最佳 $c_1$ 从 295 N · s/m 下降到 207 N · s/m，仅减小了 88 N · s/m。由此可见，高速下，各

转速对应的最佳 $c_1$ 相差不大。因此，在设计参数 $c_1$ 时，应在最高转速下选择所对应的最佳值，以保证系统在高速下具有较高的 $\zeta_{FL1+}$。

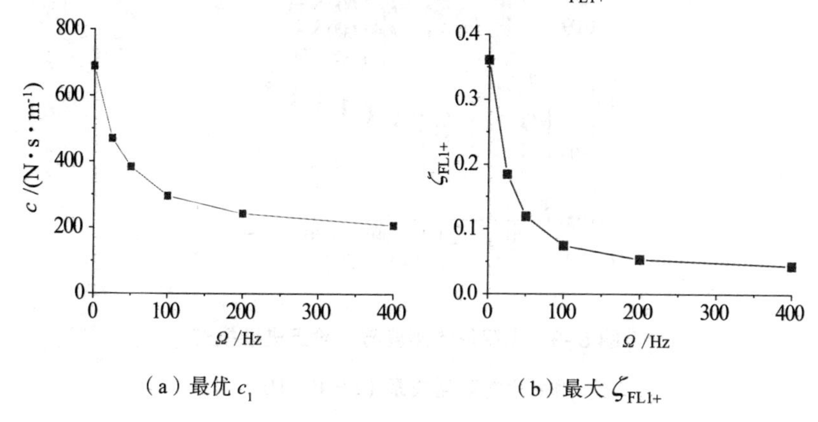


（a）最优 $c_1$　　（b）最大 $\zeta_{FL1+}$

**图 5-8　最大飞轮一阶正进动模态阻尼比和最优上阻尼系数与转速的变化关系**

（2）上阻尼器刚度和径向 PMB 刚度。图 5-9 显示了不同上阻尼器刚度（$k_1$）下的径向 PMB 刚度（$k_u$）与 $\zeta_{FL1+}$ 的变化关系。如图 5-9 所示，在恒定 $k_1$ 下，在（0.5 ～ 5）$\times 10^4$ N/m 时，增加 $k_u$，$\zeta_{FL1+}$ 先迅速增加，达到最大值后，又迅速降低至最小值后缓慢增加。当 $k_1$ 依次等于 0 N/m、1 000 N/m、2 000 N/m、3 000 N/m 和 4 000 N/m 时，最大 $\zeta_{FL1+}$ 依次为 0.106、0.0936、0.0837、0.0775 和 0.0677，对应的 $k_u$ 依次为 $1.22 \times 10^4$ N/m、$1.10 \times 10^4$ N/m、$1.00 \times 10^4$ N/m、$0.88 \times 10^4$ N/m 和 $0.76 \times 10^4$ N/m。此时，由式（5-18）计算可得飞轮一阶正进动模态频率依次为 8.31 Hz、8.30 Hz、8.28 Hz、8.24 Hz 和 8.23 Hz；由式（5-22）计算可得上阻尼器的共振频率依次为 8.79 Hz、8.72 Hz、8.70 Hz、8.64 Hz 和 8.57 Hz，二者基本相等。由于上阻尼器的总刚度（$k_1 + k_u$）随 $k_1$ 增加而减小，所以上阻尼器的共振频率与飞轮一阶正进动模态频率也随之减小。因此，为了提高飞轮一阶正进动模态阻尼比，应该先保证上阻尼器的共振频率与飞轮一阶正进动模态频率相等，然后在允许的范围内选择最小的上阻尼器刚度。

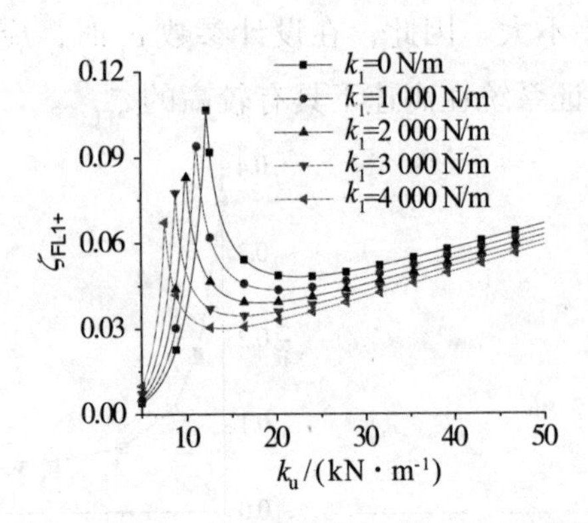


**图 5-9 上阻尼器刚度与一阶正进动模态阻尼比的变化关系（$\Omega$=400 Hz）**

2. 上阻尼器参振质量

图 5-10 给出了上阻尼器参振质量（$m_1$）对 $\zeta_{FL1+}$ 的影响，其中图 5-10（a）为不同 $k_1$ 下的 $m_1$-$\zeta_{FL1+}$ 曲线，图 5-10（b）为不同 $k_u$ 下的 $m_1$-$\zeta_{FL1+}$ 曲线。

如图 5-10（a）所示，在恒定 $k_1$ 下，$m_1$ 在 2 ～ 10 kg 时，增大 $m_1$，$\zeta_{FL1+}$ 先增大后减小，存在最大的 $\zeta_{FL1+}$。当 $k_1$ 依次为 0 N/m、1 000 N/m、2 000 N/m、3 000 N/m 和 4 000 N/m 时，最大的 $\zeta_{FL1+}$ 依次为 0.138、0.136、0.133、0.130 和 0.126，对应的 $m_1$ 依次为 6.12 kg、6.49 kg、6.80 kg、7.14 kg 和 7.48 kg。通过计算可知飞轮一阶正进动模态频率与上阻尼器的共振频率基本相等。因此，减小 $k_1$ 不仅可以增大 $\zeta_{FL1+}$，还可以减小 $m_1$。

如图 5-10（b）所示，在恒定 $k_u$ 下，$m_1$ 在 2 ～ 10 kg 时，增大 $m_1$，$\zeta_{FL1+}$ 先增大后减小，存在最佳的 $m_1$。当 $k_u$ 依次为 $1 \times 10^4$ N/m、$1.5 \times 10^4$ N/m、$2 \times 10^4$ N/m、$2.5 \times 10^4$ N/m 和 $3 \times 10^4$ N/m 时，最大的 $\zeta_{FL1+}$ 依次为 0.088、0.111、0.132、0.154 和 0.63，对应的 $m_1$ 依次为 3.7 kg、5.1 kg、6.5 kg、7.7 kg 和 8.8 kg。同样地，通过计算可知此时飞轮一阶正进动模态频率与上阻尼器的共振频率基本相等。可见，在保证上阻尼器共振频率与飞轮一阶正进动模态频率相等的条件下，增大 $k_u$ 和 $m_1$，可以提高 $\zeta_{FL1+}$。

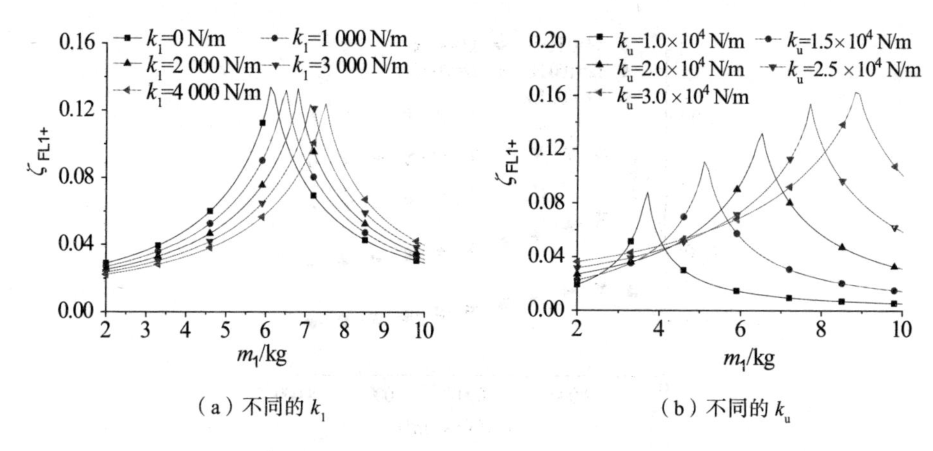


（a）不同的 $k_1$　　（b）不同的 $k_u$

**图 5-10　参振质量对一阶正进动模态阻尼比的影响（$\Omega$=400 Hz）**

综上所述，为了有效地抑制飞轮一阶模态正进动，应在高速下对上阻尼器进行参数设计；设计时，上阻尼器的共振频率应等于飞轮一阶正进动模态频率，并在允许的范围内选择最小的上阻尼器刚度和最大的上阻尼器参振质量。

3. 下阻尼器参数对飞轮二阶正进动模态阻尼比的影响

（1）下阻尼系数。图 5-11 为不同转速下飞轮二阶正进动模态阻尼比（$\zeta_{FL2+}$）随下阻尼系数（$c_4$）变化的曲线。由图 5-11 可知，在恒定的转速下，随着 $c_4$ 的增大，$\zeta_{FL2+}$ 先增大后减小，存在一个最优的 $c_4$。在转速依次为 0 Hz、50 Hz、100 Hz、200 Hz 和 400 Hz 时，最优 $c_4$ 依次为 6 160 N · s/m、2 750N · s/m、1 330 N · s/m、203 N · s/m 和 1 115 N · s/m，对应的 $\zeta_{FL2+}$ 依次为 0.1126、0.03153、0.01304、0.0703 和 0.0002996。可见，不同转速下，最优 $c_4$ 不相同，所以选择下阻尼系数时同样要考虑转速的影响。当 $c_4$ 等于转子最高转速下（且转速远离下阻尼器固有频率）的最优系数时，其可以确保系统在其他转速下都具有较大的 $\zeta_{FL2+}$，从而避免某转速下出现过小的 $\zeta_{FL2+}$。

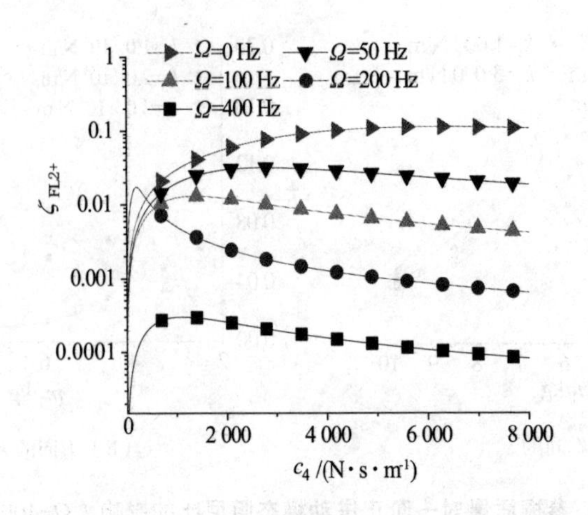


图 5-11　不同转速下的二阶正进动模态阻尼比随下阻尼系数的变化曲线

（2）枢轴刚度。图 5-12 给出了枢轴刚度（$k_3$）对飞轮二阶正进动模态阻尼比（$\zeta_{FL2+}$）的影响。由图 5-12 可知，在 $c_4$ 一定的条件下，$k_3$ 越大，$\zeta_{FL2+}$ 越大；在 $k_3$ 一定的条件下，存在最优的 $c_4$，使 $\zeta_{FL2+}$ 取得最大值。在 $k_3$ 依次为 $0.1\times10^6$ N/m、$0.5\times10^6$ N/m、$1.0\times10^6$ N/m、$1.5\times10^6$ N/m 和 $2.0\times10^6$ N/m 时，最大的 $\zeta_{FL2+}$ 依次为 $0.110\times10^{-4}$、$3.00\times10^{-4}$、$1.35\times10^{-3}$、$3.47\times10^{-3}$ 和 $7.15\times10^{-3}$，对应的最佳 $c_4$ 依次约为 1 230 N · s/m、1 115 N · s/m、984 N · s/m、850 N · s/m 和 750 N · s/m。由此可见，增大 $k_3$，有利于提高 $\zeta_{FL2+}$，降低 $c_4$。

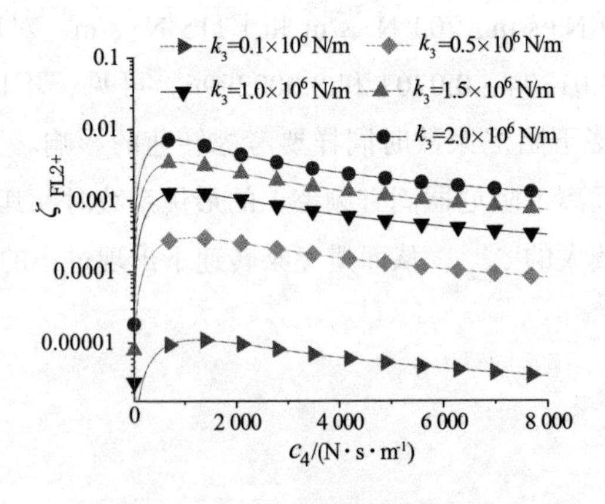


图 5-12　枢轴刚度对飞轮二阶正进动模态阻尼比的影响（Ω=400 Hz）

（3）O 形圈刚度。图 5-13 显示了 O 形圈刚度（$k_4$）对飞轮二阶正进动模态阻尼比（$\zeta_{FL2+}$）的影响。由图 5-13 可知，在相同的 $k_4$ 下，存在一个最优的下阻尼系数 $c_4$，使 $\zeta_{FL2+}$ 为最大。在 $k_4$ 依次为 $0.5 \times 10^6$ N/m、$1.0 \times 10^6$ N/m、$1.5 \times 10^6$ N/m 和 $2.0 \times 10^6$ N/m 时，最大的 $\zeta_{FL2+}$ 依次为 $4.18 \times 10^{-4}$、$3.49 \times 10^{-4}$、$3.00 \times 10^{-4}$ 和 $2.62 \times 10^{-4}$。因此，减小 $k_4$，可以提高 $\zeta_{FL2+}$。

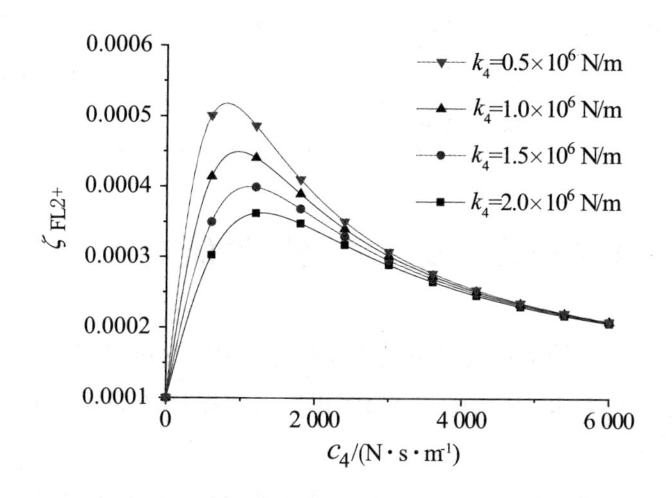


**图 5-13　O 形圈刚度对二阶正进动模态阻尼比的影响（$\Omega$=400 Hz）**

根据以上分析可以得出：增大 $k_3$ 或减小 $k_4$ 都可以提高 $\zeta_{FL2+}$。这主要是因为增大 $k_3$ 或减小 $k_4$ 使下阻尼器的共振频率更接近于飞轮二阶正进动模态频率。

综上所述，为了提高飞轮转子系统的高频模态的稳定性，应在高速下对下阻尼器进行参数设计。设计时，下阻尼器的共振频率应等于飞轮二阶正进动模态频率。同时，在参数允许的选择范围内，应尽可能增大枢轴刚度，减小 O 形圈刚度，选择最佳的下阻尼系数。

4. 飞轮转子系统动力学参数设计

为了有效抑制大容量的飞轮转子系统的振动，按照前述方法和结论对系统的动力学参数进行了设计，结果如表 5-3 所示。

表5-3 基于飞轮转子系统模态特征设计的动力学特性参数

| 上阻尼器 | | 下阻尼器 | |
|---|---|---|---|
| 参 数 | 数 值 | 参 数 | 数 值 |
| $k_1$/（$\times 10^4$ N · m$^{-1}$） | 0.1 ～ 0.2 | $k_3$/（$\times 10^6$ N · m$^{-1}$） | 0.5 ～ 1.0 |
| $k_2$/（$\times 10^4$ N · m$^{-1}$） | 1.52 | $k_4$/（$\times 10^6$ N · m$^{-1}$） | <1.0 |
| $k_u$/（$\times 10^4$ N · m$^{-1}$） | 2.0 ～ 2.5 | $m_4$/kg | <1.0 |
| $m_1$/kg | 4.5 ～ 5.0 | $c_4$/（N · s · m$^{-1}$） | 1 000 ～ 2 000 |
| $c_1$/（N · s · m$^{-1}$） | 200 ～ 250 | — | — |

## 5.5 两种悬摆式 TMD 的减振性能对比

如前所述，在传统的储能飞轮转子系统中采用了轴向 PMB 激励式 TMD，其与本书提出的径向 PMB 激励式 TMD 相比的减振性能如何，本节将在理论上对其进行分析。

由于采用轴向 PMB 激励式 TMD 的储能飞轮转子系统的上支承结构不同于本书提出的飞轮转子系统，所以需要重新建立相应的动力学模型。在与前述（5.2 节）相同的假设条件下，可建立如图 5-14 所示的线性自由振动模型。

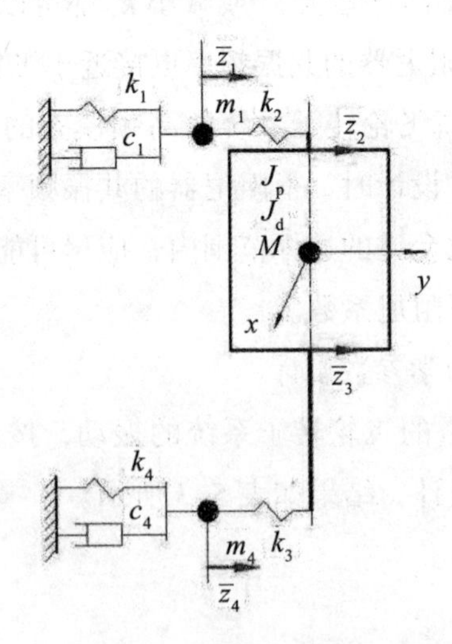


图 5-14 轴向 PMB 激励式 TMD 的储能飞轮转子系统自由振动模型

同样地，运用含耗散力的第二类拉格朗日方程进行推导，可得到该系统的自由振动方程

$$\boldsymbol{M}\ddot{\boldsymbol{z}} + (\mathrm{i}\Omega\boldsymbol{H} + \boldsymbol{C})\dot{\boldsymbol{z}} + \boldsymbol{K}\boldsymbol{z} = 0 \tag{5-21}$$

式中：$\boldsymbol{M}$ 、$\boldsymbol{H}$ 和 $\boldsymbol{C}$ 矩阵及位置向量 $\boldsymbol{z}$ 同方程（5–12）；$\boldsymbol{K}$ 的表达式为

$$\boldsymbol{K} = \begin{bmatrix} k_1+k_2 & -k_2 & 0 & 0 \\ -k_2 & k_2+(\frac{l'}{B})^2 k_3 & -\frac{l'}{B}\frac{l}{B}k_3 & \frac{l'}{B}k_3 \\ 0 & -\frac{l'}{B}\frac{l}{B}k_3 & (\frac{l}{B})^2 k_3 & -\frac{l}{B}k_3 \\ 0 & \frac{l'}{B}k_3 & -\frac{l}{B}k_3 & k_3+k_4 \end{bmatrix} \tag{5-22}$$

式（5–21）的求解方法同式（5–12），这里不再叙述。

表 5–4 为轴向 PMB 激励式 TMD 的飞轮转子系统的参数。为了使分析结果有可比性，与表 5–2 相比，表 5–4 中仅改变了上阻尼器的特性参数。

表5–4　轴向PMB激励式TMD储能飞轮转子系统的计算参数

| 上阻尼器 | | 下阻尼器 | | 飞轮转子 | | | |
|---|---|---|---|---|---|---|---|
| 参　数 | 数　值 | 参　数 | 数　值 | 参　数 | 数　值 | 参　数 | 数　值 |
| $k_1$/（N·m$^{-1}$） | $2.0\times10^4$ | $k_3$/（N·m$^{-1}$） | $0.5\times10^6$ | $M$/kg | 110 | $B$/m | 0.20 |
| $k_2$/（N·m$^{-1}$） | $1.5\times10^4$ | $k_4$/（N·m$^{-1}$） | $1.0\times10^6$ | $J_p$/（kg·m$^2$） | 1.2375 | $l_u$/m | 0.1 |
| $m_1$/kg | 4.0 | $m_4$/kg | 0.5 | $J_d$/（kg·m$^2$） | 0.9854 | — | — |

由于轴向 PMB 激励式 TMD 承受了飞轮重量，所以在大容量飞轮系统中，轴向 PMB 激励式 TMD 的刚度 $k_1$（ $k_1 = F_N / l$ ，$F_N$ 为阻尼器的轴向负载，$l$ 为阻尼器的摆杆杆长）比径向 PMB 激励式 TMD 的刚度高出一个数量级。

## 5.5.1　一阶模态振型对比

图 5–15 为两种悬摆式 TMD 下的储能飞轮转子系统的一阶模态振型与频率。由图 5–15 可知，这两种情况下的系统一阶模态频率相差不大，但是，

在上阻尼器处，径向 PMB 激励式 TMD 的归一化振幅为 1.0，明显大于轴向 PMB 激励式 TMD 的振幅（0.32），这说明径向 PMB 激励式 TMD 更容易被飞轮转子的低频振动激励而吸收更多的振动能量。

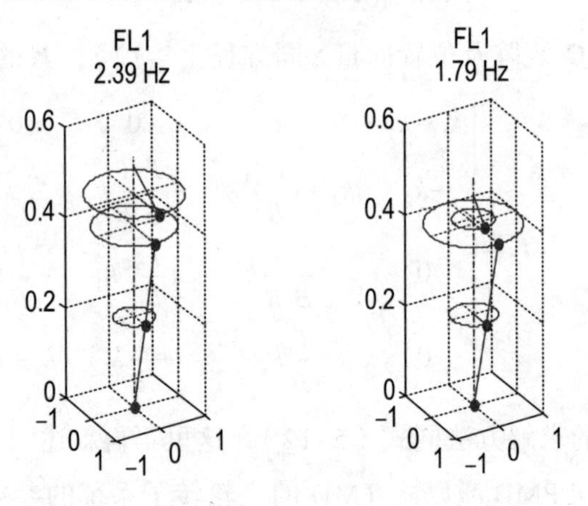


（a）径向 PMB 激励式 TMD　　（b）轴向 PMB 激励式 TMD

**图 5–15　两种无阻尼飞轮转子系统静止时的一阶模态振型与频率**

## 5.5.2　飞轮一阶正进动模态阻尼比

图 5–16 为飞轮一阶正进动模态阻尼比（$\zeta_{FL1+}$）随上阻尼系数（$c_1$）的变化曲线。如图 5–16 所示，在相同的转速下，上述两种阻尼器都分别存在最佳 $c_1$ 使系统的 $\zeta_{FL1+}$ 取得最大值。

图 5–17 给出了最佳阻尼系数 $c_1$ 和对应的最大 $\zeta_{FL1+}$ 与转速的变化曲线。由图 5–17（a）可知，轴向 PMB 激励式 TMD 的最佳阻尼系数至少大于径向 PMB 激励式 TMD 的最佳阻尼系数一倍以上，这使前者的结构尺寸更大。由图 5–17（b）可知，在最佳的阻尼系数下，径向 PMB 激励式 TMD 的飞轮转子系统的 $\zeta_{FL1+}$ 明显大于轴向 PMB 激励式 TMD 的飞轮转子系统的阻尼比，所以径向 PMB 激励式 TMD 的减振效果较好。

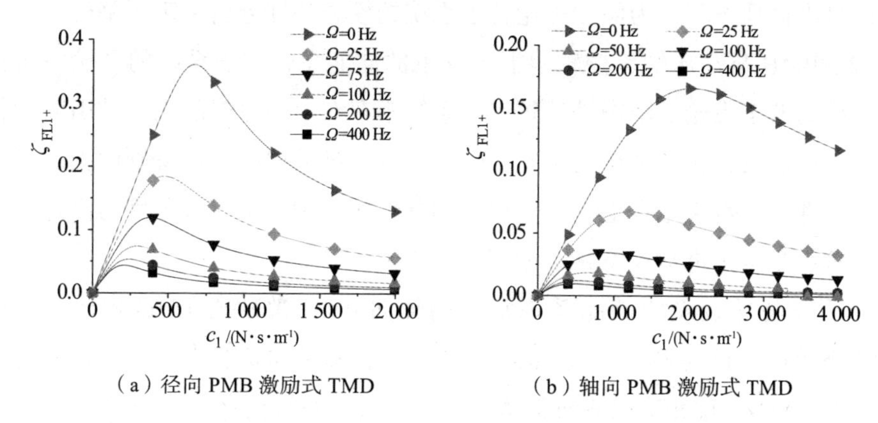


（a）径向 PMB 激励式 TMD　　（b）轴向 PMB 激励式 TMD

**图 5-16　$\zeta_{FL1+}$ 随上阻尼系数变化的曲线**

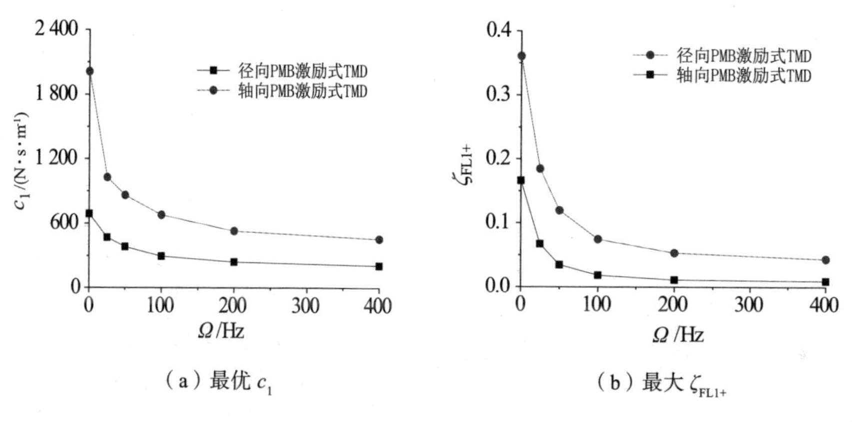


（a）最优 $c_1$　　（b）最大 $\zeta_{FL1+}$

**图 5-17　最优 $c_1$ 和最大 $\zeta_{FL1+}$ 与转速的变化关系**

综上所述，与轴向 PMB 激励式 TMB 相比，径向 PMB 激励式 TMD 的飞轮转子系统的一阶正进动模态阻尼比大，固有频率低，对系统的低频振动抑制效果更好。

## 5.6　本章小结

本章对储能飞轮转子系统的理论模态进行了分析。主要结论如下：

（1）基于含耗散力的第二类拉格朗日方程，建立了适用于储能飞轮转子系统的自由振动方程，为储能飞轮转子系统的模态特性分析奠定了基础。

（2）PMB 与动压螺旋槽轴承混合支承的储能飞轮转子系统的飞轮一阶正进动频率远低于飞轮二阶正进动频率，系统不存在由飞轮二阶正进动引起的临界转速；储能飞轮转子系统的飞轮一阶、二阶正进动模态阻尼分别由上、下阻尼器动态性能参数决定；上、下阻尼器的共振频率理论上应该分别与高速下的飞轮一阶、二阶正进动模态频率相等。

（3）与公斤级飞轮储能系统常用的轴向 PMB 激励式 TMD 相比，径向 PMB 激励的 TMD 与轴向承载 PMB 分离配置，其轴向负载大幅降低，固有频率可低至 10 Hz，能更有效地抑制大容量飞轮转子系统的一阶正进动。

# 第 6 章　储能飞轮转子系统的动态特性参数识别

## 6.1　概述

本章针对设计的大容量储能飞轮系统开展储能飞轮转子系统的动态特性参数识别，旨在获取系统的特性参数，评估悬摆式 TMD 的减振性能。主要内容如下：设计带滚动球铰的径向 PMB 激励式 TMD 和轴向 PMB 激励式 TMD，搭建悬摆式 TMD 特性参数识别装置，识别悬摆式 TMD 的参振质量、刚度、固有频率和阻尼等特性参数，研究阻尼器半径间隙和阻尼油黏度对上阻尼系数的影响；搭建了储能飞轮转子系统的模态识别装置，识别系统的模态频率、振型与阻尼比，评估悬摆式 TMD 的减振性能；提出基于模态特征的振动系统特性参数反演算法，从而获得储能飞轮转子系统的主要特性参数。

## 6.2　悬摆式 TMD（上阻尼器）特性参数识别

本节主要对悬摆式 TMD 的特性参数进行识别，旨在通过试验获取悬摆式 TMD 的参振质量、阻尼器刚度、阻尼系数、共振频率等特性参数，研究阻尼器半径间隙和阻尼油黏度对阻尼系数的影响。

### 6.2.1　悬摆式 TMD 的结构设计

基于前述章节内容，本节对两种类型的悬摆式 TMD 进行了设计和制作，具体内容如下。

1. 径向 PMB 激励式 TMD

图 6–1 为径向 PMB 激励式 TMD 的结构与实物图。如图 6–1（a）所示，该阻尼器主要由阻尼器外壳、滚动球铰、摆杆、下摆件、径向 PMB、轴颈、油室、阻尼油等组成。径向 PMB 由一对充磁方向相同的内、外永磁环（轴向充磁）组成，内磁环安装于上轴的上部，外磁环安装于下摆件内，油膜轴径加工于下摆件的下部。下摆件和内永磁环构成了阻尼器的参振体，为了降低摆杆摆动时的摩擦阻力，摆杆两端配置了自行设计的滚动球铰。该阻尼器的工作原理如下：当飞轮转子的振动频率接近阻尼器的共振频率时，依靠径向 PMB 的磁力激励阻尼器的参振体大幅摆动，并带动轴径在油室运动，从而产生油阻尼，吸收和消耗转子的振动能量，达到抑制转子振动的效果。由于径向 PMB 在轴向不产生磁力，所以本阻尼器几乎不承担飞轮的重量，只承受来自参振体自身的重量，其轴向负载小。

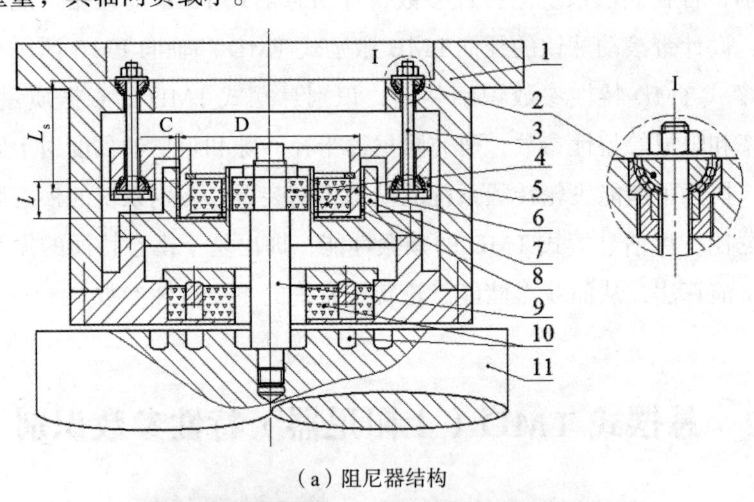


（a）阻尼器结构

（b）阻尼器实物　　（c）油膜环

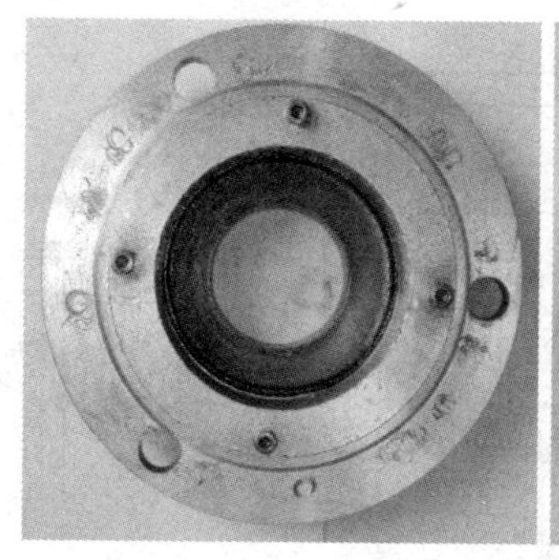

（d）铝质下摆件（1.6 kg）　　（e）铜质下摆件（4.4 kg）

1—阻尼器外壳；2—滚动球铰；3—摆杆；4—下摆件；5—径向 PMB；6—轴颈；7—油室；8—阻尼油；9—上轴；10—永磁轴承；11—飞轮。

**图 6–1　径向 PMB 激励式 TMD 结构图和实物图**

2. 轴向 PMB 激励式 TMD

图 6–2 为轴向 PMB 激励式 TMD 的结构与实物图。如图 6–2 所示，该阻尼器由阻尼器外壳、滚动球铰、摆杆、下摆件、阻尼油、油膜环、轴颈、轴向 PMB 等组成。轴向 PMB 的静环安装于下摆件内，形成了阻尼器参振体的一部分。在轴向 PMB 径向磁力的激励下，位于下摆件下部的轴颈可在油室内运动，从而产生油阻尼，消耗振动能量。此外，为了降低摆杆摆动时的摩擦阻力，摆杆两端配置有自行设计的滚动球铰。这种阻尼器的工作原理如下：当飞轮转子的振动频率接近阻尼器的共振频率时，依靠轴向 PMB 产生的磁力激励阻尼器的参振体及其轴颈在阻尼油内大幅运动，从而吸收和消耗转子的振动能量，达到抑制转子振动的目的。

可以看到，对于轴向 PMB 激励式 TMD 来说，虽然滚动球铰降低了摆杆摆动时的摩擦阻力，但是轴向 PMB 承受的转子重量依然会作用在摆杆及其球铰上。对于百公斤及以上级别的飞轮系统来说，摆杆的负载增大，一方面会使上阻尼器刚度增大，不利于阻尼器低频振动，另一方面会加快球铰的磨损，降低阻尼器的寿命。

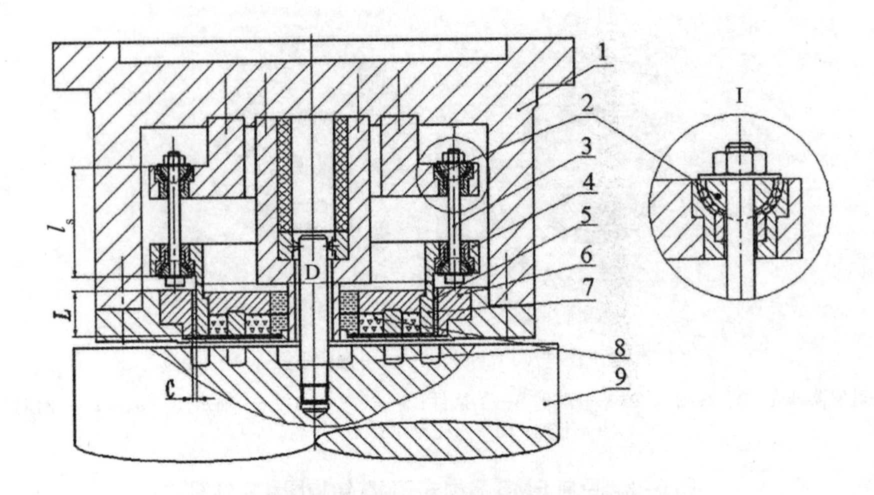


（a）阻尼器结构

（b）阻尼器实物

1—阻尼器外壳；2—滚动球铰；3—摆杆；4—下摆件；5—阻尼油；6—油膜环；7—油膜轴颈；8—轴向 PMB；9—飞轮。

**图 6–2 轴向 PMB 激励式 TMD 结构与实物图**

表 6–1 为设计的悬摆式 TMD 的结构参数。其中，对于径向 PMB 激励式 TMD，为了研究阻尼器半径间隙对阻尼系数的影响，制作了 4 种规格的油膜环，将其放入阻尼器的油室内后，可以分别形成 0.75 mm、1 mm、1.5 mm 和 2 mm 的半径间隙 $C_1$，如图 6–1（c）所示。为了研究参振质量对阻尼器减振性能的影响，制作了铝质和铜质两种材质的下摆件，如图 6–1（d）和（e）所示。

表6-1　悬摆式TMD的结构参数

| 阻尼器类型 | 轴颈半径 $R_1$/mm | 轴颈长度 $L_1$/mm | 半径间隙 $C_1$/mm | 摆杆摆长 $L_s$/mm | 摆杆负载 $F_a$/N | 阻尼器刚度 $k_1$/ ×$10^4$( $N·m^{-1}$ ) |
|---|---|---|---|---|---|---|
| 径向 PMB 激励式 TMD | 51 | 20 | 0.75、1.00、1.50、2.00 | 60 | 40 ～ 80 | 0.067 ～ 0.130 |
| 轴向 PMB 激励式 TMD | 65 | 22 | 1 | 60 | 950 ～ 1 000 | 1.58 ～ 1.67 |

## 6.2.2　阻尼器特性参数识别装置

本节根据单自由度振动系统特性参数的导纳识别法，搭建了悬摆式 TMD 特性参数的识别系统，如图 6–3 所示。该识别系统主要由阻尼器系统、激振系统和信号采集分析系统组成。

1. 阻尼器系统

阻尼器系统由安装有悬摆式 TMD 的飞轮转子系统形成。测试时，将待测悬摆式 TMD 安装于飞轮上支承处，同时使用一对磁性吸盘将飞轮固定于工作台上，以确保待测阻尼器系统能够形成一个单自由度系统。

2. 激振系统

激振系统用于激励阻尼器振动，由带功率放大器的信号发生器、激振器和顶杆等零部件组成。其工作原理如下：由信号发生器产生所需的激振信号并传递至激振器，使激振器产生一定的周期振动，通过安装在激振器与阻尼器下摆件之间的顶杆，带动下摆件的轴颈在油室内微幅摆动。测试时，激振信号为正弦慢变扫描信号，扫描频率范围位于阻尼器共振频率 ± 10 Hz 范围内，扫描时间长短根据预估的阻尼大小试测确定。

3. 信号采集分析系统

信号采集分析系统主要由阻抗头、电荷放大器、数据采集仪、信号调理仪及信号分析系统组成。如图 6–3 所示，阻抗头安装于顶杆中部，其产生的激振力信号和加速度信号经电荷放大器放大后传递至信号调理仪处理和数据采集仪采样，最后将信号传递至计算机，由安装在计算机上的信号分析系统处理后，即可获得被测阻尼器系统的导纳。

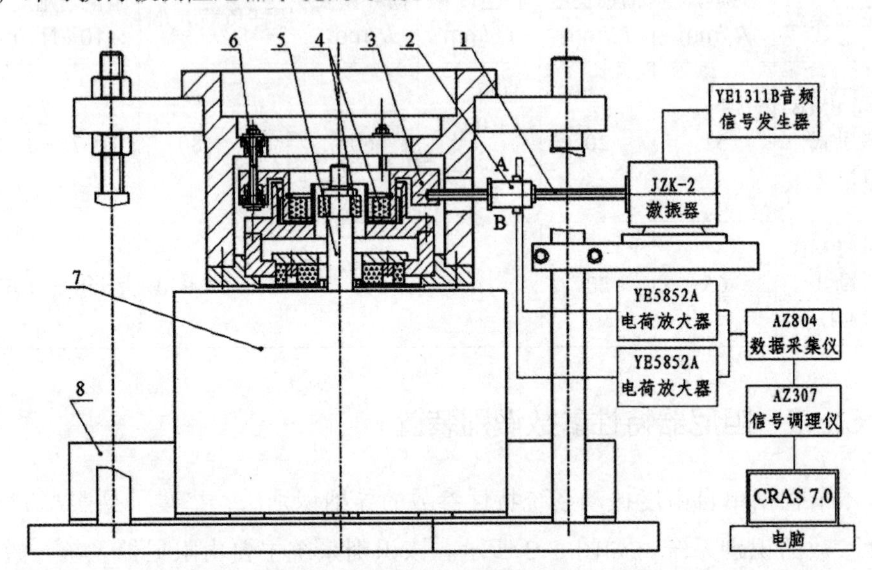


（a）测试系统原理图

（b）实物

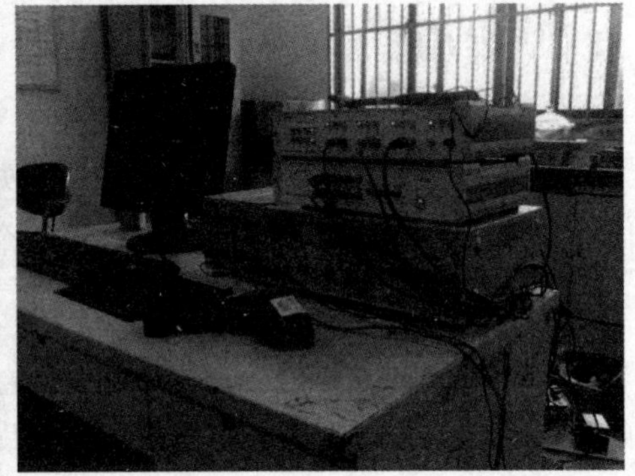

（c）试验台

1—顶杆；2—加速度阻抗头；3—下摆件；4—径向 PMB；5—上轴；6—摆杆；7—飞轮；8—磁座。

**图 6-3　悬摆式 TMD 的特性参数识别系统**

测试时，实验室共准备了 L-AN 7、L-AN 15、L-AN 32、L-AN 46、L-AN 68、L-AN 100 和 L-AN 312 等多种黏度的机械油。试验时，机械油的黏度根据测量到的油温由标准黏度表查询换算得到。

整个测试在室温下进行，为了获得较为准确的数据，对每一种情况进行多次测量，选取测量数据好的导纳曲线进行参数识别。

### 6.2.3　阻尼器特性参数识别方法

在测得系统的导纳数据后，还需要采取合理的方法对导纳数据进行识别，以获得被测阻尼器的参振质量、刚度、阻尼等参数。考虑到激振系统有一定的刚度和参振质量，本书将激振系统考虑在内建立悬摆式 TMD 特性参数的识别方法，以提高识别的准确度。

1. 测试系统的力学模型

图 6–4 为悬摆式 TMD 特性参数识别系统的动力学模型。在该动力学模型中，悬摆式 TMD 简化为由 $k_1$、$k_u$、$m_1$ 和 $c$ 组成的质量 – 弹簧 – 阻尼系统，激振系统简化为由 $m_p$ 和 $k_p$ 组成的质量 – 弹簧系统，$m_1$ 和 $m_p$ 之间刚性连接。图 6–4 中，$m_1$ 为阻尼器的参振质量；$k_1$、$k_2$ 分别为摆杆等效刚度和磁轴承刚度；$c_1$ 为上阻尼系数，包括球铰间的摩擦阻尼、径向 PMB 间的磁阻尼和油膜阻尼等；$m_p$ 为由激振器引入的附加质量；$k_p$ 为由激振器引入的附加刚度；$F(t)$ 为激振器输出的激振力，$F_1(t)$ 为由阻抗头测试到的激振力，$x(t)$ 为测量点的位移。

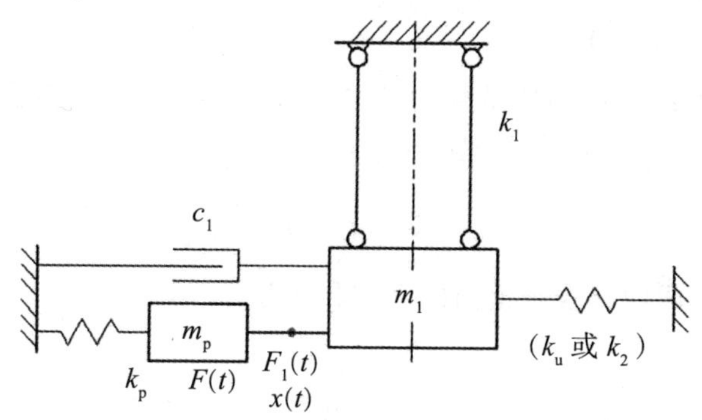


**图 6–4　悬摆式 TMD 特性参数测试系统力学模型**

由振动理论可知，该系统的动力学方程可描述为

$$(m_1+m_p)\ddot{x}+c_1\dot{x}+(k_1+k_2+k_p)x=\frac{m_1+m_p}{m_1}F_1(t) \tag{6–1}$$

则被测系统的加速度导纳为

$$Y_A(\omega)=-\frac{m_1+m_p}{m_1}\cdot\frac{\omega^2}{-(m_1+m_p)\omega^2+jc_1\omega+k+k_p} \tag{6–2}$$

式中：$k$为悬摆式 TMD 的总刚度，$k=k_1+k_2$。

2. 测试系统的特性参数识别方法

由振动理论可知，利用单自由度系统导纳进行系统特性参数识别的方法主要有两类：一类是基于导纳特征值的识别法，包括半功率点法、导纳圆法等；另一类是基于导纳拟合函数的迭代识别法。前者方法简单，但对数据精度要求较高，因此本书采用后者对系统的特性参数进行识别，该识别方法的基本过程如下：先建立导纳拟合方程，然后建立导纳拟合值与测试值间的误差函数，最后采用适当的迭代算法搜寻误差函数的最小值，最小值所对应的参数即为待识别的系统特性参数。

考虑到系统会受到其他模态、噪声等因素的干扰，根据式（6-2）构建如下的拟合方程：

$$Y_{\mathrm{A}}(\boldsymbol{X},\omega)=-\frac{m_1+m_{\mathrm{p}}}{m_1}\cdot\frac{\omega^2}{-(m_1+m_{\mathrm{p}})\omega^2+\mathrm{j}c_1\omega+k+k_{\mathrm{p}}}+Y_{\mathrm{sR}}+\mathrm{j}Y_{\mathrm{sI}} \tag{6-3}$$

式中：$Y_{\mathrm{sR}}$、$Y_{\mathrm{sI}}$为剩余导纳实部与虚部；$\omega$为频率，rad/s；$\boldsymbol{X}$为拟合参数向量，$\boldsymbol{X}=\{m_1,\ k,\ c_1,\ Y_{\mathrm{sR}},\ Y_{\mathrm{sI}}\}$。

假设在频率$\omega_i$处试验测试到的导纳值为$\tilde{Y}_{\mathrm{A}i}$，而对于给定的一组变量$\boldsymbol{X}$由拟合方程（6-3）计算得出的导纳值为$Y_{\mathrm{A}i}$，则两者之间的绝度误差$\varepsilon_i$为

$$\varepsilon_i=Y_{\mathrm{A}i}-\tilde{Y}_{\mathrm{A}i} \tag{6-4}$$

在拟合频率段内，误差模值的平方和$\delta$为

$$\delta=\sum_{i=1}^{N}\varepsilon_i\bar{\varepsilon}_i \tag{6-5}$$

式中：$\bar{\varepsilon}_i$为$\varepsilon_i$的共轭复数。

于是，系统的特性参数识别问题就等价于求解下面方程的极值优化问题：

$$\begin{cases}\text{find}:\boldsymbol{X}=\{m_1,\ k,\ c_1,\ Y_{\mathrm{sR}},\ Y_{\mathrm{sI}}\}, & \boldsymbol{X}\in\boldsymbol{H}\\ \min:\delta(\boldsymbol{X})=\sum\limits_{i=1}^{N}\varepsilon_i\bar{\varepsilon}_i\end{cases} \tag{6-6}$$

式中：$\boldsymbol{H}$为方程组的求解空间。

当$\delta(\boldsymbol{X})$最小时，所对应的$\boldsymbol{X}$即为被测阻尼器的特性参数。为了求得最小$\delta$对应的系统参数，需要采用合理的寻优方法。

目前，优化设计方法有多种，其中智能优化算法中的粒子群算法（PSO）是一种基于种群的智能算法，具有群体智能、内在并行性、迭代格式简单，可快速收敛到最优解所在区域等优点。因此，本书采用 PSO 算法计算方程（6-6）。在标准 PSO 算法中，种群中每个成员称作粒子，代表着一个潜在的可行解（$\boldsymbol{X}=\{x_1, x_2,\cdots,x_i,\cdots,x_D\}$），群体在 $D$ 维空间上搜寻全局最优解，并且每个粒子都有一个适应函数值和速度来调整其自身的飞行方向，以保证其向最优值位置飞行。在飞行过程中，群体中每个粒子都具有记忆的能力，每个粒子通过不断地向自身经历过的最佳位置（$\boldsymbol{P}_{\text{best}}$，自知部分）和种群中最好的粒子位置（$\boldsymbol{G}_{\text{best}}$，社会部分）学习，最终接近最优值的位置。

根据标准粒子群算，求解式（6-6）的迭代格式为：

$$\begin{cases}\boldsymbol{v}_i^{k+1}=w_i\boldsymbol{v}_i^k+s_1r_1[\boldsymbol{P}_i^k-\boldsymbol{X}_i^k]+s_2r_2[\boldsymbol{G}^k-\boldsymbol{X}_i^k]\\ \boldsymbol{X}_i^{k+1}=\boldsymbol{X}_i^k+\boldsymbol{v}_i^k\end{cases} \tag{6-7}$$

式中：$\boldsymbol{X}_i$ 为粒子 $i$ 的位置，$\boldsymbol{X}_i=\{m_1,\ k,\ c_1,\ Y_{\text{sR}},\ Y_{\text{sI}}\}_i$；$\boldsymbol{v}_i$ 为粒子 $i$ 的飞行速度，$\boldsymbol{v}_i=\{v_m,\ v_k,\ v_c,\ v_{Y_{\text{sR}}},\ v_{Y_{\text{sI}}}\}_i$；$w_i$ 为粒子 $i$ 的惯性权重，常取 0 ～ 2；$\boldsymbol{P}_i^k$ 为粒子 $i$ 在前 $k$ 迭代步所经历过的最优位置；$\boldsymbol{G}^k$ 为当前种群中最好的粒子位置；$s_1$ 和 $s_2$ 为粒子的加速常数，常取 0 ～ 2；$r_1$ 和 $r_2$ 为两个在 [0,1] 内的随机数。

按照粒子群算法的基本格式，其迭代过程如图 6-5 所示。

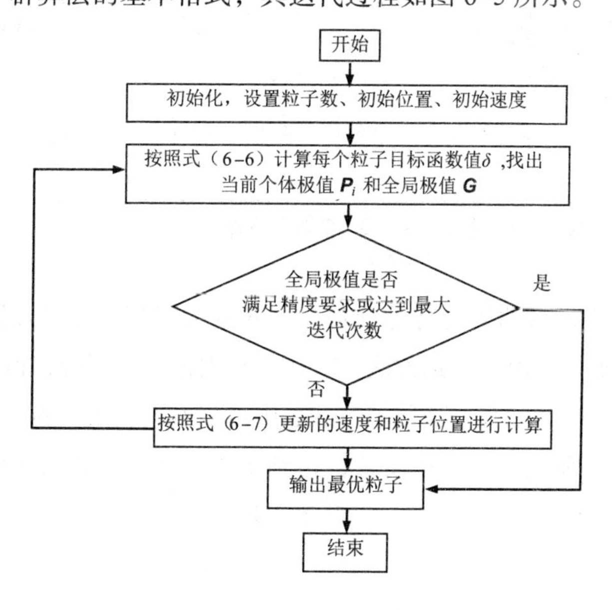


**图 6-5　粒子群算法迭代流程图**

### 6.2.4 结果与讨论

1. 径向 PMB 激励式 TMD

对于径向 PMB 激励式 TMD，本书共进行了 3 组结构的测试，如表 6–2 所示。很明显，在组 1 中，阻尼器刚度为 0（由于低频下油膜刚度很小，所以此处忽略了油膜刚度），所以阻尼器的总刚度等于径向 PMB 的刚度（即 $k = k_u$）；在组 2 和组 3 中，阻尼器的总刚度等于阻尼器的刚度和径向 PMB 的刚度之和（即 $k = k_1 + k_u$）。测试时，先对组 1 进行测量即可得到径向 PMB 的刚度 $k_u$，再对组 2 和组 3 进行测量即可得到阻尼器的刚度 $k_1$。

表6–2　径向PMB激励式TMD的分组测试

| 项目 | 组 1 | 组 2 | 组 3 |
|---|---|---|---|
| 结构图 | 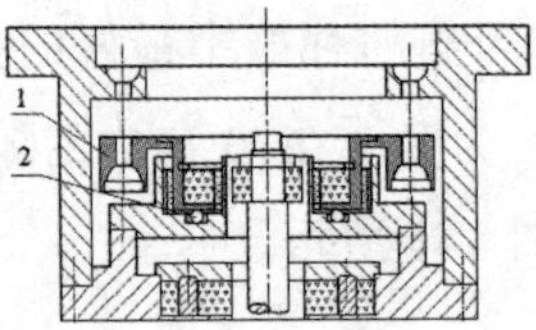 1<br>2 | 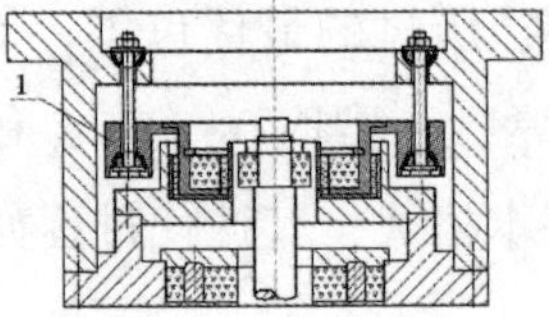 1 | 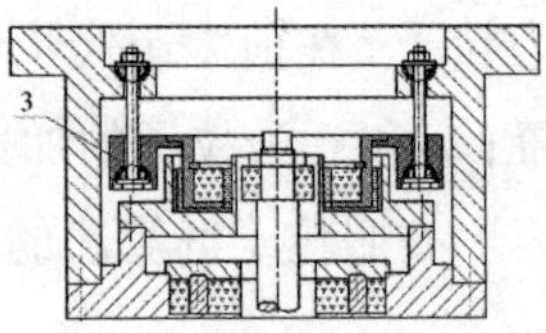 3 |
| 特点 | 无摆杆，铝质下摆件 | 带摆杆，铝质下摆件 | 带摆杆，铜质下摆件 |

注：1—铝质下摆件；2—球形滚子；3—铜质下摆件。

（1）未加注机械油时的特性参数。图 6–6 为阻尼器未加注阻尼油时的频率曲线。采用本书提出的识别方法，对 3 组数据进行了拟合，识别得到了 3 组阻尼器的特性参数，如表 6–3 所示。从表中可以看出：组 3 的参振质量为 4.57 kg，远大于组 1 和组 2 的参振质量，达到了表 6–1 中的设计标准；组 3 的共振频率为 11.4 Hz，明显低于组 1 和组 2 的共振频率。

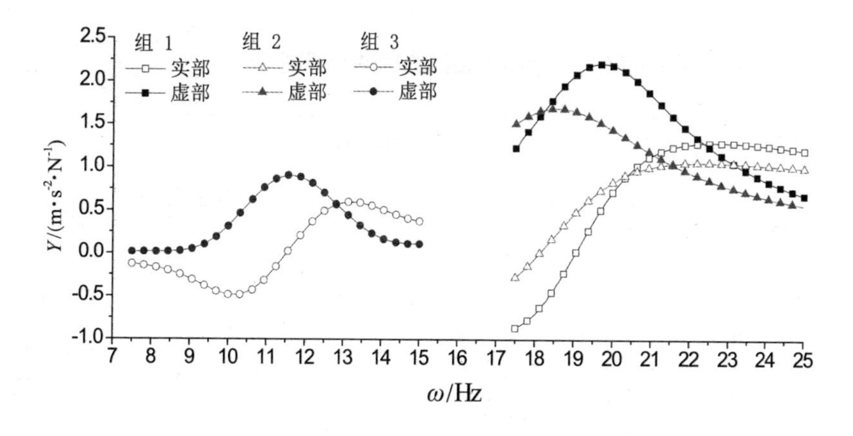


图 6-6　被测阻尼器未注油时的导纳曲线

表 6-3　径向PMB激励式TMD的特性参数

| 组别 | 参振质量 $m_1$/kg | 总刚度 $k/\times10^4$ ($N\cdot m^{-1}$) | 径向 PMB 刚度 $k_u/\times10^4$ ($N\cdot m^{-1}$) | 上阻尼器刚度 $k_1/\times10^4$ ($N\cdot m^{-1}$) | 阻尼系数 $c_1$/ ($N\cdot s\cdot m^{-1}$) | 共振频率 $v_U$/Hz |
|---|---|---|---|---|---|---|
| 组 1 | 1.50 | 2.16 | 2.16 | 0.00 | 57.1 | 19.1 |
| 组 2 | 1.76 | 2.25 | 2.16 | 0.11 | 73.2 | 18.0 |
| 组 3 | 4.57 | 2.36 | 2.16 | 0.21 | 85.3 | 11.4 |

（2）润滑油黏度和半径间隙的影响。以组 1 为测试对象，通过多次测试，获得了阻尼器的半径间隙依次为 2 mm、1.5 mm、1 mm 和 0.75 mm 时 6 种阻尼油黏度下的导纳曲线，结果如表 6-4 所示。由此可知，在阻尼系数较大时，在测量频率范围内导纳曲线几乎为一斜直线。

表 6-4　测试的组1的导纳曲线图

| 半径间隙 $C_1$/mm | 导纳曲线图 | |
|---|---|---|
| | 导纳实部 | 导纳虚部 |
| 2.00 | $Y_R$/(m·s$^{-2}$·N$^{-1}$)<br>2.5 2.0 1.5 1.0 0.5 0.0 -0.5 -1.0 -1.5 -2.0<br>$\mu_1=0.013$ $\mu_1=0.034$<br>$\mu_1=0.078$ $\mu_1=0.126$<br>$\mu_1=0.172$ $\mu_1=0.357$<br>17 18 19 20 21 22 23 24 25<br>$\omega$/Hz | $Y_I$/(m·s$^{-2}$·N$^{-1}$)<br>4.0 3.5 3.0 2.5 2.0 1.5 1.0 0.5 0.0 -0.5<br>$\mu_1=0.013$<br>$\mu_1=0.034$<br>$\mu_1=0.078$<br>$\mu_1=0.126$<br>$\mu_1=0.172$<br>$\mu_1=0.357$<br>17 18 19 20 21 22 23 24 25<br>$\omega$/Hz |
| 1.50 | $Y_R$/(m·s$^{-2}$·N$^{-1}$)<br>2.0 1.5 1.0 0.5 0.0 -0.5 -1.0 -1.5<br>$\mu_1=0.013$ $\mu_1=0.032$<br>$\mu_1=0.069$ $\mu_1=0.117$<br>$\mu_1=0.172$ $\mu_1=0.333$<br>17 18 19 20 21 22 23 24 25<br>$\omega$/Hz | $Y_I$/(m·s$^{-2}$·N$^{-1}$)<br>3.0 2.5 2.0 1.5 1.0 0.5 0.0 -0.5<br>$\mu_1=0.013$<br>$\mu_1=0.032$<br>$\mu_1=0.069$<br>$\mu_1=0.117$<br>$\mu_1=0.172$<br>$\mu_1=0.333$<br>17 18 19 20 21 22 23 24 25<br>$\omega$/Hz |
| 1.00 | $Y_R$/(m·s$^{-2}$·N$^{-1}$)<br>2.0 1.5 1.0 0.5 0.0 -0.5 -1.0<br>$\mu_1=0.013$ $\mu_1=0.032$<br>$\mu_1=0.075$ $\mu_1=0.123$<br>$\mu_1=0.172$ $\mu_1=0.302$<br>17 18 19 20 21 22 23 24 25<br>$\omega$/Hz | $Y_I$/(m·s$^{-2}$·N$^{-1}$)<br>2.5 2.0 1.5 1.0 0.5 0.0 -0.5<br>$\mu_1=0.013$<br>$\mu_1=0.032$<br>$\mu_1=0.075$<br>$\mu_1=0.123$<br>$\mu_1=0.172$<br>$\mu_1=0.302$<br>17 18 19 20 21 22 23 24 25<br>$\omega$/Hz |

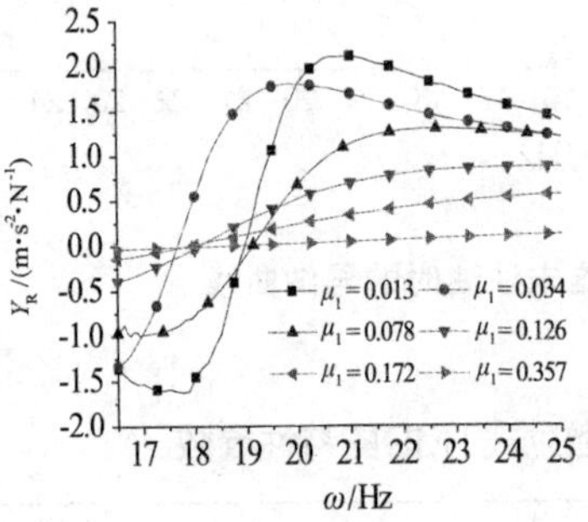

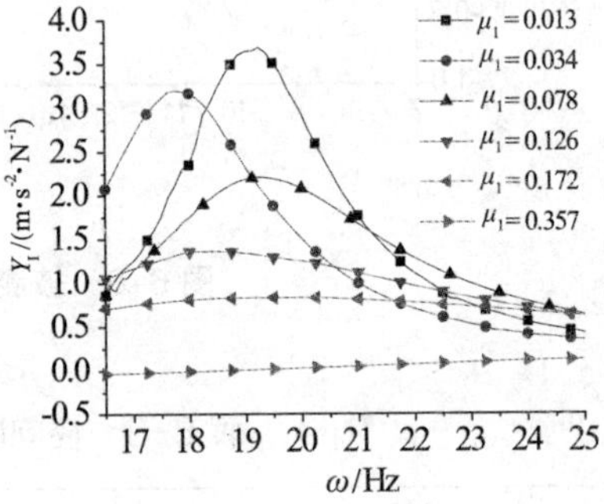

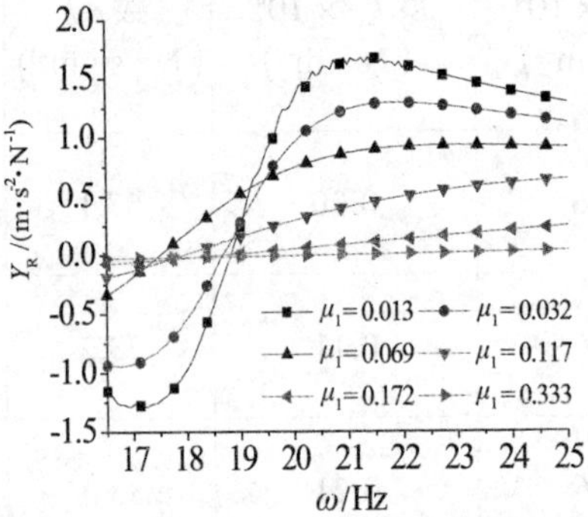

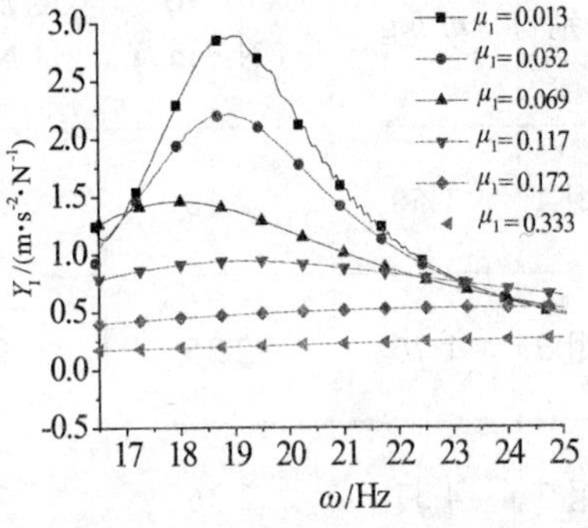

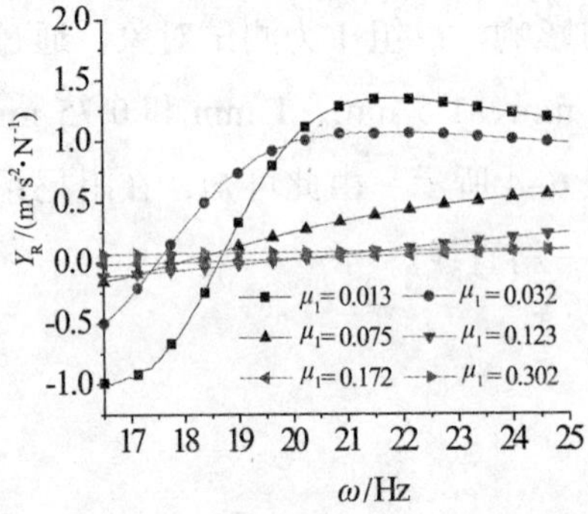

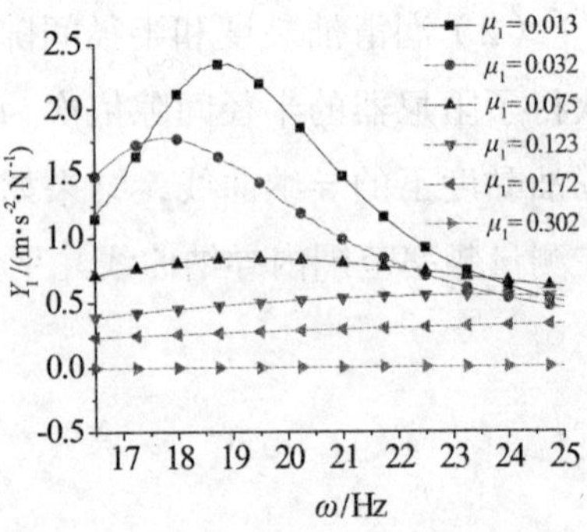

续表6-4

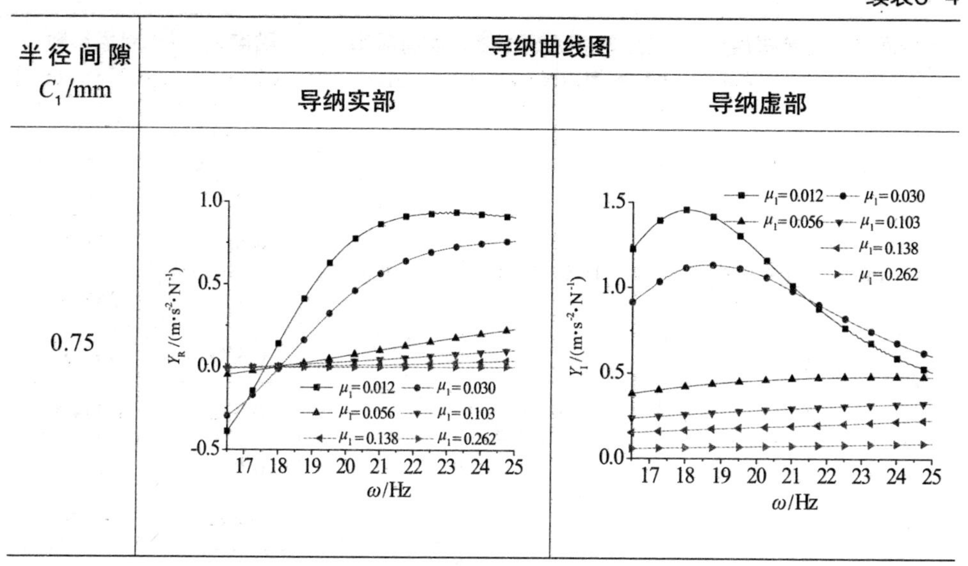

| 半径间隙 $C_1$/mm | 导纳曲线图 | |
|---|---|---|
| | 导纳实部 | 导纳虚部 |
| 0.75 | | |



采用本书提出的识别方法，对表 6-4 中的导纳数据进行拟合，得到了被测对象的特性参数，如表 6-5 所示。表中参振质量和刚度为 6 种黏度下的平均值，括号内为最大绝对偏差值。由此可知，参振质量和径向 PMB 的刚度基本不受半径间隙的影响。参振质量总均值为 1.645 kg，明显大于未注油时的参振质量（1.50 kg），变化值为 0.145 kg。分析认为这是由加注的阻尼油参振引起的；径向 PMB 的刚度总均值则为 $2.155\times10^4$ N/m。

表6-5　识别的不同黏度和半径间隙下悬摆式TMD的特性参数

| 半径间隙 $C_1$ /mm | 参振质量 $m_1$ /kg | 径向 PMB 刚度 $k_u$/×10⁴(N·m⁻¹) | 固有频率 $\nu_U$ /Hz | 黏度 $\mu_1$ /(Pa·s) | 阻尼系数 $c_1$/(N·s·m⁻¹) |
|---|---|---|---|---|---|
| 0.75 | 1.68(0.06) | 2.13(0.23) | 17.9 | 0.013 | 62.0 |
| | | | | 0.034 | 188.2 |
| | | | | 0.078 | 397.7 |
| | | | | 0.126 | 642.3 |
| | | | | 0.172 | 869.2 |
| | | | | 0.357 | 2 505.1 |

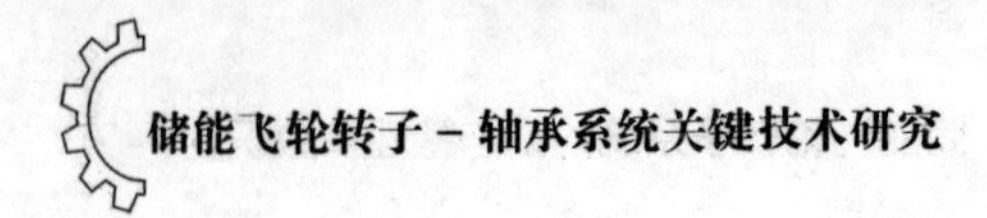


续表6-5

| 半径间隙 $C_1$ /mm | 参振质量 $m_1$ /kg | 径向PMB刚度 $k_u$/×10$^4$(N·m$^{-1}$) | 固有频率 $v_U$ /Hz | 黏度 $\mu_1$ /(Pa·s) | 阻尼系数 $c_1$/(N·s·m$^{-1}$) |
|---|---|---|---|---|---|
| 1.00 | 1.64(0.03) | 2.19(0.26) | 18.3 | 0.013 | 36.8 |
| | | | | 0.032 | 72.6 |
| | | | | 0.069 | 158.7 |
| | | | | 0.117 | 247.0 |
| | | | | 0.172 | 437.3 |
| | | | | 0.333 | 1 404.8 |
| 1.50 | 1.61(0.04) | 2.18(0.28) | 18.5 | 0.013 | 22.79 |
| | | | | 0.034 | 52.9 |
| | | | | 0.075 | 110.7 |
| | | | | 0.123 | 183.9 |
| | | | | 0.172 | 291.2 |
| | | | | 0.302 | 654.3 |
| 2.00 | 1.65(0.05) | 2.16(0.26) | 18.2 | 0.012 | 15.7 |
| | | | | 0.030 | 36.3 |
| | | | | 0.056 | 61.2 |
| | | | | 0.103 | 119.2 |
| | | | | 0.138 | 169.9 |
| | | | | 0.262 | 368.3 |
| 均　值 | 1.645 | 2.165 | 18.225 | — | — |

可以看到，识别的特征系数存在一定的波动，分析认为产生这种波动的原因如下：测量系统中存在一定不确定因素，如测量系统的噪声、阻尼器的安装精度、仪器的线性度等，这些不确定因素使测得的导纳数据存在一定的误差，从而使识别出的结果存在一定的随机性。特别是当阻尼油黏度较大时，阻尼器的共振响应消失，导纳曲线几乎为一斜直线，此时导纳值主要由阻尼系数

决定，受测量误差的影响，识别的参振质量和刚度误差较大。

图 6-7 给出了在对数坐标中上阻尼系数 $c_1$ 随润滑油黏度的对数变化的曲线。从图 6-7 中可以看出，上阻尼系数随着润滑油黏度的增大而增大，随半径间隙的增大而减小。在对数坐标下，4 条曲线几乎平行。

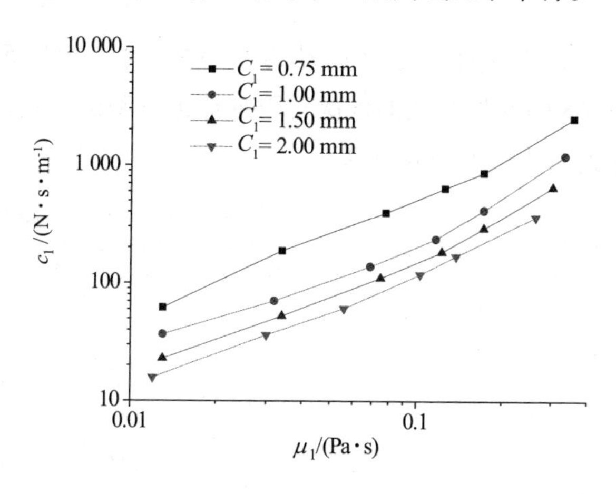


图 6-7　阻尼系数 $c_1$ 随润滑油黏度的变化曲线

2. 轴向 PMB 激励式 TMD

（1）阻尼器未加注机械油时的特性参数。图 6-8 给出了轴向 PMB 激励式 TMD 的导纳曲线。表 6-6 给出了识别得到的参数值。可以看到，在阻尼器未注油时，参振质量为 3.89 kg，总刚度为 $4.12\times10^4$ N/m。根据轴向 PMB 的力学性能测试知轴向 PMB 的径向刚度 $k_2$=$1.52\times10^4$ N/m，从而可得阻尼器的刚度 $k_1$=$2.60\times10^4$ N/m。

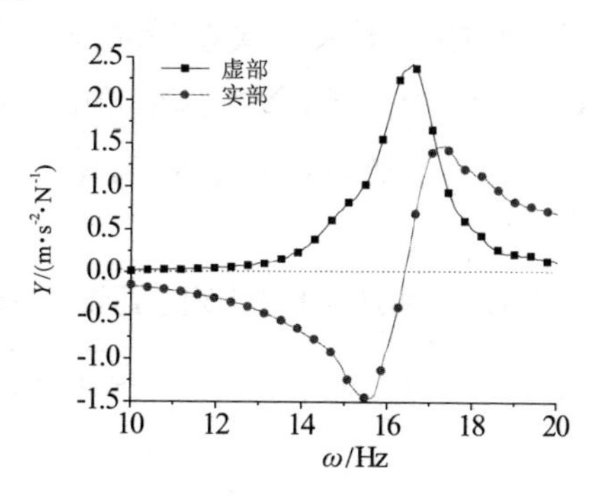


图 6-8　轴向 PMB 激励式 TMD 未加注机械油时的导纳曲线

表6-6　轴向PMB激励式TMD未加注机械油时的特性参数

| 参振质量 $m_1$/kg | 总刚度 $k$ / ×10⁴(N · m⁻¹) | 阻尼系数 $c_1$ /(N·s·m⁻¹) | 固有频率 $\nu_U$/Hz |
|---|---|---|---|
| 3.89 | 4.12 | 40.5 | 16.4 |

（2）润滑油黏度的影响。选择牌号为 L-AN 7、L-AN 15、L-AN 32、L-AN 46 和 L-AN 68 的 5 种机械油依次对阻尼器进行测试，获得了 5 种机械油下测试系统的导纳曲线，如图 6-9 所示。

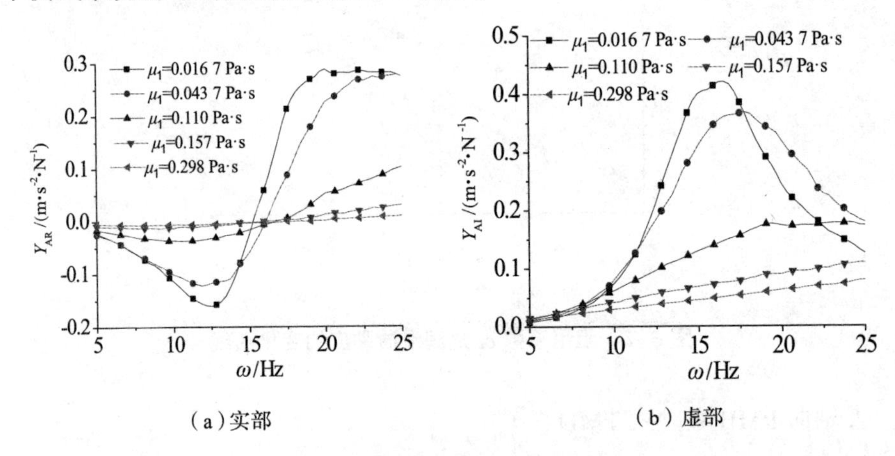


（a）实部　　（b）虚部

图 6-9　测试的不同黏度下的导纳曲线

表 6-7 为识别后的阻尼器特性参数。由此可知，润滑油黏度对阻尼器的参振质量、总刚度和固有频率基本没有影响，均值依次为 $m_1$= 4.10 kg，$k$ = 4.19 × 10⁴ N/m，$\nu_U$= 16.1 Hz，受测量过程中存在的不确定因素的影响，其值在一定范围内变化，但变化幅度不大，误差最大值分别为 $\Delta m_1$= 0.10 kg，$\Delta k$ = 0.44 × 10⁴ N/m，$\Delta \nu_U$ = 0.7 Hz。结合表 6-6 可知，加注机械油后，阻尼器的参振质量增加 0.21 kg，总刚度增加 0.07 × 10⁴ N/m。

表6-7　不同润滑油黏度下的上阻尼器特性参数

| 黏度 $\mu_1$ /(Pa·s) | 参振质量 $m_1$ /kg | 总刚度 $k$ /×10⁴(N · m⁻¹) | 阻尼系数 $c_1$ /(N · s · m⁻¹) | 固有频率 $\nu_U$ /Hz |
|---|---|---|---|---|
| 0.017 | 4.00 | 3.75 | 144.3 | 15.4 |

续表6-7

| 黏度 $\mu_1$ /（Pa·s） | 参振质量 $m_1$ /kg | 总刚度 $k$ /×10⁴(N·m⁻¹) | 阻尼系数 $c_1$ /（N·s·m⁻¹） | 固有频率 $v_U$ /Hz |
|---|---|---|---|---|
| 0.044 | 4.07 | 4.16 | 306.4 | 16.1 |
| 0.110 | 4.17 | 4.36 | 816.5 | 16.3 |
| 0.157 | 4.12 | 4.40 | 1 431.8 | 16.5 |
| 0.298 | 4.16 | 4.27 | 2 930.4 | 16.1 |

图 6-10 给出了轴向 PMB 激励式 TMD 的阻尼系数随黏度的变化曲线。可以看到，阻尼系数随黏度的增加而增加，基本呈线性关系变化，测试值明显大于理论值，最大相对误差达到 123%。进一步测试表明这是由阻尼器的轴向油膜对阻尼系数的影响引起，具体分析见下一节。

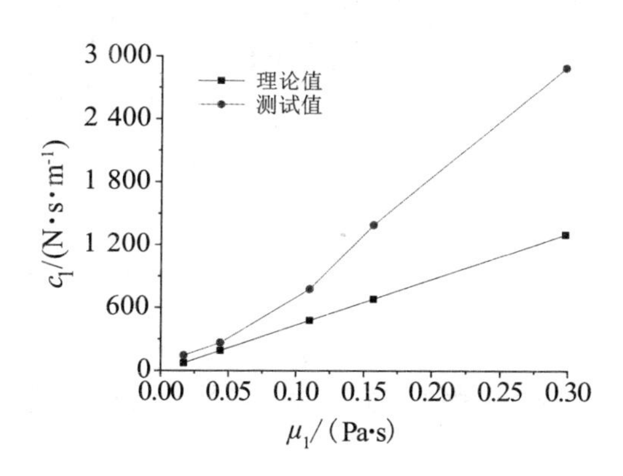


**图 6-10　轴向 PMB 激励式 TMD 的阻尼系数随黏度的变化曲线**

（3）轴向油膜的影响。如图 6-11 所示，阻尼器的油膜轴颈在放入油室后，其底部与下盖之间有一定的轴向间隙，以防止油膜环和永磁轴承与下盖接触。轴向间隙内同样注有厚度为 $h$ 的润滑油，本书将 $h$ 称为轴向油膜厚度。阻尼器在正常安装下，该轴向油膜厚度约 1 mm。试验测试发现轴向油膜厚度对阻尼器的阻尼系数有较大的影响。为了分析这种影响，将 L-AN 7 机械油添加入阻尼器内，测试得到 $h$=0.25 mm、0.5 mm、0.75 mm、1.00 mm、1.25 mm、1.5 mm、1.75 mm、2.00 mm、2.25 mm 时的导纳曲线，如图 6-12 所示。从图

6-12 中可以看出，随着轴向油膜厚度的增加，导纳幅值逐渐增加，这说明阻尼系数是逐渐减小的。

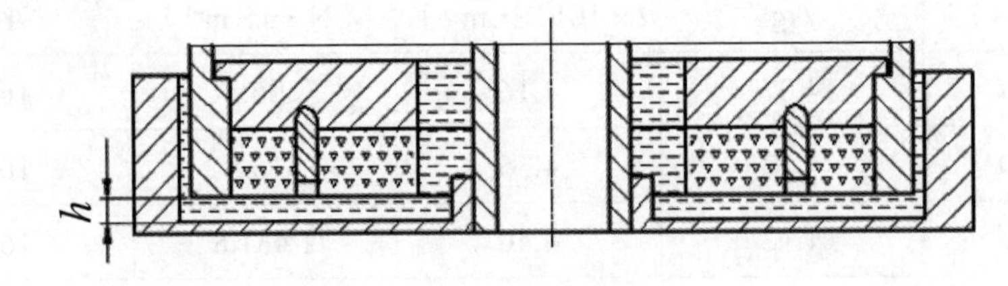


图 6-11　轴向间隙示意图

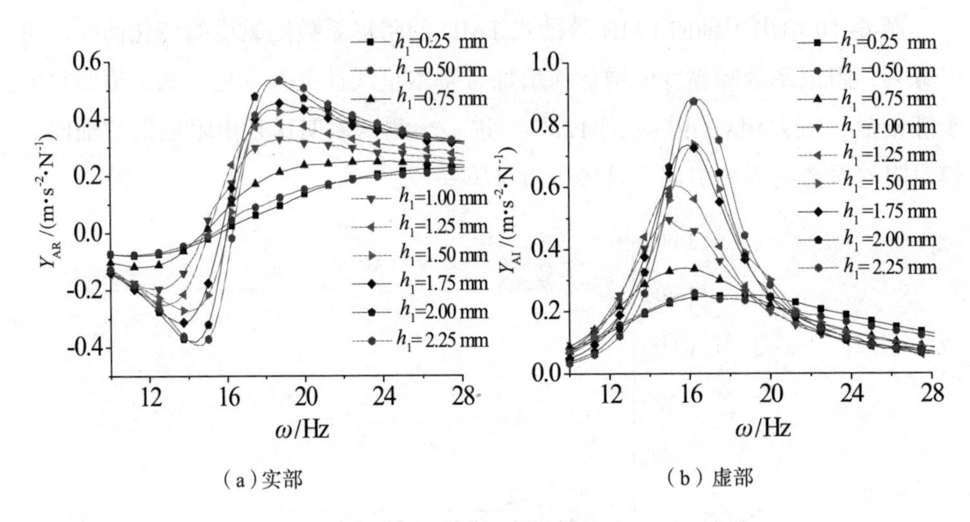


（a）实部　　（b）虚部

图 6-12　测试得到的不同油膜厚度时的导纳曲线

表 6-8 给出了识别后的阻尼器特性参数，从表 6-8 中可以看出，随着轴向油膜厚度的增加，参振质量和总刚度无规律性变化，其均值依次为 $m_1$= 4.15 kg，$k_1 = 4.04 \times 10^4$ N/m，阻尼系数 $c_1$ 有明显减小。

图 6-13 给出了阻尼系数随轴向油膜厚度的变化曲线。由图 6-13 可知，随着轴向油膜厚度的增加，油膜阻尼系数先快速下降而后缓慢下降，当 $h$>2 mm 时，油膜阻尼系数几乎不变。这说明，当 $h$>2 mm 时，轴向油膜对上阻尼系数基本不产生影响。所以，对于具有大端面尺寸的油膜阻尼器，在进行理论计算时，当 $h$<2 mm 时必须考虑端面尺寸的影响。

表6–8　不同轴向间隙下的上阻尼器特性参数

| 轴向油膜厚度 $h$ / mm | 参振质量 $m_1$/kg | 总刚度 $k$ /( × $10^4$N · $m^{-1}$ ) | 阻尼系数 $c_1$ / ( N · s · $m^{-1}$ ) | 固有频率 $\nu_U$ /Hz |
|---|---|---|---|---|
| 0.25 | 4.20 | 4.17 | 395.4 | 15.9 |
| 0.50 | 4.17 | 3.81 | 364.1 | 15.2 |
| 0.75 | 4.14 | 3.70 | 241.7 | 15.0 |
| 1.00 | 4.06 | 3.92 | 167.0 | 15.6 |
| 1.25 | 4.15 | 3.79 | 144.3 | 15.2 |
| 1.50 | 4.21 | 4.23 | 136.1 | 16.0 |
| 1.75 | 4.04 | 4.05 | 130.6 | 15.9 |
| 2.00 | 4.17 | 4.26 | 109.9 | 16.1 |
| 2.25 | 4.25 | 4.41 | 107.1 | 16.4 |

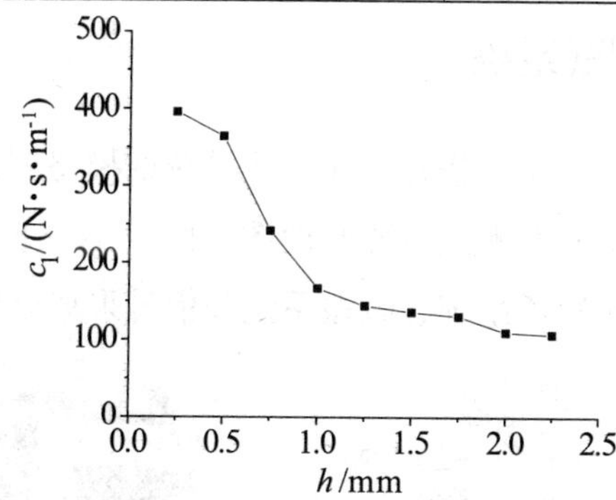


图 6–13　上阻尼系数 $c_1$ 随轴向油膜厚度 $h$ 的变化曲线

3. 悬摆式 TMD 的特性参数对比

表 6–9 为测试得到的悬摆式 TMD 的特性参数。可以看到，径向 PMB 激励式 TMD 的刚度比轴向 PMB 激励式 TMD 的刚度低一个数量级，这使得径向 PMB 激励式 TMD 更容易被激振。其中，采用带铜质下摆件的径向 PMB 激励式 TMD 的参振质量大，固有频率仅为 11.3 Hz，与飞轮一阶正进动模态频率最接近。

表6-9　测试的悬摆式TMD的特性参数

| 阻尼器类型 | | 参数 | | | | |
|---|---|---|---|---|---|---|
| | | $k_1/(\times10^4\text{N}\cdot\text{m}^{-1})$ | $k_2/(\times10^4\text{N}\cdot\text{m}^{-1})$ | $k_u/(\times10^4\text{N}\cdot\text{m}^{-1})$ | $m_1$/kg | $v_U$/Hz |
| 径向 PMB 激励式 TMD | 铝质 | 0.09 | 1.52 | 2.16 | 1.91 | 17.3 |
| | 铜质 | 0.20 | 1.52 | 2.16 | 4.72 | 11.3 |
| 轴向 PMB 激励式 TMD | | 2.65 | 1.52 | — | 4.10 | 16.0 |

## 6.3　储能飞轮转子系统的模态识别

本节主要对储能飞轮转子系统的试验进行模态分析，旨在评估飞轮系统的固有特性和悬摆式 TMD 的减振性能。

### 6.3.1　模态测试系统

根据试验模态分析理论，搭建飞轮转子系统的模态测试系统，如图 6-14 所示。其中，图 6-14（a）为测试系统原理图，图 6-14（b）为测试系统实物图。该测试系统主要由飞轮转子系统、激振系统和信号采集分析系统 3 个部分组成。

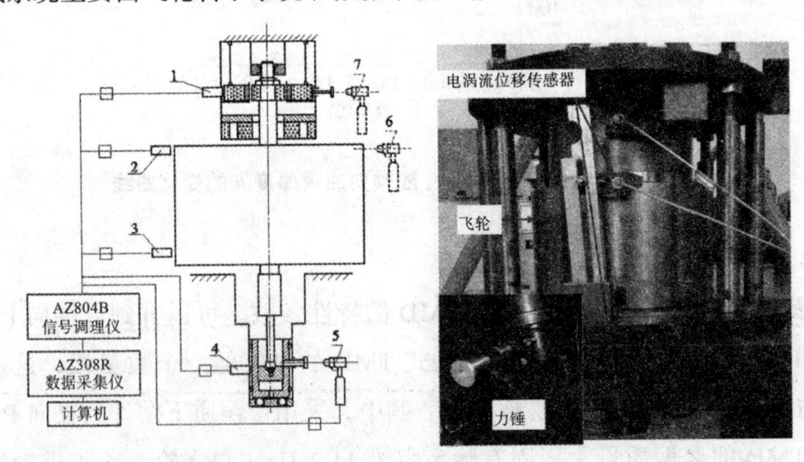


（a）测试系统原理图　　（b）测试系统实物图

注：1～4—位移响应测点；5～7—力锤激励点。

图 6-14　飞轮转子系统的模态测试系统

1. 飞轮转子系统

飞轮转子系统由悬摆式 TMD、飞轮本体、电机转子、枢轴和下阻尼器等构成。按照安装的悬摆式 TMD 的结构类型，将储能飞轮转子系统分为 3 组，如表 6–10 所示。

表6–10　储能飞轮系统的分组

| 组号 | 安装的悬摆式 TMD |
|---|---|
| 1 | 带铜质悬摆件的径向 PMB 激励式 TMD |
| 2 | 带铝质悬摆件的径向 PMB 激励式 TMD |
| 3 | 轴向 PMB 激励式 TMD |

2. 激振系统

根据飞轮转子系统的结构特点，采用方便易操作的锤击法对系统进行激振。

3. 信号采集分析系统

信号采集分析系统由电涡流位移传感器、压电式力传感器、信号调理仪、信号分析仪和计算机等构成。其中，电涡流位移传感器用于测量系统的位移振动信号，压电式力传感器用于测量激振力信号。所有采集到的信号经信号调理仪和数据采集仪传递至计算机，由安装在计算机中的信号分析系统分析得到测点的频响函数曲线。

本次测试采取单点激励多点测量响应的方法。根据测试内容的不同，共选择 3 个激振点，如图 6–14 所示，分别布置在下阻尼器（位置 5）或飞轮上端面（位置 6）或上阻尼器（位置 7）上。其中，位置 5 用于测量高频模态，位置 7 用于测量低频模态，位置 6 用于测量飞轮转子的一阶模态。测量点为上阻尼器（位置 1，激振点 7 的背面）、飞轮上端面（位置 2，激振点 6 的背面，实际位置距离上端面约 8 mm）、飞轮下端面（位置 3，实际位置距离飞轮下端面约 12 mm）和下阻尼器处（位置 4，激振点 5 的背面）。受信号分析仪通道数目的限制，一次完成 3 个测点的测量。试验时先测取测点 1、2 和 4 的频响函数曲线，再测取测点 1、3 和 4 的频响函数曲线。对于测量点 1 和 4，取其前后两次测量值的平均值作为最终的频响函数曲线。在获取 4 个测点的频响函数数据 $Y_{1i}$、$Y_{2i}$、$Y_{3i}$ 和 $Y_{4i}$ 后，再对 4 个位置的频响函数数据进行识别，即可得到系统的模态特性参数。

### 6.3.2 模态测试过程

模态测试过程如下：

（1）先识别悬摆式 TMD 的阻尼系数。

（2）依次敲击激振点 5 和 7，分别获取 1 ～ 4 测点的频响函数，完成系统的模态识别。

（3）敲击激振点 6，获取测点 2 的频响函数。

（4）更换机械油，重复步骤（1）和（3），最终获取不同机械油下测点 2 的频响函数。

试验共准备了 L-AN 7、L-AN 15、L-AN 32、L-AN 46、L-AN 68、L-AN 100 和 L-AN 312 等多种机械油，在进行步骤（2）时，加注低黏度的 L-AN 15 机械油。其他情况下，选择一种或者两种机械油混合加注，以获取所需的阻尼系数。

采样频率根据待分析的频率上限确定，在测量高频模态时，采样频率为 2 048 Hz；在测试飞轮转子系统低频模态时，采样频率为 512 Hz；仅测试系统的一阶模态时，采样频率为 128 Hz。所有测试的采集时长均为 8 s。

整个测试过程中，下阻尼器未加注机械油。

### 6.3.3 模态识别理论

在测得系统的频响函数后，需运用合适的方法对测量数据进行识别，以求出系统的模态频率、振型及阻尼比等参数。目前有多种方法可用于识别系统的模态，其中，对于各阶模态频率较为分散的情况，可采用频域模态识别法中的单模态识别法进行识别。导纳圆拟合法是单模态识别法中最常用的方法，其原理简单，易于实现，但识别精度较低。大量文献研究表明基于粒子群优化算法的参数识别法具有精度高、简单易实现的优点，因此本书构建了

基于粒子群优化算法的模态参数识别方法（简称“粒子群法”），该方法的具体过程如下。

对于被测系统，假定待识别的模态阶数为 $p$，频响函数的测量点数为 $q$，则根据复模态理论，可建立式（6-8）所示的频响函数拟合方程：

$$Y_{ij}(\omega_k,\boldsymbol{X})=\sum_{r=1}^{p}\left(\frac{{}_rR_{ij}\mathrm{e}^{j_r\alpha_{ij}}}{2j[\sigma_r+j(\omega_k-\nu_r)]}+\frac{{}_rR_{ij}\mathrm{e}^{-j_r\alpha_{ij}}}{2j[\sigma_r+j(\omega+\nu_r)]}\right.\quad(i=1,2,\cdots,q)\tag{6-8}$$

式中：$\sigma_r$、$\nu_r$ 为第 $r$ 阶模态衰减系数和频率，$r$=1,2,…,$p$；${}_rR_{ij}$、${}_r\alpha_{qj}$ 为第 $r$ 阶模态留数幅值和相位（$j$ 点激振，$i$ 点拾振）；$\boldsymbol{X}$ 为待求的模态参数向量，$\boldsymbol{X}=\{\boldsymbol{\nu},\boldsymbol{\sigma},\boldsymbol{R},\boldsymbol{\alpha}\}$；$\boldsymbol{\nu}$ 为模态频率向量，$\boldsymbol{\nu}=\{\nu_1,\nu_2,\cdots,\nu_p\}$；$\boldsymbol{\sigma}$ 为模态衰减系数向量，$\boldsymbol{\sigma}=\{\sigma_1,\sigma_2,\cdots,\sigma_p\}$；$\boldsymbol{R}$ 为留数幅值向量，$\boldsymbol{R}=\{{}_1R,{}_2R,\cdots,{}_pR\}$；${}_r\boldsymbol{R}$ 为第 $r$ 阶留数幅值向量，${}_r\boldsymbol{R}=\{{}_rR_{1j},{}_rR_{2j},\cdots,{}_rR_{qj}\}$；$\boldsymbol{\alpha}$ 为留数相位角向量，$\boldsymbol{\alpha}=\{{}_1\alpha,{}_2\alpha,\cdots,{}_p\alpha\}$；${}_r\boldsymbol{\alpha}$ 为第 $r$ 阶留数相位角向量，${}_r\boldsymbol{\alpha}=\{{}_r\alpha_{1j},{}_r\alpha_{2j},\cdots{}_r\alpha_{qj}\}$。

假设在 $\omega=\omega_k$ 处试验获得的系统频响函数数据为 $\tilde{Y}_{ij}(\omega_k)$，而对任一给定的一组参数 $\boldsymbol{X}$，由拟合方程计算得出的频响函数值为 $Y_{ij}(\omega_k)$，则频响函数的拟合值与测试值之间必然存在误差 $\varepsilon_{ij}(\omega_k)$，其大小为

$$\varepsilon_{ij}(\omega_k)=Y_{ij}(\omega_k)-\tilde{Y}_{ij}(\omega_k)\tag{6-9}$$

则在拟合频率范围内，频响函数拟合值与测量值的误差平方和为

$$\delta=\sum_{i=1}^{q}\sum_{k=1}^{N}\varepsilon_{ij}(\omega_k)\bar{\varepsilon}_{ij}(\omega_k)\tag{6-10}$$

式中：$\bar{\varepsilon}_{ij}$ 为 $\varepsilon_{ij}$ 的共轭复数。

于是，系统的模态特性参数识别问题可等价于求解方程（6-11）的极值优化问题：

$$\begin{cases}\text{find: }\boldsymbol{X}=\{\boldsymbol{\nu},\boldsymbol{\sigma},\boldsymbol{R},\boldsymbol{\alpha}\},\quad \boldsymbol{X}\in\boldsymbol{H}\\ \text{min: }\delta(\boldsymbol{X})=\sum_{i=1}^{q}\sum_{k=1}^{N}\varepsilon_{ij}(\omega_k)\bar{\varepsilon}_{ij}(\omega_k)\end{cases}\tag{6-11}$$

式中：$\boldsymbol{H}$ 为方程寻优区间，当 $\delta(\boldsymbol{X})$ 最小时，所对应的 $\boldsymbol{X}_{\text{Mod}}=\{\boldsymbol{\nu},\boldsymbol{\sigma},\boldsymbol{R},\boldsymbol{\alpha}\}$ 即为被测系统的模态参数。本节依然采用粒子群优化算法来搜寻最优参数 $\boldsymbol{X}_{\text{Mod}}$，该算法迭代过程如图 6-5 所示，这里不再赘述。

在计算出所有测点的留数幅值和相位后，被测系统的各阶复模态振型即可确定。假设被测系统共有 $p$ 阶模态，$q$ 个测点，则幅值最大元素归一化振型为

$$\tilde{\varphi}_r = \frac{1}{{}_r\boldsymbol{R}_{sj}}\begin{Bmatrix} {}_r\boldsymbol{R}_{1j} \\ {}_r\boldsymbol{R}_{2j} \\ \cdots \\ {}_r\boldsymbol{R}_{ij} \end{Bmatrix} \tag{6-12}$$

式中：${}_r\boldsymbol{R}_{ij}$ 为在 $j$ 点激励时，测点 $i$ 的第 $r$ 阶留数，${}_r\boldsymbol{R}_{ij} = {}_r R_{ij}\mathrm{e}^{{}_r\alpha_{ij}\cdot j}$，$i$=（1,2,⋯,$q$），$r$=（1,2,⋯,$p$）；${}_r\boldsymbol{R}_{sj}$ 为幅值最大的第 $r$ 阶留数。

需要指出的是，采用上述方法进行模态识别时，需要提供各阶模态参数的预估值，以确定合理的搜索空间，否则容易造成搜寻失败。本书采用复模态导纳圆法对系统的各阶模态参数进行预估。

### 6.3.4 结果与讨论

1. 测试的导纳曲线

表 6–11 为测试得到的 3 组储能飞轮转子系统的频响函数曲线。由表 6–11 可知，在激振点 5 激励系统时，在 0 ～ 400 Hz 时，共有 4 个明显的共振峰，这表明该系统共有 4 阶模态，这与理论分析基本一致。由于在激振点 7（位置 1 的对面）处激励系统时无法激励出系统的高频模态，因此表 6–11 中仅列出了 0 ～ 50 Hz 时的频响函数数据。

2. 两种识别方法的对比

取组 1 在激振点 7 的频响函数，分别采用复模态导纳圆法和粒子群法对系统的模态参数进行识别，结果如表 6–12 所示。可以看出，两种方法识别出的模态频率误差较小，但衰减系数和留数存在较大误差。

图 6–15 为频响函数的拟合值与测试值。由图 6–15 可知，基于粒子群算法得到的频响函数拟合值与测试值基本一致，而基于导纳圆法得到的频响函数拟合值与测试值存在较大误差。可见，基于粒子群算法的模态识别法具有较高的拟合精度。

表6-11　测试的储能飞轮转子系统的导纳幅值曲线

| 分组编号 | 频响函数曲线 | |
|---|---|---|
| | 激振点 5（测点 4 背面） | 激振点 7（测点 1 背面） |
| 组 1 | 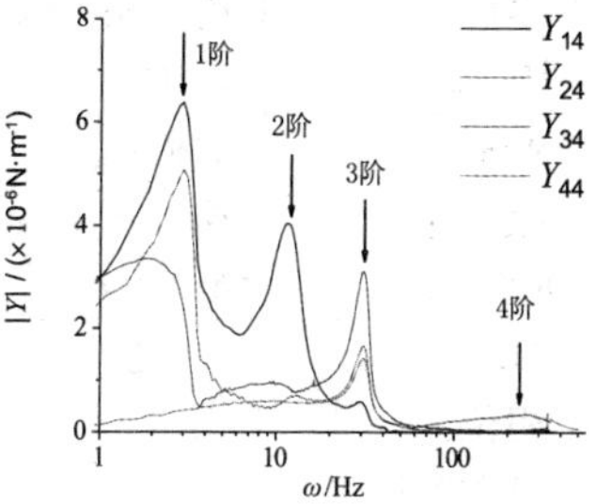 | 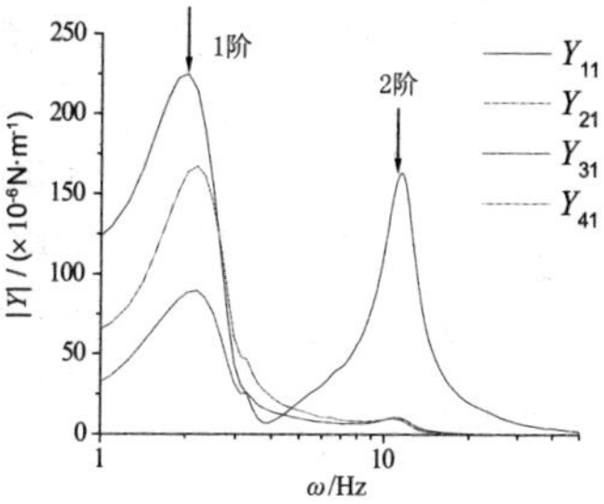 |
| 组 2 | 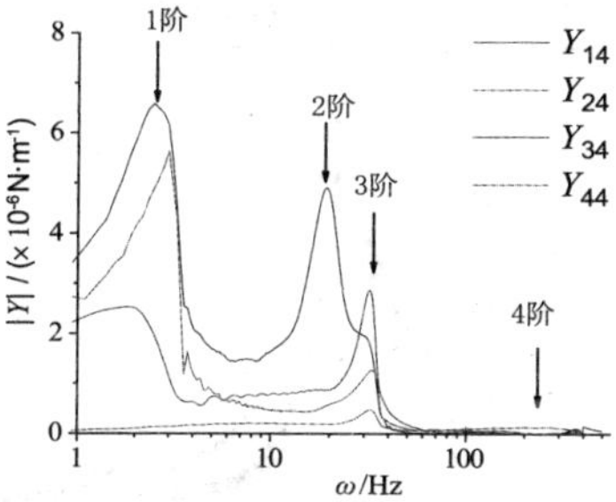 | 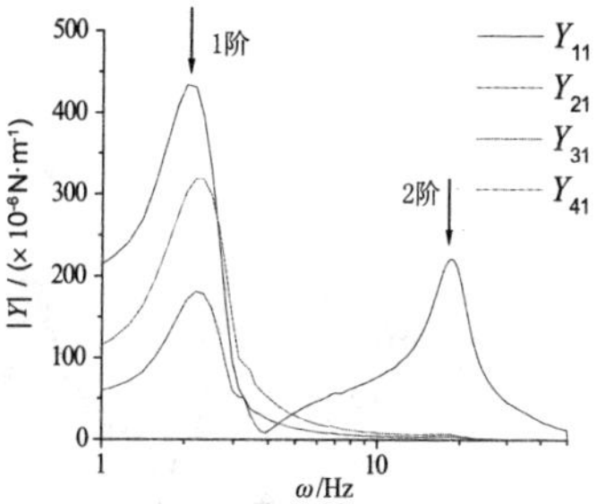 |
| 组 3 | 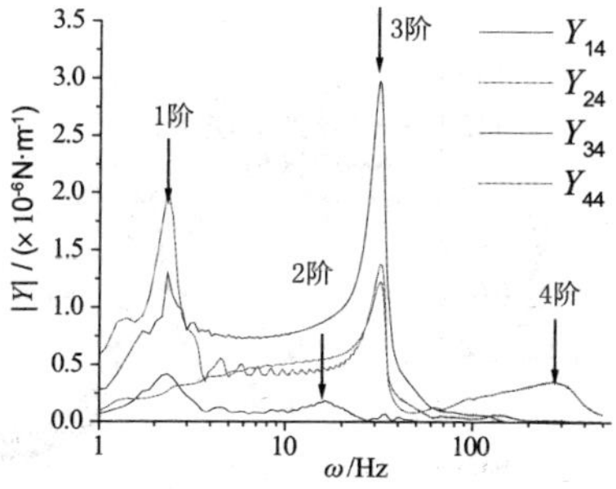 | 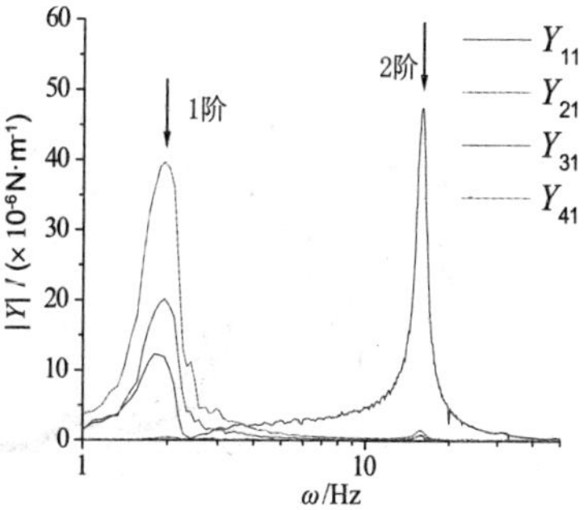 |

表6-12 储能飞轮转子系统的一阶和二阶模态特性参数

| 阶次 | 识别方法 | 模态频率/Hz | 衰减系数 | 留数 | | | |
|---|---|---|---|---|---|---|---|
| | | | | ${}_rR_{11}$ | ${}_rR_{21}$ | ${}_rR_{31}$ | ${}_rR_{41}$ |
| 1 | 导纳圆法 | 2.45 | 3.27 | 1 732.1（相位角 −22.20°） | 1 303.7（相位角 −10.42°） | 768.1（相位角 −5.10°） | 0.19（相位角 84.84°） |
| | 粒子群法 | 2.35 | 2.21 | 1 023.7（相位角 1.34°） | 885.5（相位角 8.89°） | 418.7（相位角 18.92°） | 0.27（相位角 87.45°） |
| 2 | 导纳圆法 | 11.73 | 9.16 | 3 061.8（相位角 −15.78°） | 207.8（相位角 139.28°） | 218.2（相位角 206.29°） | 2.33（相位角 217.50°） |
| | 粒子群法 | 11.63 | 7.32 | 2 444.9（相位角 13.48°） | 169.2（相位角 171.10°） | 168.8（相位角 161.68°） | 1.60（相位角 151.10°） |

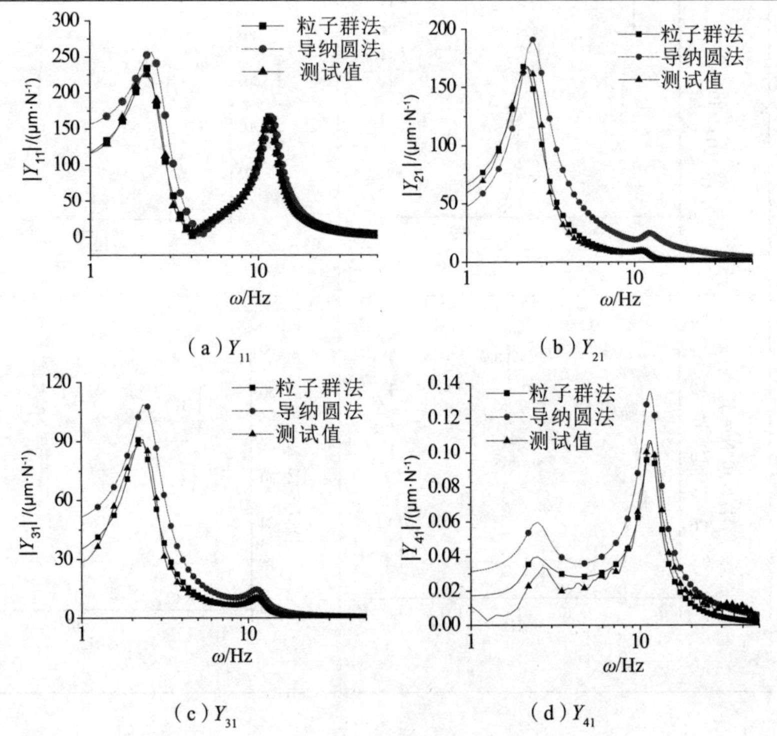


（a）$Y_{11}$ （b）$Y_{21}$

（c）$Y_{31}$ （d）$Y_{41}$

图 6-15 频响函数曲线的拟合值与测试值

3. 模态频率与振型

表 6-13 为识别的飞轮转子系统的模态特性参数。图 6-16 为系统的各阶模态频率和振型。图 6-16 中从上到下的空心黑圆点依次代表测点 1（悬摆式 TMD）、2（飞轮上端面）、3（飞轮下端面）和 4（下阻尼器）。

表6-13　识别的储能飞轮转子系统的模态特性参数

| 组号 | 阶次 | 模态频率/Hz | 衰减系数 | 振型 | | | |
|---|---|---|---|---|---|---|---|
| | | | | $r_1$ | $r_2$ | $r_3$ | $r_4$ |
| 1 | 1 | 2.35 | 2.21 | 1.00（相位角 0.0°） | 0.87（相位角 6.7°） | 0.41（相位角 17.58°） | 0.000 26（相位角 86.1°） |
| | 2 | 11.63 | 7.32 | 1.00（相位角 0.0°） | 0.052（相位角 150.5°） | 0.069（相位角 175.16°） | 0.000 65（相位角 164.6°） |
| | 3 | 31.49 | 15.48 | 0.18（相位角 −9.2°） | 0.49（相位角 173.6°） | 1.00（相位角 0°） | 0.56（相位角 −8.0°） |
| | 4 | 270.0 | 458.4 | 0.00（相位角 0.0°） | 0.00（相位角 0.0°） | 0.00（相位角 0.0°） | 1.00（相位角 0°） |
| 2 | 1 | 2.43 | 2.90 | 1.00（相位角 −0.55°） | 0.78（相位角 15.43°） | 0.43（相位角 13.71°） | 0.000 56（相位角 114.8°） |
| | 2 | 18.87 | 17.96 | 1.00（相位角 11.38°） | 0.024（相位角 176.6°） | 0.026（相位角 175.4°） | 0.003 1（相位角 183.7°） |
| | 3 | 31.98 | 18.01 | 0.82（相位角 −84.22°） | 0.54（相位角 87.66°） | 1.00（相位角 −93.39°） | 0.47（相位角 −91.67°） |
| | 4 | 270.0 | 557.9 | 0.00（相位角 0.00°） | 0.00（相位角 0.00°） | 0.00（相位角 0.00°） | 1.00（相位角 −27.50°） |

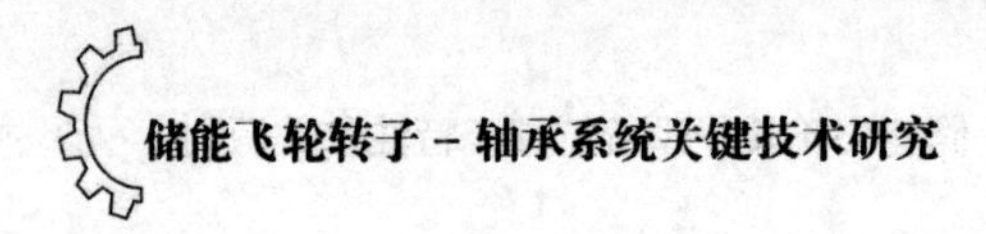


续表6-13

| 组号 | 阶次 | 模态频率/Hz | 衰减系数 | 振型 | | | |
|---|---|---|---|---|---|---|---|
| | | | | $r_1$ | $r_2$ | $r_3$ | $r_4$ |
| 3 | 1 | 1.96 | 1.10 | 0.32（相位角 −31.5°） | 1.00（相位角 0.0°） | 0.57（相位角 −13.2°） | 0.000 31（相位角 78.5°） |
| | 2 | 15.84 | 3.78 | 1.00（相位角 0.0°） | 0.01（相位角 −26.9°） | 0.09（相位角 −26.9°） | 0.000 13（相位角 −18.9°） |
| | 3 | 31.76 | 15.0 | 0.032（相位角 166.7°） | 0.49（相位角 173.6°） | 1.00（相位角 0.0°） | 0.43（相位角 −10.9°） |
| | 4 | 267.5 | 590 | 0.00（相位角 0.0°） | 0.00（相位角 0.0°） | 0.00（相位角 0.0°） | 0.00（相位角 0.0°） |

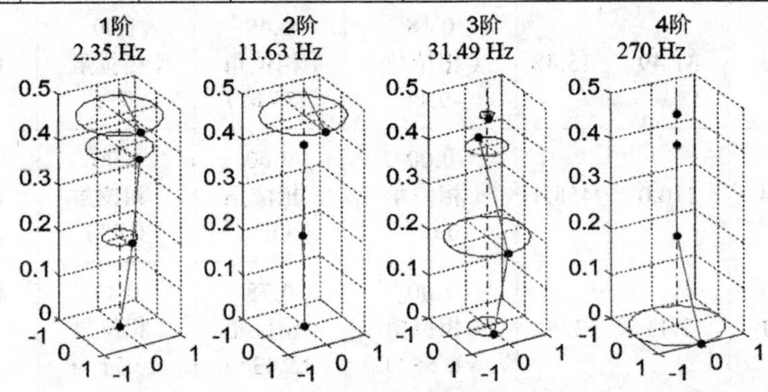


（a）组 1

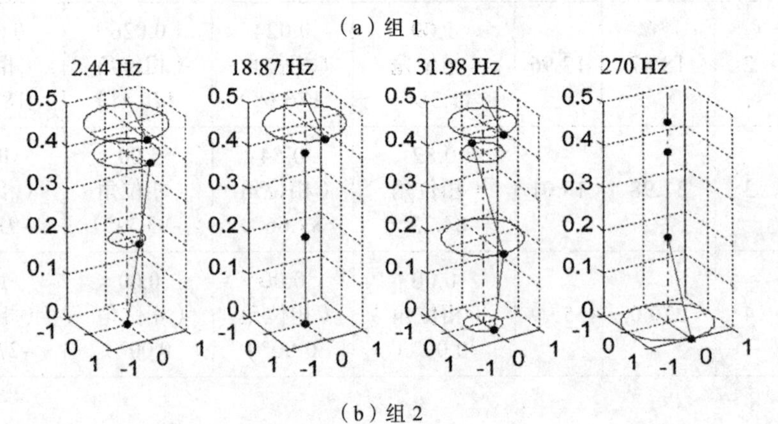


（b）组 2

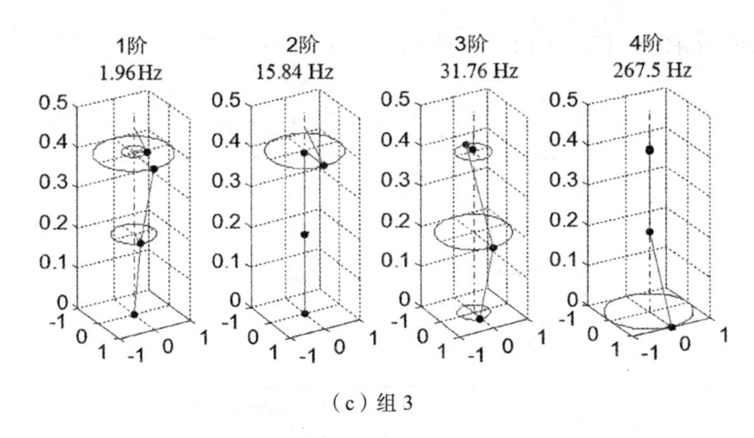


（c）组 3

**图 6–16　飞轮转子 – 轴承系统模态频率与振型**

分析可得到以下结论。

（1）由图 6–16 可知，理论模态振型与试验模态振型基本吻合，这表明前面建立的飞轮转子系统自由振动模型是合适的。

（2）对于 1 阶模态，在组 1 和组 2 中，上阻尼器处的幅值为 1.00，在组 3 中，上阻尼器的幅值约为 0.32，这表明组 1 和组 2 使用的径向 PMB 激励式 TMD 更容易被激励，分析认为这主要得益于其较低的阻尼器刚度；在组 1 ～组 3 中，下阻尼器处的振幅近似为 0，这表明下阻尼器特性参数对静止下的飞轮一阶模态几乎无影响，分析认为这主要是由下支承刚度远大于上支承刚度引起的。

（3）对于 3 阶模态，在组 1 ～组 3 中，上阻尼器的幅值依次为 0.18、0.82、0.032。可以看出，组 1 和组 2 安装的径向 PMB 激励式 TMD 对 3 阶模态的振动抑制也有一定的效果，分析认为这主要得益于其较低的上阻尼器刚度。由表 6–9 可知，带铝质下摆件的径向 PMB 激励式 TMD 的固有频率为 17.3 Hz，带铜质下摆件的径向 PMB 激励式 TMD 的固有频率为 11.3 Hz，前者更接近系统 3 阶模态频率，所以在组 2 中上阻尼器处的振幅更大。

由此可知，较低的上阻尼器刚度是提高悬摆式 TMD 减振性能的关键因素之一。与轴向 PMB 激励式 TMD 相比，径向 PMB 激励式 TMD 具有更低的阻尼器刚度，对由系统一阶模态引起的振动有更好的抑制效果。

4. 飞轮一阶模态频率与阻尼比

为了进一步评估设计的悬摆式 TMD 的减振性能，经过测试获得了 3 组飞轮转子系统的一阶模态阻尼比 $\zeta_{FL1}$ 和模态频率 $\upsilon_{F1}$ 随上阻尼系数 $c_1$ 的变化关系

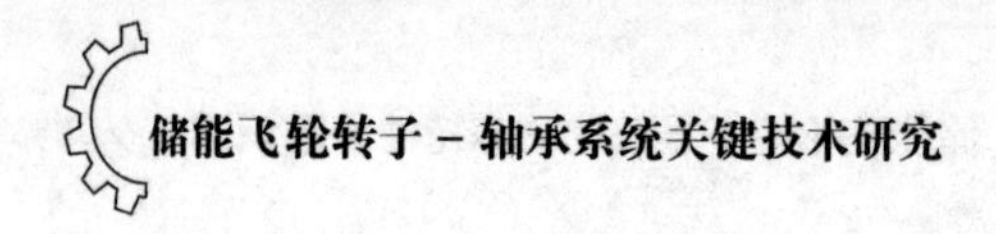


曲线，结果如图 6-17 和图 6-18 所示。

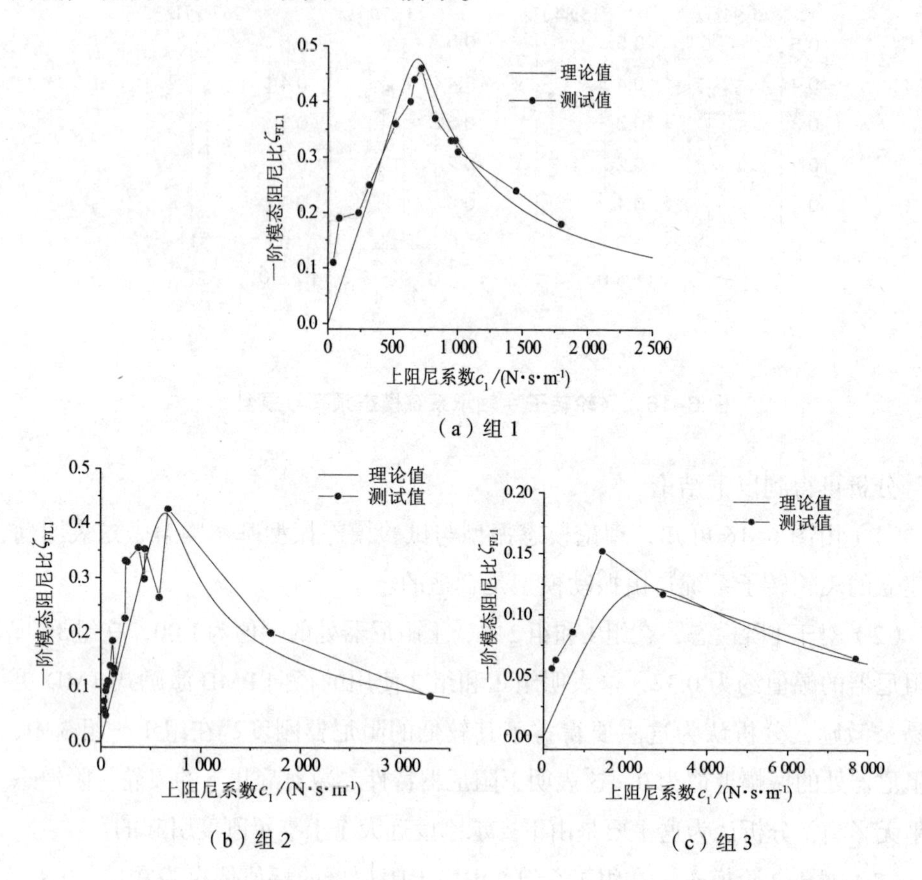


（a）组 1

（b）组 2

（c）组 3

**图 6-17　储能飞轮转子系统一阶模态阻尼比随上阻尼系数变化的曲线**

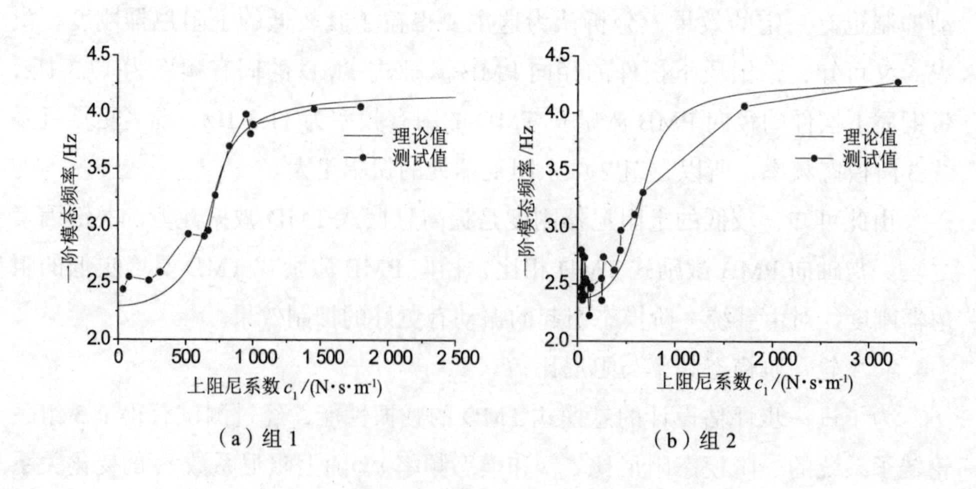


（a）组 1

（b）组 2

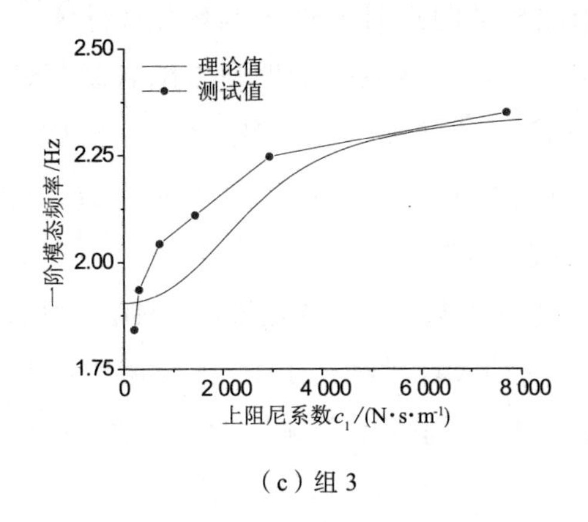


（c）组 3

**图 6–18　储能飞轮转子系统一阶模态频率随上阻尼系数变化的曲线**

从图 6–17 中可以看出，飞轮一阶模态阻尼比 $\zeta_{FL1}$ 和频率 $\upsilon_{F1}$ 的测试值与理论值之间虽然存在一定的误差，但总体上是接近的。分析认为引起误差的原因主要如下：①在建立理论模型时，为了简化模型，一些次要因素被简化掉，如空气阻尼、材料内阻等，而当上阻尼系数较小时，这些因素对一阶模态有一定的影响，从而导致一定的误差；②来自测量系统的噪声、测量仪器的精度和线性度、飞轮系统的非线性因素等造成测量的频响函数存在一定的随机性，这导致测量值与理论值之间存在一定的随机误差。

很明显，随着上阻尼系数 $c_1$ 的增加，系统一阶模态阻尼比 $\zeta_{FL1}$ 先增加后减少，存在一个最佳的 $c_1$ 使 $\zeta_{FL1}$ 取得最大。组 1、组 2 和组 3 的最佳上阻尼系数依次为 720 N · s/m、670 N · s/m 和 1 430 N · s/m，对应的最大 $\zeta_{FL1}$ 依次为 0.46、0.42 和 0.15。可见，与轴向 PMB 激励式 TMD 相比，径向 PMB 激励式 TMD 可以为飞轮一阶模态提供更大的阻尼，其主要原因如下：①径向 PMB 激励式 TMD 的刚度远低于轴向 PMB 激励式 TMD 的刚度；②径向 PMB 激励式 TMD 的刚度比（$k_u/k_1$）远大于轴向 PMB 激励式 TMD 的刚度比（$k_2/k_1$），从而前者更容易被激励。在两种径向 PMB 激励式 TMD 中，带铜质下摆件的 TMD 的振动抑制性能优于带铝质下摆件的 TMD，这主要是因为前者固有频率更接近系统一阶模态频率。

由图 6–18 可知，测试值与理论值基本吻合，但二者之间同样存在一定的误差，原因同上。可以看到，随着上阻尼系数的增加，一阶模态频率增加，当阻尼系数位于最佳阻尼系数附近时，模态频率增速明显变大，特别是对径向PMB激励式TMD来说，这一现象更加明显。随着阻尼器系数的持续增加，一阶模态频率逐渐趋向于一个不变的值，理论上，一阶模态极限值等于上阻尼固定不动时的系统一阶模态频率。这主要是上阻尼系数太大时，阻尼器严重过阻尼，阻尼器无法摆动造成的。

综上可知，径向PMB激励式TMD比轴向PMB激励式TMD的减振性能好；带铜质下摆件的径向PMB激励式TMD的参振质量大，固有频率低，能够为系统一阶模态提供更大的阻尼，低频振动抑制效果更佳。

## 6.4 基于模态特征的储能飞轮转子系统动力学参数反演

### 6.4.1 飞轮转子系统动力学特性参数反演方法

由振动理论知，对于一个含有 $s$ 个未知动力学特性参数的 $n$ 自由度线性系统，其自由振动方程可表示为

$$\boldsymbol{M}\boldsymbol{z}''+\boldsymbol{C}\boldsymbol{z}'+\boldsymbol{K}\boldsymbol{z}=0 \tag{6-13}$$

为了不失一般性，考虑系统模态为复模态情况，由状态向量法可得其特征方程为

$$|\boldsymbol{A}\lambda+\boldsymbol{B}|=0 \tag{6-14}$$

式中：

$$\boldsymbol{A}=\begin{bmatrix}\boldsymbol{C} & \boldsymbol{M}\\ \boldsymbol{M} & \boldsymbol{0}\end{bmatrix},\ \boldsymbol{B}=\begin{bmatrix}\boldsymbol{0} & \boldsymbol{K}\\ -\boldsymbol{K} & \boldsymbol{0}\end{bmatrix} \tag{6-15}$$

求解公式（6–14）即可得到系统的各阶模态特征值 $\bar{\lambda}_r$ 和特征向量 $\bar{\varphi}_r$。$\bar{\lambda}_r$ 的虚部即为系统的第 $r$ 阶模态频率，实部为系统的第 $r$ 阶模态衰减系数，特征向量 $\bar{\varphi}_r$ 即为系统的第 $r$ 阶模态振型。

假设通过试验测试得到的系统的各阶模态频率为 $\tilde{\boldsymbol{v}}=\{\tilde{v}_1,\tilde{v}_2,\cdots,\tilde{v}_p\}$，衰减系数为 $\tilde{\boldsymbol{\sigma}}=\{\tilde{\sigma}_1,\tilde{\sigma}_2,\cdots,\tilde{\sigma}_p\}$，振型为 $\bar{\boldsymbol{\Phi}}=\{\tilde{\varphi}_1,\tilde{\varphi}_2,\cdots,\tilde{\varphi}_p\}$，并认为通过试验测试到的

数据是准确的，则对于任意给定的一组 $s$ 维待求参数向量 $\boldsymbol{X}$，在第 $r$ 阶模态处，其理论值和测试值之间的绝对误差为

$$\boldsymbol{\varepsilon}'_{\sigma_r}=\tilde{\boldsymbol{\sigma}}_r-\bar{\boldsymbol{\sigma}}_r\text{，}\quad \boldsymbol{\varepsilon}'_{v_r}=\tilde{\boldsymbol{v}}_r-\bar{\boldsymbol{v}}_r\text{，}\quad \boldsymbol{\varepsilon}'_{\phi_r}=\tilde{\boldsymbol{\varphi}}_r-\bar{\boldsymbol{\varphi}}_r \tag{6-16}$$

相对误差为

$$\boldsymbol{\varepsilon}_{v_r}=1-\frac{\bar{\boldsymbol{v}}_r}{\tilde{\boldsymbol{v}}_r}\text{，}\quad \boldsymbol{\varepsilon}_{\sigma_r}=1-\frac{\bar{\boldsymbol{\sigma}}_r}{\tilde{\boldsymbol{\sigma}}_r} \tag{6-17}$$

振型误差是一种向量误差，有

$$\boldsymbol{\varepsilon}_{\psi_r}=\frac{\tilde{\boldsymbol{\varphi}}_r^{\mathrm{T}}\boldsymbol{\varepsilon}'_{\phi_r}}{\tilde{\boldsymbol{\varphi}}_r^{\mathrm{T}}\tilde{\boldsymbol{\varphi}}_r}=1-\frac{\tilde{\boldsymbol{\varphi}}_r^{\mathrm{T}}\bar{\boldsymbol{\varphi}}_r^{\mathrm{T}}}{\tilde{\boldsymbol{\varphi}}_r^{\mathrm{T}}\tilde{\boldsymbol{\varphi}}_r} \tag{6-18}$$

对系统的 $q$ 个模态，其测量值与理论值误差的平方和为

$$\delta=\sum_{r=1}^{q}\{\boldsymbol{\varepsilon}_{\sigma_r}^2+\boldsymbol{\varepsilon}_{v_r}^2+[\mathrm{Re}(\boldsymbol{\varepsilon}_{\phi_r})]^2+[\mathrm{Im}(\boldsymbol{\varepsilon}_{\phi_r})]^2\} \tag{6-19}$$

因此，可以构建如式（6–20）所示的极值优化问题：

$$\begin{cases}\text{find：}\boldsymbol{X},\boldsymbol{X}\in\boldsymbol{H}_{\mathrm{s}}\\ \text{min：}\delta(\boldsymbol{X})=\sum_{r=1}^{q}\{\boldsymbol{\varepsilon}_{\sigma_r}^2+\boldsymbol{\varepsilon}_{v_r}^2+[\mathrm{Re}(\boldsymbol{\varepsilon}_{\phi_r})]^2+[\mathrm{Im}(\boldsymbol{\varepsilon}_{\phi_r})]^2\}\end{cases} \tag{6-20}$$

式中：$\boldsymbol{H}_{\mathrm{s}}$ 为方程寻优区间，当 $\delta(\boldsymbol{X})$ 最小时，所对应的 $\boldsymbol{X}$ 即为待求的 $s$ 个未知的动力学特性参数。本节依然采用粒子群优化算法搜寻最优参数 $\boldsymbol{X}$，算法迭代过程见图 6–5，这里不再赘述。

运用上述方法进行参数识别时，需要先建立合适的动力学模型。考虑到前面搭建的飞轮模态测试系统未置于真空腔中，同时飞轮转子在摆动时还将受到下支承摩擦阻尼和磁阻尼的影响，故参照前述的动力学模型，在飞轮的上端面再引入一阻尼单元，建立了如图 6–19 所示的飞轮转子系统动力学模型。

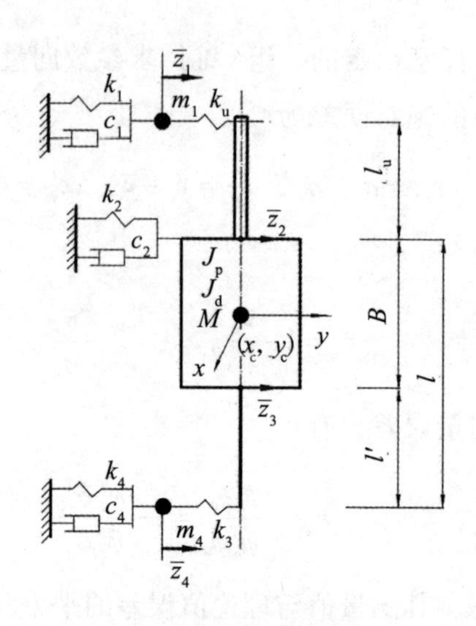


图 6-19　飞轮转子系统静止下动力学模型

同样地，由含耗散力的第二类拉格朗日方程推导可得系统的自由振动方程为

$$\boldsymbol{M\ddot{z}}+\boldsymbol{C\dot{z}}+\boldsymbol{Kz}=0 \tag{6-21}$$

式中：$\boldsymbol{C}=\begin{bmatrix} c_1 & 0 & 0 & 0 \\ 0 & c_2 & 0 & 0 \\ 0 & 0 & 0 & 0 \\ 0 & 0 & 0 & c_4 \end{bmatrix}$；其他参数同 6.2 节。

求解方程（6-21）即可获得系统的各阶理论模态频率、衰减系数和振型。

## 6.4.2　结果与讨论

选取表 6-13 中组 1 的数据，运用本节构建的识别方法对系统的上下阻尼器特性参数进行识别。由于受测试系统的噪声、仪器的精度、操作的准确性等因素的影响，测试的导纳曲线幅值和相位误差较大，所以在运用上述方法进行参数识别时，应选用归一化振型。由于采用了归一化振型，识别时，需要将飞轮质量 $M$，直径转动惯量 $J_d$ 和极转动惯量 $J_p$，支撑轴的高度参数 $B$、$l$ 和 $l_u$ 视为已知量，否则无法进行识别。

基于以上的讨论，采用如下的参数对系统的动力学特性参数进行识别：

粒子数：1 000 个；

迭代步数：200 步；

待求参量 $\boldsymbol{X}=\{k_1 \quad k_u \quad k_2 \quad m_1 \quad c_1 \quad c_2 \quad k_3 \quad k_4 \quad m_4 \quad c_4\}$。

方程寻优区间如下：

$500\ \mathrm{N/m} \leqslant k_1 \leqslant 2\,500\ \mathrm{N/m}$；

$1.5\times10^4\ \mathrm{N/m} \leqslant k_u \leqslant 2.5\times10^4\ \mathrm{N/m}$；

$1.2\times10^4\ \mathrm{N/m} \leqslant k_2 \leqslant 1.8\times10^4\ \mathrm{N/m}$；

$3\ \mathrm{kg} \leqslant m_1 \leqslant 6\ \mathrm{kg}$；

$50\ \mathrm{N\cdot s/m} \leqslant c_1 \leqslant 150\ \mathrm{N\cdot s/m}$；

$100\ \mathrm{N\cdot s/m} \leqslant c_2 \leqslant 400\ \mathrm{N\cdot s/m}$；

$2\times10^5\ \mathrm{N/m} \leqslant k_3 \leqslant 8\times10^5\ \mathrm{N/m}$；

$1\times10^6\ \mathrm{N/m} \leqslant k_4 \leqslant 2\times10^6\ \mathrm{N/m}$；

$0.4\ \mathrm{kg} \leqslant m_4 \leqslant 1.0\ \mathrm{kg}$；

$400\ \mathrm{N\cdot s/m} \leqslant c_4 \leqslant 1\,000\ \mathrm{N\cdot s/m}$；

$M = 110\ \mathrm{kg}$；

$J_p = 1.2375\ \mathrm{kg\cdot m^2}$；

$J_d = 0.985\,4\ \mathrm{kg\cdot m^2}$；

$B = 0.2\ \mathrm{m}$；

$l' = 0.39\ \mathrm{m}$；

$l_u = 0.07\ \mathrm{m}$。

运用 Matlab 软件，采用上述方法对系统特性参数进行了计算。图 6–20 显示了每一迭代步的最优粒子的误差平方和。可以看到，随着迭代步数的增加，最优粒子的误差平方和迅速降低，在第 3 步就下降到接近第 200 步的值，在第 80 步之后，最优粒子的误差平方和基本无明显变化，这说明在第 80 步之后，该算法基本收敛到目标函数的极值。因此，本书取第 200 步的最优粒子的误差平方和作为求解结果是可信的。

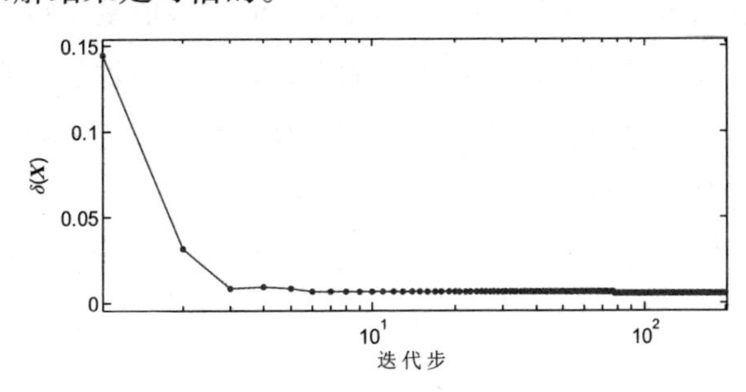


图 6–20　最优粒子的误差平方和随迭代步的变化曲线

图 6-21 显示了最后一步的粒子分布情况，图中“□”表示搜到的最优粒子所在的位置，即为识别的系统动力学参数，具体数值如表 6-14 所示。

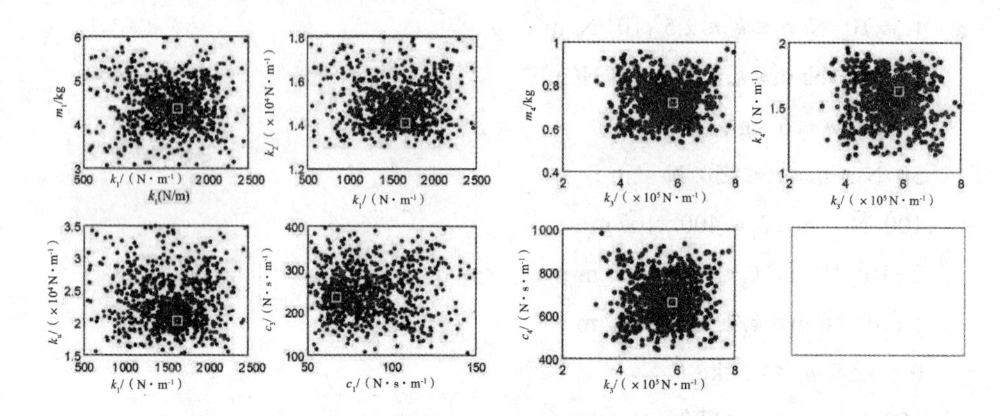


图 6-21　粒子分布图

表6-14　识别的储能飞轮转子系统的特性参数

| 上支承 | | 下支承 | |
|---|---|---|---|
| 参　数 | 数　值 | 参　数 | 数　值 |
| $k_1$/（N·m$^{-1}$） | $1.62\times10^3$ | $k_3$/（N·m$^{-1}$） | $0.58\times10^6$ |
| $k_2$/（N·m$^{-1}$） | $1.41\times10^4$ | $k_4$/（N·m$^{-1}$） | $1.62\times10^4$ |
| $k_u$/（N·m$^{-1}$） | $1.99\times10^4$ | $m_4$/kg | 0.72 |
| $m_1$/kg | 4.25 | $c_4$/（N·s·m$^{-1}$） | 659 |
| $c_1$/（N·s·m$^{-1}$） | 66.5 | $c_2$/（N·s·m$^{-1}$） | 236 |

对比表 6-9 和表 6-14 可以看出，二者识别的参数值基本接近，所以可以认为本节的识别结果是可信的。需要指出的是，采用该方法进行系统动力学参数识别时，由试验识别的模态参数需要具有较高的精度与准确程度，否则求出的系统动力学参数误差将很大。

表 6-15 给出了飞轮系统的模态频率、衰减系数和振型的拟合值与测试值。由表 6-15 可知，本次得到的模态频率和衰减系数的拟合值和测试值基本接近。

表6-15　储能飞轮转子系统模态参数的拟合值与测试值

| 阶次 | 方式 | 模态频率/Hz | 衰减系数 | 最大振幅归一化振型 | | | |
|---|---|---|---|---|---|---|---|
| | | | | $r_1$ | $r_2$ | $r_3$ | $r_4$ |
| 1 | 拟合 | 2.35 | 2.21 | 1 | 0.879+0.0324i | 0.420+0.0163i | $1.86\times10^{-3}+7.0\times10^{-4}$i |
| | 测试 | 2.35 | 2.21 | 1 | 0.869+0.102i | 0.391+0.124i | $1.78\times10^{-5}+2.59\times10^{-4}$i |
| 2 | 拟合 | 11.61 | 7.32 | 1 | −0.0647+0.013i | −0.0468+0.00575i | $-7.46\times10^{-3}-1.73\times10^{-4}$i |
| | 测试 | 11.61 | 7.32 | 1 | −0.0453+0.0260i | −0.0688+0.0058i | $-6.27\times10^{-4}+1.73\times10^{-4}$i |
| 3 | 拟合 | 30.48 | 15.55 | 0.116+0.0478i | −0.313−0.294i | 1 | 0.608+0.0410i |
| | 测试 | 30.46 | 15.48 | 0.178−0.0288i | −0.487+0.0546i | 1 | 0.557−0.0783i |
| 4 | 拟合 | 270.0 | 458.405 | $-6.55\times10^{-6}+1.00\times10^{-6}$i | $3.60\times10^{-3}-1.70\times10^{-3}$i | $-6.36\times10^{-3}+3.76\times10^{-3}$i | 1 |
| | 测试 | 270.0 | 458.400 | 0 | 0 | 0 | 1 |

## 6.5 本章小结

本章进行了两种悬摆式 TMD 的结构创新设计，搭建了储能飞轮转子系统的动态特性测试装置，构建了基于粒子群算法的振动系统特性参数识别法，进而识别了系统的刚度、阻尼、参振质量、模态频率、振型和阻尼比等特性参数，评估了悬摆式 TMD 的减振性能。主要结论如下：

（1）配置有滚动球铰的悬摆式 TMD 摩擦阻力小，摆动灵活。

（2）悬摆式 TMD 的油膜阻尼系数随半径间隙的增大而减小，随润滑油黏度的增加而增加，随轴向端面间隙的增大而减小。

（3）储能飞轮转子系统的模态测试值与理论值基本一致。

（4）与轴向 PMB 激励式 TMD 相比，径向 PMB 激励式 TMD 刚度低，飞轮一阶模态阻尼比大，能更有效地抑制飞轮转子系统的一阶正进动；带铜质下摆件的径向 PMB 激励式 TMD 的参振质量大，固有频率为 11.3 Hz，抑制飞轮转子系统一阶正进动的效果最佳。

# 第7章　储能飞轮转子系统稳态动力学特性分析

## 7.1　概述

本章对储能飞轮转子系统的稳态动力学特性进行研究，主要内容如下：基于含耗散力的第二类拉格朗日方程，建立了储能飞轮转子系统的稳态动力学模型，运用牛顿迭代法和混合粒子群算法对动力学方程进行求解；分析飞轮转子系统的临界转速，以及不平衡响应和外传力；探讨上、下阻尼器主要特性参数对系统稳态不平衡响应的影响；制作储能飞轮试验样机，测试系统的不平衡响应。

## 7.2　储能飞轮转子系统的稳态动力学方程

图7–1为建立的储能飞轮转子系统的稳态动力学模型。在简化模型时，与图5–1所示的自由振动模型不同的是，该模型上、下阻尼器的油膜分别等效为一个非线性的弹簧–阻尼单元；O形圈等效为一个线性的弹簧–阻尼单元，其他因素的简化条件同5.2节。飞轮的不平衡量用位于飞轮上、下端面的两个等效不平衡量 $U_1$ 和 $U_2$ 代替。图中，$k_{r1}$ 和 $k_{r4}$ 分别表示上、下阻尼器的油膜等效刚度系数，$c_{t1}$ 和 $c_{t4}$ 分别表示上、下阻尼器的油膜等效阻尼系数，$c_{O4}$ 表示O形圈的等效阻尼系数。

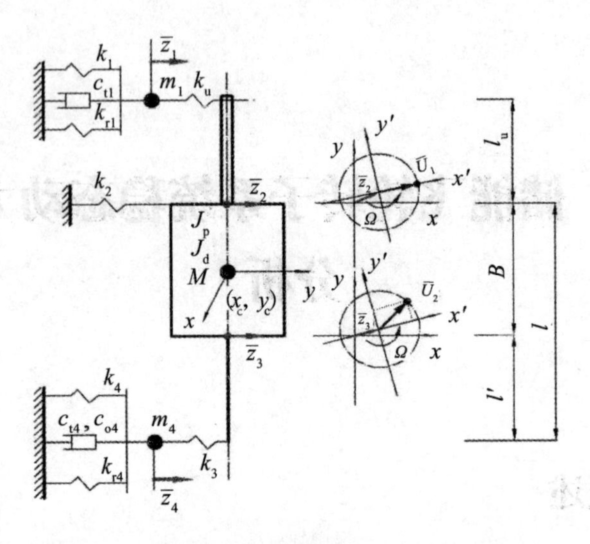


图 7-1 储能飞轮转子系统的稳态动力学模型

基于含耗散力的第二类拉格朗日方程，推导可得储能飞轮转子系统的稳态动力学方程为

$$\boldsymbol{M}\ddot{\boldsymbol{z}}+(\mathrm{i}\Omega\boldsymbol{H}+\boldsymbol{C})\dot{\boldsymbol{z}}+\boldsymbol{K}\boldsymbol{z}=\boldsymbol{Q} \tag{7-1}$$

式中：$z=\{z_1,\ \ z_2,\ \ z_3,\ \ z_4\}^{\mathrm{T}}$；$\boldsymbol{Q}=\bar{\boldsymbol{U}}\Omega^2\mathrm{e}^{j\Omega t}$；$\bar{\boldsymbol{U}}=\left\{0,\ \ \bar{U}_1,\ \ \bar{U}_2,\ \ 0\right\}^{\mathrm{T}}$；

$$\boldsymbol{M}=\begin{bmatrix} m_1 & 0 & 0 & 0\\ 0 & m_2 & m_3 & 0\\ 0 & m_3 & m_2 & 0\\ 0 & 0 & 0 & m_4 \end{bmatrix};\quad \boldsymbol{H}=\begin{bmatrix} 0 & 0 & 0 & 0\\ 0 & -\dfrac{J_p}{B^2} & \dfrac{J_p}{B^2} & 0\\ 0 & \dfrac{J_p}{B^2} & -\dfrac{J_p}{B^2} & 0\\ 0 & 0 & 0 & 0 \end{bmatrix};\quad \boldsymbol{C}=\begin{bmatrix} c_1 & 0 & 0 & 0\\ 0 & 0 & 0 & 0\\ 0 & 0 & 0 & 0\\ 0 & 0 & 0 & c_4 \end{bmatrix};$$

$$\boldsymbol{K}=\begin{bmatrix} k_1+k_u+k_{r1} & -\left(1+\dfrac{l_u}{B}\right)k_u & \dfrac{l_u}{B}k_u & 0\\ -\left(1+\dfrac{l_u}{B}\right)k_u & \left[k_2+\left(1+\dfrac{l_u}{B}\right)^2k_u+\left(\dfrac{l'}{B}\right)^2k_3\right] & -\left[\dfrac{l_u}{B}\left(1+\dfrac{l_u}{B}\right)k_u+\left(1+\dfrac{l'}{B}\right)\dfrac{l'}{B}k_3\right] & \dfrac{l'}{B}k_3\\ \dfrac{l_u}{B}k_u & -\left[\dfrac{l_u}{B}\left(1+\dfrac{l_u}{B}\right)k_u+\left(1+\dfrac{l'}{B}\right)\left(\dfrac{l'}{B}\right)k_3\right] & \left[\left(\dfrac{l_u}{B}\right)^2k_u+\left(1+\dfrac{l'}{B}\right)^2k_3\right] & -\left(1+\dfrac{l'}{B}\right)k_3\\ 0 & \dfrac{l'}{B}k_3 & -\left(1+\dfrac{l'}{B}\right)k_3 & k_3+k_4+k_{r4} \end{bmatrix};$$

$\bar{z}_j=x_j+\mathrm{i}\cdot y_j(j=1,2,3,4)$；$m_2=M/4+J_d/B^2$；$m_3=M/4-J_d/B^2$；$c_1=c_{t1}$；$c_4=c_{t4}+c_{o4}$。

## 7.3　上、下阻尼器油膜的等效刚度与阻尼

根据上、下阻尼器的结构特点，上阻尼器的油膜力动力特性系数可以按照一端封闭、一端开口的短轴承模型计算，下阻尼器的油膜力动力特性系数可以按照长轴承模型计算。根据润滑理论，当阻尼器的轴颈做稳态圆进动时，油膜刚度系数和阻尼系数如表 7–1 所示。表中 $\epsilon_1$ 和 $\epsilon_4$ 分别表示上、下阻尼器的轴颈偏心率（偏心率定义为阻尼器轴颈的振幅与半径间隙的比值，$\epsilon_1=|\bar{z}_1|/C_1$，$\epsilon_4=|\bar{z}_4|/C_4$）。

表7–1　上、下阻尼器的油膜刚度系数和阻尼系数

| 阻尼器 | 刚度系数 | 阻尼系数 |
|---|---|---|
| 上阻尼器 | $k_{\mathrm{r1}}=-\dfrac{8\mu_1\Omega R_1L_1^{\ 3}}{C_1^{\ 3}}\dfrac{\epsilon_1}{(1-\epsilon_1^{\ 2})^2}$ | $c_{\mathrm{t1}}=\dfrac{2\pi\mu_1R_1L_1^{\ 3}}{C_1^{\ 3}}\dfrac{1}{(1-\epsilon_1^{\ 2})^{3/2}}$ |
| 下阻尼器 | $k_{\mathrm{r4}}=-\dfrac{24\mu_4\Omega R_4^{\ 3}L_4}{C_4^{\ 3}}\dfrac{\epsilon_4}{(2+\epsilon_4^{\ 2})(1-\epsilon_4^{\ 2})}$ | $c_{\mathrm{t4}}=-\dfrac{12\pi\mu_4R_4^{\ 3}L_4}{C_4^{\ 3}}\dfrac{1}{(2+\epsilon_4^{\ 2})(1-\epsilon_4^{\ 2})^{1/2}}$ |

特别地，当阻尼器轴颈的偏心率较小时（一般认为 $\epsilon<0.2$ 时），上、下阻尼器的阻尼系数按照一阶泰勒公式展开近似为

$$c_{\mathrm{t1}}\approx\frac{2\pi\mu_1R_1L_1^3}{C_1^3}，\ c_{\mathrm{t4}}\approx\frac{6\pi\mu_4R_4^3L_4}{C_4^3} \tag{7–2}$$

可见，在小偏心率下，阻尼器的阻尼系数可近似为一个仅与阻尼器结构参数有关的量。

## 7.4　稳态动力学方程的求解

由振动理论知，稳态下系统做同频的强迫振动，故设系统的稳态解为

$$\boldsymbol{z}=\bar{\boldsymbol{z}}\mathrm{e}^{i\Omega t} \tag{7–3}$$

代入式（7–1）整理后有

$$(-\Omega^2\boldsymbol{M}-\Omega^2\boldsymbol{H}+\mathrm{i}\Omega\boldsymbol{C}+\boldsymbol{K})\bar{z}=\Omega^2\bar{\boldsymbol{U}} \tag{7-4}$$

从而有

$$\bar{\boldsymbol{z}}=(-\Omega^2\boldsymbol{M}-\Omega^2\boldsymbol{H}+\mathrm{i}\Omega\boldsymbol{C}+\boldsymbol{K})^{-1}\Omega^2\bar{\boldsymbol{U}} \tag{7-5}$$

很明显，由于非线性油膜刚度和阻尼系数存在，人们很难求得式（7–5）的解析解，需要采用数值计算方法进行求解。

由式（7–5）可知，在给定的转速下，对于任意给定的上、下阻尼器的轴颈偏心率 $\boldsymbol{X}=\{\epsilon_1, \epsilon_4\}^{\mathrm{T}}$，系统振幅向量 $\bar{\boldsymbol{z}}$ 是 $\boldsymbol{X}$ 的函数，即

$$\bar{\boldsymbol{z}}=f(\boldsymbol{X})=(-\Omega^2\boldsymbol{M}-\Omega^2\boldsymbol{H}+\mathrm{i}\Omega\boldsymbol{C}+\boldsymbol{K})^{-1}\Omega^2\bar{\boldsymbol{U}} \tag{7-6}$$

由函数值 $\bar{\boldsymbol{z}}$ 可得上、下阻尼器轴径偏心率为

$$\tilde{\boldsymbol{X}}=\left\{\frac{|\bar{z}_1|}{C_1},\frac{|\bar{z}_4|}{C_4}\right\}^{\mathrm{T}} \tag{7-7}$$

定义 $\boldsymbol{X}$ 与 $\tilde{\boldsymbol{X}}$ 之间的差函数为

$$\boldsymbol{\varphi}(\boldsymbol{X})=\{\phi_1(\boldsymbol{X}),\phi_4(\boldsymbol{X})\}^{\mathrm{T}}=\boldsymbol{X}-\tilde{\boldsymbol{X}} \tag{7-8}$$

则当 $\boldsymbol{X}=\tilde{\boldsymbol{X}}$ 时，即 $\boldsymbol{\varphi}(\boldsymbol{X})=0$ 时，求得的函数值就是方程（7–6）的解。这样求解非线性方程（7–6）的问题就转变为求解方程（7–7）零解的问题。目前，求解非线性方程零解的方法有很多，其中牛顿迭代法因为收敛速度快而被广泛采用。根据牛顿迭代法，可构建如式（7–9）所示的迭代格式：

$$\boldsymbol{X}^{k+1}=\boldsymbol{X}^k-\boldsymbol{G}^{-1}(\boldsymbol{X}^k)\boldsymbol{\varphi}(\boldsymbol{X}^k) \tag{7-9}$$

其中，$\boldsymbol{G}(\boldsymbol{X}^k)$ 为 $\boldsymbol{\varphi}(\boldsymbol{X})$ 在 $\boldsymbol{X}=\boldsymbol{X}^k$ 时的雅可比矩阵，即

$$\boldsymbol{G}(\boldsymbol{X}^k)=\begin{bmatrix}\dfrac{\partial\phi_1}{\partial\epsilon_1}(\boldsymbol{X}^k) & \dfrac{\partial\phi_4}{\partial\epsilon_1}(\boldsymbol{X}^k)\\ \dfrac{\partial\phi_1}{\partial\epsilon_4}(\boldsymbol{X}^k) & \dfrac{\partial\phi_4}{\partial\epsilon_4}(\boldsymbol{X}^k)\end{bmatrix} \tag{7-10}$$

对于迭代方程的控制，这里采用循环次数和相对误差共同来进行。相对误差用式（7–11）进行计算：

$$\varepsilon=\frac{\boldsymbol{\varphi}^{\mathrm{T}}(\boldsymbol{X}^k)\boldsymbol{\varphi}(\boldsymbol{X}^k)}{(\boldsymbol{X}^k)^{\mathrm{T}}\boldsymbol{X}^k} \tag{7-11}$$

牛顿迭代法的迭代步骤如下：

（1）给定初值 $\boldsymbol{X}_0$、收敛精度 $\varepsilon_0$ 和最大循环次数 $N$。

（2）将 $\boldsymbol{X}_0$ 代入方程（7–6），求出 $\bar{\boldsymbol{z}}^0$ 。

（3）计算 $\varphi(\boldsymbol{X}^0)$ 和 $\boldsymbol{G}(\boldsymbol{X}^0)$ 。

（4）由式（7–9）求出 $\boldsymbol{X}_1$。

（5）计算相对误差 $\varepsilon$，若相对误差满足 $\varepsilon \leqslant \varepsilon_0$，则求解结束；否则令 $\boldsymbol{X}_0 = \boldsymbol{X}_1$，返回步骤（2），继续求解。

（6）反复进行步骤（2）和（5），直至求得满足误差精度的解或达到最大搜寻次数为止。

虽然该方法收敛速度快，但是需要计算方程的导函数矩阵（雅可比矩阵），增加了计算工作量，同时牛顿迭代法对初值比较敏感，不合理的初值会使迭代发散，特别是在轴颈偏心率较大时，油膜动力特性系数存在很强的非线性，特别容易导致计算失败。因此，本书构建了混合粒子群算法用于计算方程（7–6）的解和牛顿迭代法求解方程失败的情况。

为了使用粒子群优化算法求解方程（7–6），需要构建优化目标函数。根据以上分析，针对方程（7–6），构建如式（7–12）所示的优化目标函数：

$$\min \varepsilon(\epsilon_1,\epsilon_4) = \frac{\varphi^{\mathrm{T}}(\boldsymbol{X})\varphi(\boldsymbol{X})}{(\tilde{\boldsymbol{X}})^{\mathrm{T}}\tilde{\boldsymbol{X}}} \tag{7–12}$$

其中，变量 $\epsilon_1$ 与 $\epsilon_4$ 需满足的条件为

$$0 \leqslant \epsilon_1 < 1,\quad 0 \leqslant \epsilon_4 < 1 \tag{7–13}$$

可以看到，当式（7–12）的最小值为 0 时，所求即为非线性方程式（7–6）的解。这样一来，对式（7–6）的求根过程，就转换成了对函数式（7–8）的寻优过程。

在标准的粒子群算法中，对于最优粒子，在其迭代过程中，能够使用的信息只有自身经过的最佳位置，信息量少，寻优速度慢。因此，为了加快算法的寻优速度，本书对该算法进行了改进，采用牛顿迭代法与粒子群法混合的迭代算法。在该算法中，对于最优粒子按照牛顿迭代法进行下一步的迭代计算，其他粒子依然按照标准格式的粒子群优化算法进行下一步的迭代计算。改进后

的粒子群算法的具体迭代格式为：

$$\begin{cases} \boldsymbol{X}_i^{k+1} = \text{Griend}(\boldsymbol{X}_g^k), \quad i = g \\ \boldsymbol{v}_i^{k+1} = w_i \boldsymbol{v}_i^k + s_1 r_1 [\boldsymbol{P}_i^k - \boldsymbol{X}_i^k] + s_2 r_2 [\boldsymbol{G}^k - \boldsymbol{X}_i^k], \quad i \neq g \\ \boldsymbol{X}_i^{k+1} = \boldsymbol{X}_i^k + \boldsymbol{v}_i^k, \quad i \neq g \end{cases} \tag{7-14}$$

式中：$\boldsymbol{X}_g^k$ 为全局最优粒子 $g$ 在第 $k$ 迭代步的迭代值；$\text{Griend}(\boldsymbol{X}_g^k)$ 为按照牛顿迭代法对粒子全局最优粒子进行迭代计算；$\boldsymbol{X}_i$ 为粒子 $i$ 的位置，$\boldsymbol{X}_i = \{\epsilon_1, \epsilon_4\}_i$；$\boldsymbol{v}_i$ 为粒子 $i$ 的飞行速度，$\boldsymbol{v}_i = \{v_1, v_4\}_i$；$w_i$ 为粒子 $i$ 的惯性权重，通常取 0 ～ 2；$\boldsymbol{P}_i^k$ 为粒子 $i$ 在前 $k$ 迭代步所经历过的最优位置；$\boldsymbol{G}^k$ 为当前种群中最好的粒子位置；$s_1$ 和 $s_2$ 为粒子的加速常数，常取 0 ～ 2；$r_1$ 和 $r_2$ 为两个在 [0,1] 内的随机数。

按照粒子群算法的基本格式，其迭代过程如图 7-2 所示：

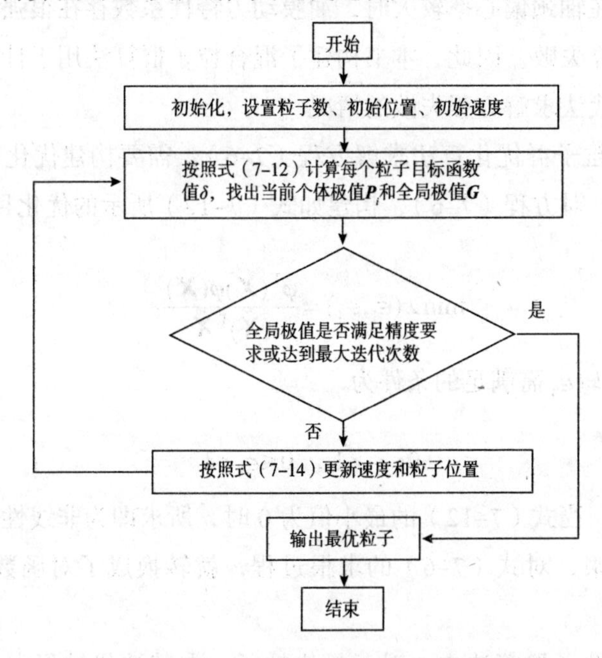


**图 7-2　混合粒子群算法流程图**

该算法具有良好的收敛性，调节惯性权重和加速常数可以避免迭代过程收敛于局部最优解，适用于具有强非线性特征的方程求解，缺点是计算量大。

转子系统的外传力分析是稳态分析的另一项重要内容。对于本书提出的

储能飞轮系统，由于上支承刚度远低于下支承刚度，且上阻尼器的共振频率远离转子的工作转速，下阻尼器的共振频率位于工作转速范围内，所以本书仅对下轴承处的外传力进行分析。

由牛顿第三定律可知，下轴承处的外传力由 O 形圈和油膜的弹性力和阻尼力两部分构成，大小分别为：

弹性力

$$F_{\mathrm{N}} = k_4 \bar{z}_4 + k_{\mathrm{r}4} \bar{z}_4 \tag{7-15}$$

阻尼力

$$F_{\mathrm{T}} = c_{\mathrm{o}4} \dot{\bar{z}}_4 + c_{\mathrm{t}4} \dot{\bar{z}}_4 \tag{7-16}$$

由于弹性力和阻尼力是正交力，所以总的外传力大小为

$$F_4 = \sqrt{F_{\mathrm{N}}^2 + F_{\mathrm{T}}^2} = \sqrt{(k_4 + k_{\mathrm{r}4})^2 + (c_{\mathrm{o}4} + c_{\mathrm{t}4})^2 \Omega^2}\,|\bar{z}_4| \tag{7-17}$$

## 7.5　结果与讨论

由前述内容可知，本书提出的大容量储能飞轮转子系统的动力学参数如表 7-2 所示。

表7-2　储能飞轮转子系统的结构和特性参数

| 上阻尼器 | | 下阻尼器 | | 飞轮转子 | |
|---|---|---|---|---|---|
| 参　数 | 数　值 | 参　数 | 数　值 | 参　数 | 数　值 |
| $k_1$/( ×10⁴ N·m⁻¹ ) | 0.15 | $k_3$/( ×10⁶ N·m⁻¹ ) | 0.58 | $M$/kg | 110 |
| $k_2$/( ×10⁴ N·m⁻¹ ) | 1.50 | $k_4$/( ×10⁶ N·m⁻¹ ) | 1.62 | $J_{\mathrm{p}}$/（kg·m²） | 1.2375 |
| $k_{\mathrm{u}}$/( ×10⁴ N·m⁻¹ ) | 2.17 | $m_4$/kg | 0.72 | $J_{\mathrm{d}}$/（kg·m²） | 0.9854 |
| $m_1$/kg | 4.75 | $C_4$/mm | 1 | $B$/m | 0.20 |
| $C_1$/mm | 1 | $L_4$/mm | 40 | $l'$/m | 0.19 |
| $L_1$/mm | 20 | $R_4$/mm | 23.5 | $l_{\mathrm{u}}$/m | 0.07 |
| $R_1$/mm | 56 | $c_{\mathrm{o}4}$/（N·s·m⁻¹） | 660 | — | — |

续表7-2

| 上阻尼器 | | 下阻尼器 | | 飞轮转子 | |
|---|---|---|---|---|---|
| 参　数 | 数　值 | 参　数 | 数　值 | 参　数 | 数　值 |
| $\mu_1$/（Pa・s） | 0.1 | $\mu_1$/（Pa・s） | 0.1 | — | — |
| $c_1$/（N・s・m$^{-1}$） | 281 | $c_4$/（N・s・m$^{-1}$） | 1 639 | — | — |

## 7.5.1　不平衡响应

1. 不平衡响应特点

图 7–3 为储能飞轮转子系统的不平衡响应曲线。其中，图 7–3（a）是转子在仅有静不平衡量下的不平衡响应曲线，飞轮上、下端面的不平衡质量为 $\bar{U}_1=\bar{U}_2=10.0\times10^{-4}$ kg・m；图 7–3（b）是转子在仅有动不平衡量下的稳态不平衡响应曲线，飞轮上、下端面的不平衡质量为 $\bar{U}_1=-\bar{U}_2=10.0\times10^{-4}$ kg・m。图 7–3 中，$z_1$、$z_2$、$z_3$、$z_4$ 分别表示上阻尼器、飞轮上端面、飞轮下端面和下阻尼器处的振动量。

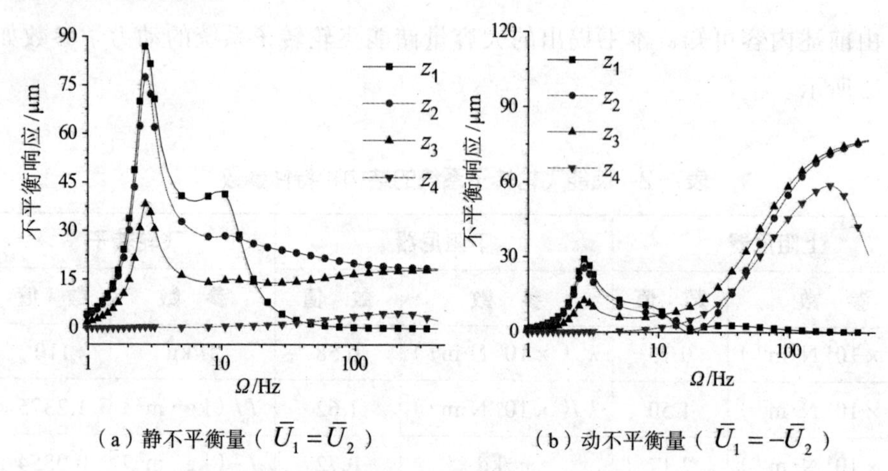


（a）静不平衡量（ $\bar{U}_1=\bar{U}_2$ ）　（b）动不平衡量（ $\bar{U}_1=-\bar{U}_2$ ）

**图 7–3　飞轮转子系统的不平衡响应曲线**

由图 7–3（a）可知，系统存在 3 个临界转速，依次是 2.7 Hz、11.3 Hz 和 206 Hz。对于飞轮转子，在一阶临界转速处，飞轮上、下端面的振动峰值分别为 78 μm 和 39 μm；在二阶临界转速处，飞轮转子出现一次不明显的共振响应，对应的振幅为 28 μm 和 15 μm；高速下，飞轮转子未出现共振响应，飞

轮上端面的振幅持续减小，下端面的振幅持续增加，均逐渐趋向于 20 μm。上阻尼器在一阶临界转速处的共振峰值为 87 μm，在二阶临界转速处的共振峰值为 48 μm，高速下的振幅几乎为 0。下阻尼器在一阶临界转速和二阶临界转速处的共振峰值很小，在三阶临界转速处的峰值最大，约为 3.8 μm。

图 7–3（b）可知，在动不平衡量的激励下，在一阶临界转速处，飞轮上、下端面的振动峰值约为 28 μm 和 14 μm；在二阶临界转速处，转子未出现共振响应，在转速为 10.5 Hz 时，飞轮上端面出现反共振现象，振动量几乎为 0；高速下，飞轮上、下端面的振幅均持续增加，并逐渐趋向于 80 μm。对于上阻尼器，在一阶临界转速处的振动峰值为 30 μm，在 10.5 Hz 附近出现反共振，在 32.1 Hz 再次出现振动峰值（其值为 2.7 μm），高速下则振幅几乎为 0。对于下阻尼器，三阶临界转速处的共振峰值最大，约为 58 μm。

由此可知，动不平衡量可以明显增加飞轮转子和下阻尼器高速下的振动量。高速下，飞轮转子在 $\bar{U}_1=-\bar{U}_2$ 时的振动量是 $\bar{U}_1=\bar{U}_2$ 时的 4 倍，这对飞轮转子的运转是十分不利的，所以为了保证飞轮转子能够稳定地运行，飞轮转子必须经过严格的动平衡。

2. 上支承参数对不平衡响应的影响

（1）上阻尼系数。图 7–4（a）～（c）为不同上阻尼系数（$c_1$）下的上阻尼器（$z_1$）和飞轮上端面（$z_2$）的不平衡响应曲线。如图 7–4（a）～（c）所示，随着上阻尼系数的依次增加，系统一阶临界转速增加，对应的上阻尼器的不平衡响应依次减小，飞轮上端面的不平衡响应先减小后增加。图 7–4（d）显示了飞轮上端面在一阶临界处的不平衡响应与上阻尼系数的变化关系，可以看到在 $c_1\approx$ 590 N · s/m 处，飞轮上端面的不平衡响应达到最小。高速下，上阻尼系数对上阻尼器和飞轮上端面不平衡响应均无影响。因此，为了降低飞轮在一阶临界转速处的共振峰值，应选择最佳的上阻尼器系数。对于本例，上阻尼系数的最佳值约为 590 N · s/m。

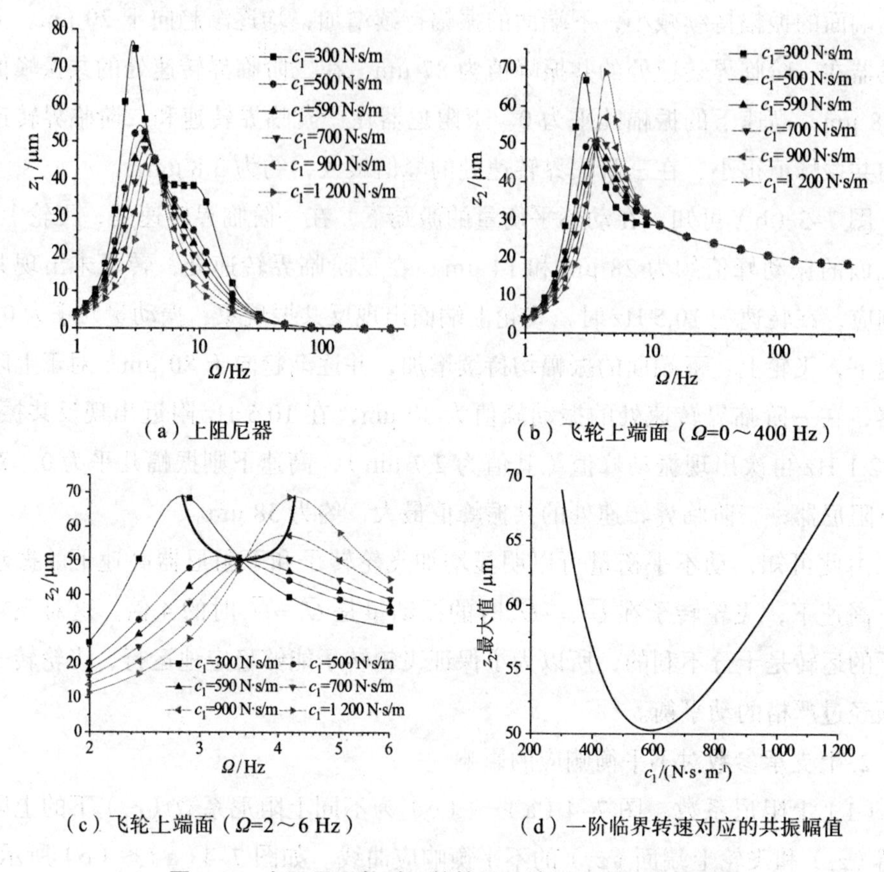


（a）上阻尼器　（b）飞轮上端面（$\Omega$=0～400 Hz）

（c）飞轮上端面（$\Omega$=2～6 Hz）　（d）一阶临界转速对应的共振幅值

**图 7-4　上阻尼系数对飞轮转子系统不平衡响应的影响**

（2）上阻尼器刚度。在上阻尼器刚度（$k_1$）分别取 500 N/m、1 000 N/m、3 000 N/m 和 5 000 N/m，上阻尼系数等于最佳值的条件下，计算得到了上阻尼器和飞轮上端面的不平衡响应曲线，如图 7-5 所示。由此可知，在最佳上阻尼系数下，上阻尼器刚度仅对转子越过一阶临界转速时的不平衡响应有小幅度影响，且上阻尼器刚度越小，不平衡响应幅值越小。

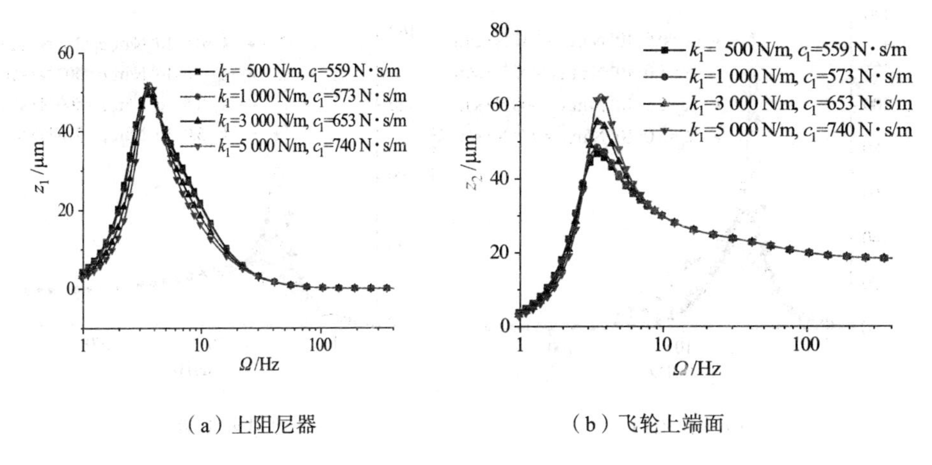


（a）上阻尼器　　（b）飞轮上端面

**图 7-5　不同上阻尼器刚度下的飞轮转子系统的不平衡响应曲线**

特别地，当 $k_1$ = 500 N/m、1 000 N/m、3 000 N/m 和 5 000 N/m 时，在一阶临界转速处，上阻尼器的最大振幅基本相等，飞轮上端面的最大振幅依次为 46.7 μm、48.5 μm、55.7 μm 和 62.9 μm。因此，为了降低飞轮转子越过一阶临界转速时的振动峰值，上阻尼器刚度应尽可能低。对于本例，为了保证阻尼器的轴向稳定性，上阻尼器还需承受少量的轴向负载，合适的上阻尼器刚度为 1 000 ～ 2 000 N/m。

（3）径向 PMB 刚度。在径向 PMB 刚度（$k_u$）分别等于 $0.5\times10^4$ N/m、$1.0\times10^4$ N/m、$2.5\times10^4$ N/m 和 $5.0\times10^4$ N/m，上阻尼系数等于最佳值的条件下，计算得出了上阻尼器和飞轮上端面的不平衡响应曲线，如图 7-6 所示。由图 7-6 可知，在最佳上阻尼系数下，径向 PMB 刚度对系统在一阶临界转速处的不平衡响应有较大影响。在 $k_u$=$0.5\times10^4$ N/m、$1.0\times10^4$ N/m、$2.5\times10^4$ N/m 和 $5.0\times10^4$ N/m 时，在一阶临界转速处，飞轮上阻尼器处的不平衡响应依次为 131 μm、76.0 μm、52.6 μm 和 38.1 μm，上端面处的不平衡响应依次为 158 μm、84.8 μm、48.7 μm 和 34.6 μm。可见，随着径向 PMB 刚度的增加，飞轮转子的不平衡响应减小，不平衡响应的变化幅度降低。

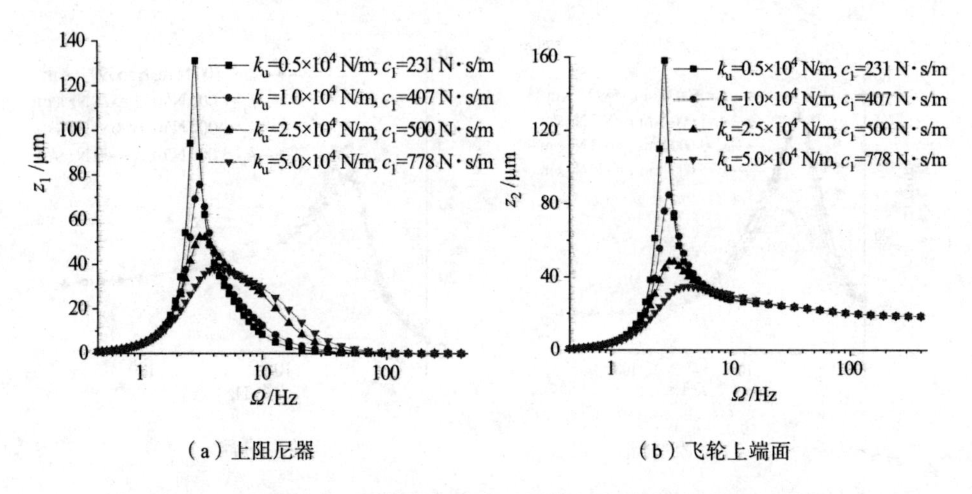


（a）上阻尼器　　（b）飞轮上端面

**图 7-6　不同径向 PMB 刚度下的飞轮转子系统的不平衡响应曲线**

因此，在设计径向 PMB 时，其刚度值应选择一个适中的值，这样一方面可以有效降低飞轮转子系统在一阶临界转速处的不平衡响应，另一方面可以降低磁轴承的体积。对于本例来说，径向 PMB 刚度应为（2.0 ～ 2.5）× $10^4$ N/m。

（4）轴向 PMB 刚度。图 7-7 给出了不同轴向 PMB 刚度（$k_2$）下上阻尼系数等于最佳值时的系统不平衡响应曲线。如图 7-7 所示，在最佳上阻尼系数下，轴向 PMB 刚度仅对系统越过一阶临界转速时的不平衡响应有明显影响，其刚度越大，不平衡响应越大。在 $k_2$=1.0 × $10^4$ N/m、1.5 × $10^4$ N/m、2.0 × $10^4$ N/m 和 4.0 × $10^4$ N/m 时，飞轮上端面在一阶临界转速处的不平衡响应依次为 43.7 μm、50.7 μm、65.0 μm、85.4 μm，上阻尼器处的不平衡响应依次为 42.4 μm、50.3 μm、65.4 μm、86.9 μm。可见，降低轴向 PMB 刚度，就可以降低飞轮转子系统在一阶临界处的不平衡响应。但是，由于系统还受到电机的磁拉力、飞轮的重力等某些因素的影响，过低的轴向 PMB 刚度不利于支承结构的稳定，所以在设计轴向 PMB 时，其刚度 $k_2$ 也不宜过低。对于本书设计的轴向 PMB，其轴向刚度的实测值为 1.52 × $10^4$ N/m，可满足要求。

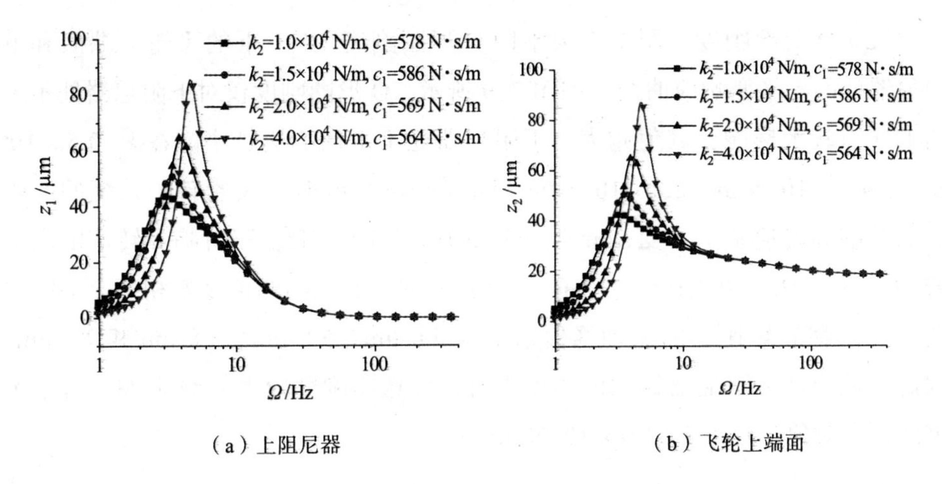


（a）上阻尼器　　（b）飞轮上端面

**图 7-7　不同轴向 PMB 刚度下的飞轮转子系统的不平衡响应曲线（$\Omega$=0 ～ 400 Hz）**

3. 下支承参数对不平衡响应的影响

（1）枢轴刚度。图 7-8 给出了不同枢轴刚度（$k_3$）下的飞轮上端面（$z_2$）和下阻尼器（$z_4$）处的不平衡响应曲线。如图 7-8 所示，枢轴刚度仅对下阻尼器处不平衡响应有明显影响。在 $k_3$=0.25 × 10⁶ N/m、0.5 × 10⁶ N/m、1.0 × 10⁶ N/m 和 2.0 × 10⁶ N/m 时，系统的三阶临界转速依次为 132 Hz、169 Hz、203 Hz、260 Hz，下阻尼器在三阶临界处的共振振幅依次为 2.1 μm、3.7 μm、6.1 μm 和 9.7 μm。可见，增加枢轴刚度，系统的三阶临界转速和下阻尼器处的振幅增加。因此，设计枢轴时，在保证枢轴结构强度的前提下，应尽可能地降低枢轴刚度，在本例中，枢轴刚度宜选在（0.5 ～ 0.9）× 10⁶ N/m。

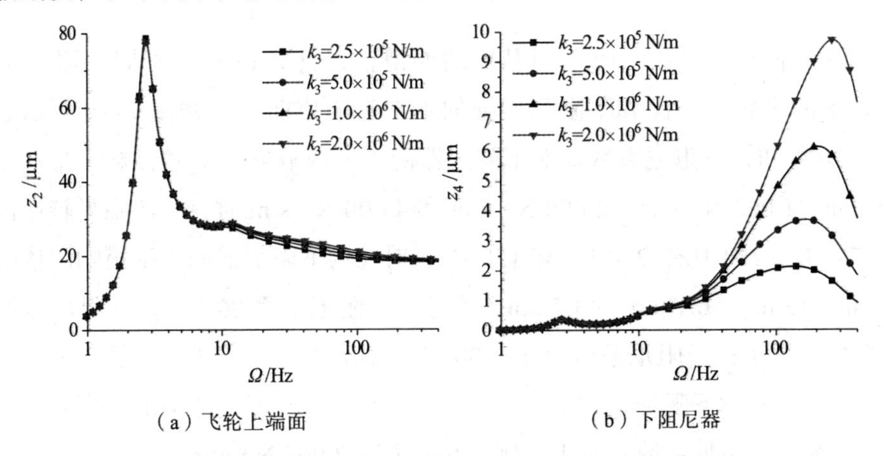


（a）飞轮上端面　　（b）下阻尼器

**图 7-8　不同枢轴刚度下的飞轮转子系统的不平衡响应曲线**

（2）O 形圈刚度。图 7–9 为不同 O 形圈刚度（$k_4$）下的飞轮上端面和下阻尼器处的不平衡响应曲线。如图 7–9 所示，O 形圈刚度仅对下阻尼器处不平衡响应有较大影响，其值越大，下阻尼器处不平衡响应越小。在 $k_4=0.5\times10^6$ N/m、$1.0\times10^6$ N/m、$2.0\times10^6$ N/m 和 $4.0\times10^6$ N/m 时，飞轮转子系统的一阶和二阶临界转速基本不变，分别为 2.75 Hz 和 10.6 Hz，三阶临界转速依次为 97 Hz、132 Hz、203 Hz、312 Hz，飞轮上端面的振动幅值基本相等，下阻尼器在三阶临界转速处的振动峰值依次为 6.0 μm、5.0 μm、3.8 μm 和 2.7 μm。因此，从降低下阻尼器振动的角度来看，应选用刚度较大的 O 形圈。对于本书的研究对象，建议 $k_4>1.0\times10^6$ N/m。

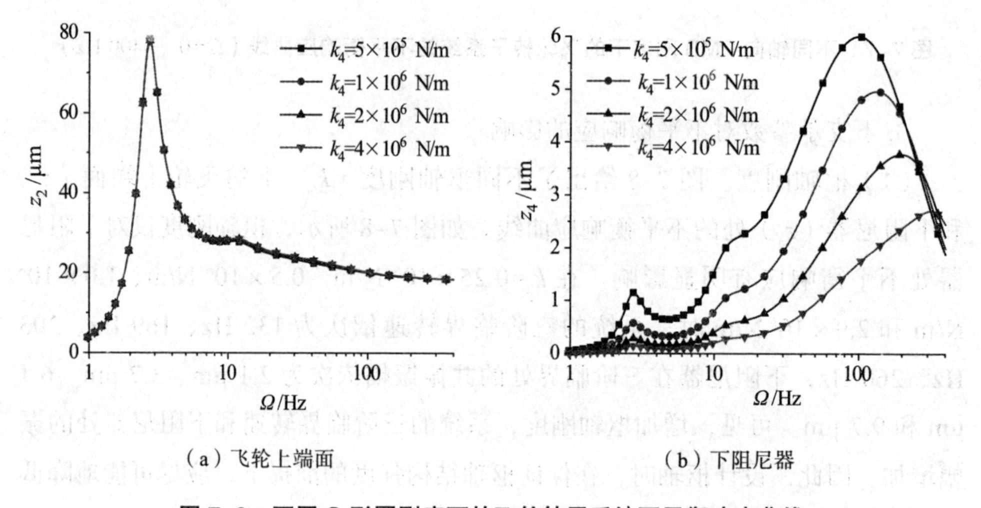


图 7–9 不同 O 形圈刚度下的飞轮转子系统不平衡响应曲线

（3）下阻尼系数。取不同黏度的润滑油，计算得到了不同下阻尼系数（$c_4$）下的飞轮上端面和下阻尼器处的不平衡响应曲线，如图 7–10 所示。由图 7–10 可知，下阻尼系数仅对下阻尼器的不平衡响应有明显影响。在 $c_4$=500 N · s/m、1 000 N · s/m、2 000 N · s/m 和 4 000 N · s/m 时，三阶临界转速依次为 277 Hz、260 Hz、230 Hz 和 150 Hz，对应的下阻尼器的不平衡响应依次为 23 μm、12 μm、6.1 μm 和 3.7 μm。可见，下阻尼器系数越大，下阻尼器的不平衡响应越小；当阻尼系数小于 1 000 N · s/m 时，下阻尼器不平衡响应增幅较大，说明此时下阻尼系数不足。因此，从降低下阻尼器振动的角度来看，应选择较大的下阻尼系数，对于本例，其应大于 2 000 N · s/m。

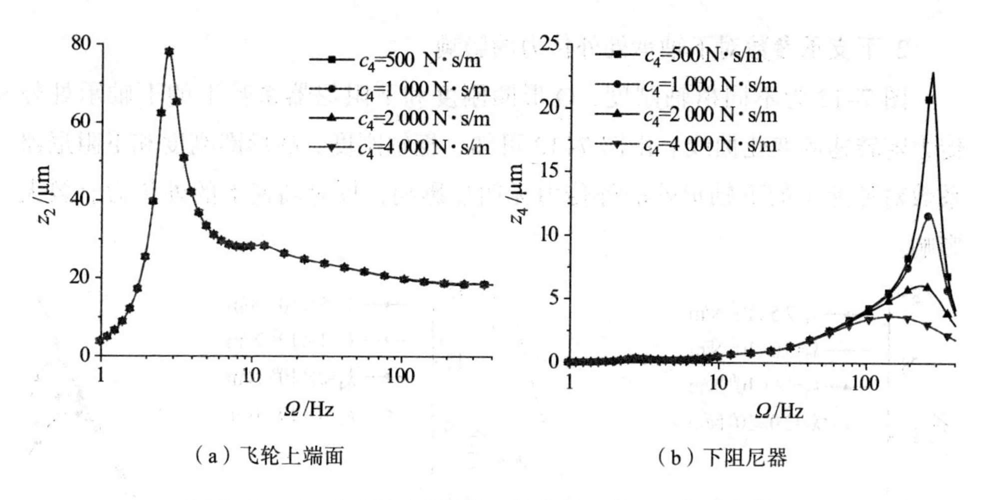


（a）飞轮上端面　　　　（b）下阻尼器

**图 7-10　不同下阻尼系数的飞轮转子系统不平衡响应曲线**

## 7.5.2　下轴承处的外传力

1. 下轴承处的外传力特点

图 7-11 为下轴承处的外传力随转子转速的变化曲线。由图 7-11 可知，转速小于 10.5 Hz 时，下轴承处的外传力很小；转速大于 10.5 Hz 时，随着转速的增加，下轴承处的外传力先增加后减小，在转子转速约为 260 Hz 时，下轴承处的外传力达到最大。在不平衡量为静不平衡量时，最大外传力约为 10.1 N，在不平衡量为动不平衡量时，最大外传力约为 158 N。可见，动不平衡量会大幅度增加下轴承处的外传力，增加系统的能量损耗。

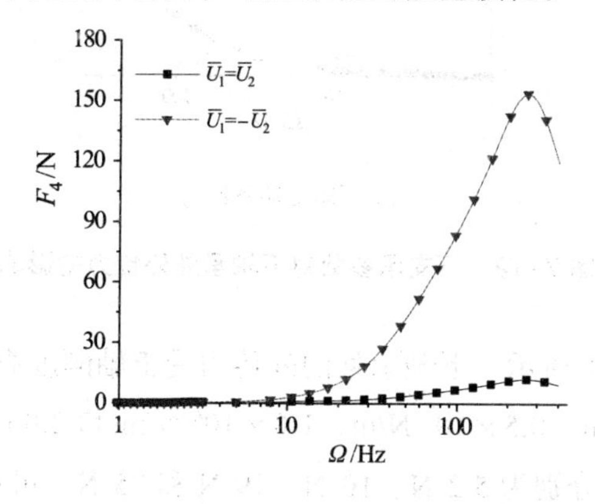


**图 7-11　下轴承处的外传力随转子转速的变化曲线**

2. 下支承参数对下轴承处外传力的影响

图 7-12 为不同枢轴刚度、O 形圈刚度和下阻尼器系数下的下轴承处外传力随转速的变化曲线。由图 7-12 可知，枢轴刚度、O 形圈刚度和下阻尼器系数对低速下的下轴承处的外传力无明显影响，仅对高速下的外传力有较大影响。

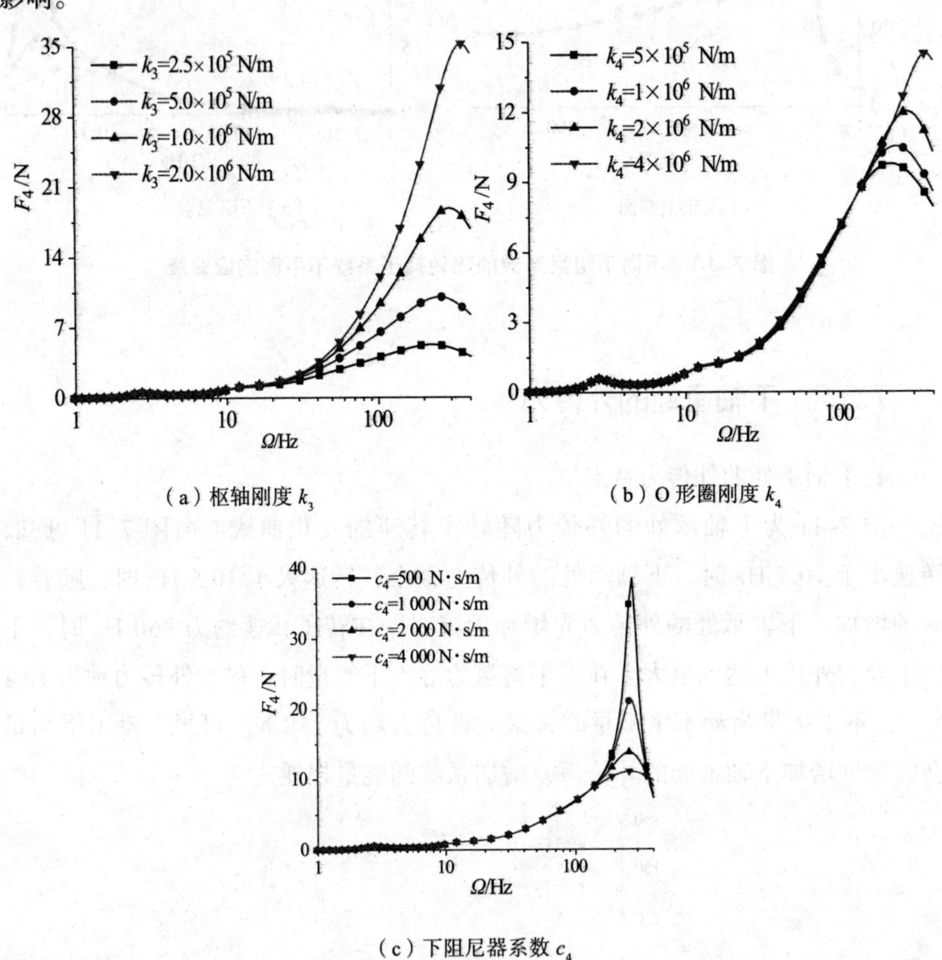


（a）枢轴刚度 $k_3$

（b）O 形圈刚度 $k_4$

（c）下阻尼器系数 $c_4$

**图 7-12　下支承参数对下轴承处外传力的影响**

如图 7-12（a）所示，下轴承处的外传力受枢轴刚度影响较大，枢轴刚度 $k_3$ 为 $0.25\times10^6$ N/m、$0.5\times10^6$ N/m、$1.0\times10^6$ N/m 和 $2.0\times10^6$ N/m 时，下轴承处外传力的峰值分别为 5.2 N、10 N、19 N 和 35 N。可见，枢轴刚度越大，外传力越大。

如图 7–12（b）所示，O 形圈刚度对下轴承处的外传力有小幅影响，O 形圈刚度 $k_4$ 为 $0.5 \times 10^6$ N/m、$1.0 \times 10^6$ N/m、$2.0 \times 10^6$ N/m 和 $4.0 \times 10^6$ N/m 时，外传力的峰值分别为 9.7 N、10.5 N、12.0 N 和 14.5 N。这说明 O 形圈刚度越大，下轴承处的外传力越大。

如图 7–12（c）所示，下阻尼系数对下轴承处的外传力影响最为明显，在下阻尼系数 $c_4$ 分别为 500 N · s/m、1 000 N · s/m、2 000 N · s/m 和 4 000 N · s/m 时，外传力的峰值分别为 38.5 N、21.1 N、13.8 N 和 11.0 N。可见，下阻尼系数越大，下轴承处的外传力越小，当下阻尼系数小于 1 000 N · s/m 时，外传力迅速增加，表示系统阻尼严重不足；当阻尼系数大于 2 000 N · s/m 后，下阻尼系数变化对下轴承处的外传力影响较小。

综上所述，为了减小下轴承处的外传力，应尽可能地减小枢轴刚度和 O 形圈刚度，增大下阻尼系数。

根据以上分析内容，为了降低飞轮转子系统的稳态不平衡响应，降低下轴承的外传力，设计的系统的动力学特性参数如表 7–3 所示。

表7–3　基于飞轮转子系统稳态特性设计的动力学特性参数

| 上阻尼器 | | 下阻尼器 | |
| --- | --- | --- | --- |
| 参　数 | 数　值 | 参　数 | 数　值 |
| $k_1$/（×$10^4$ N·$m^{-1}$） | 0.1 ～ 0.2 | $k_3$（×$10^6$ N · $m^{-1}$） | 0.5 ～ 1.0 |
| $k_2$/（×$10^4$ N·$m^{-1}$） | < 2.0 | $k_4$（×$10^6$ N · $m^{-1}$） | 1.0 ～ 1.5 |
| $k_u$/（×$10^4$ N·$m^{-1}$） | 2.0 ～ 2.5 | $c_4$（N · s · $m^{-1}$） | >2 000 |
| $c_1$/（N·s·$m^{-1}$） | 590 | — | — |

## 7.6　储能飞轮系统的不平衡响应测试

### 7.6.1　不平衡响应测试系统

图 7–13 为设计的储能飞轮试验样机及其不平衡响应测试系统。储能飞

轮样机的上阻尼器为带铜质悬摆件的径向 PMB 激励式 TMD，其共振频率为 11.3 Hz，阻尼器半径间隙为 1 mm，阻尼油为 L–AN 68 号机械油；下阻尼器的半径间隙同为 1 mm，阻尼油同为 L–AN 68 号机械油；环境温度约 18℃；其他参数如表 7–2 所示。如图 7–13 所示，两个电涡流传感器分别置于储能飞轮样机的飞轮上端面和下阻尼器处，用于测量这两个位置的位移信号。由电涡流传感器测量到的位移信号，经信号调理仪和数据采集箱采集后传于电脑，由信号分析系统分析记录。

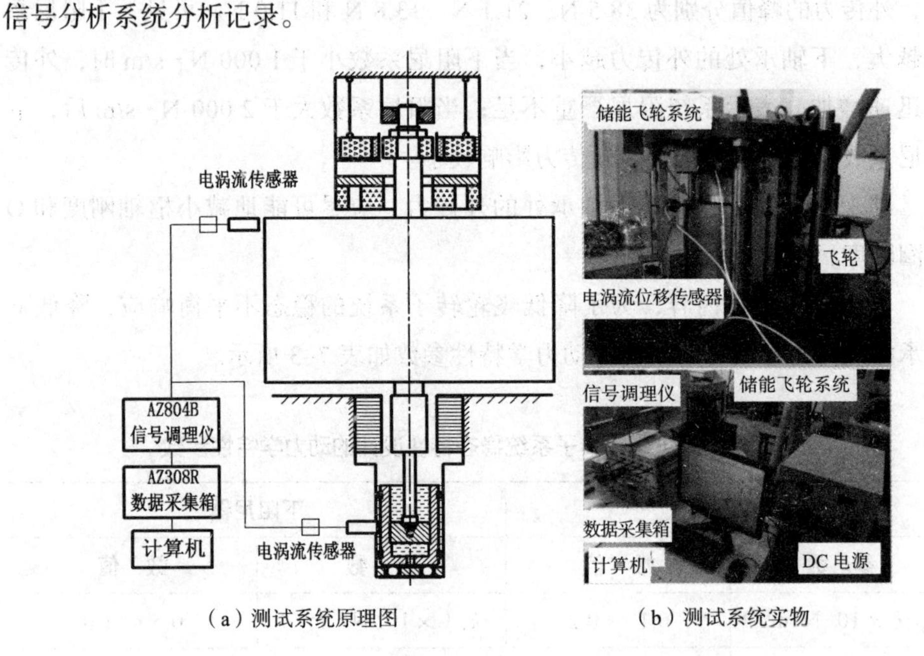


（a）测试系统原理图　　（b）测试系统实物

**图 7–13　储能飞轮转子系统的不平衡响应测试系统**

## 7.6.2　结果与讨论

图 7–14 为飞轮上端面和下阻尼器处的不平衡响应曲线。其中，计算值是在 $\bar{U}_1 = 0.0005$ kg · m（相位角 0°）和 $\bar{U}_2 = 0.0005$ kg · m（相位角 30°）的条件下计算得到的，该不平衡量基于刚性转子的两面影响系数法，通过简易的动平衡试验测试获得。如图 7–14 所示，实测的和计算的不平衡响应值随转速变化规律基本一致。在低速阶段，不平衡响应的测试值与理论计算值有较大误差，测试的一阶临界转速约为 1 Hz，对应的飞轮上端面的不平衡响应峰值约

为 90 μm，而计算的一阶临界转速约为 2.5 Hz，对应的飞轮上端面的不平衡响应峰值约为 60 μm。飞轮转子在越过一阶临界转速后不平衡响应的计算值与测试值基本吻合，实测的飞轮上端面的不平衡响应值维持在 20 μm 左右，这说明本书建立的理论动力学模型基本正确，基本能够反映出实际飞轮转子系统的动力学性能。

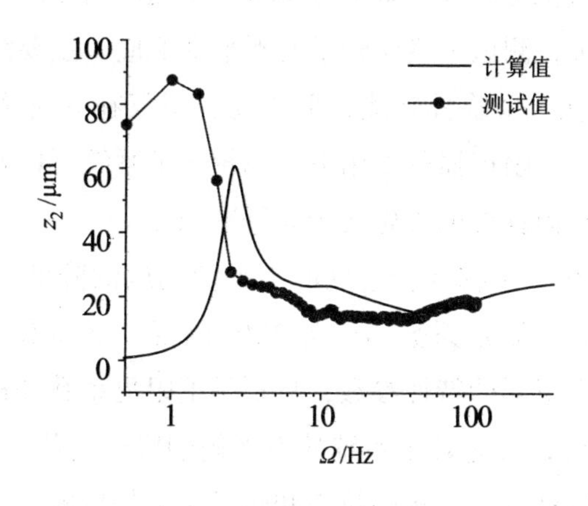


（a）飞轮上端面

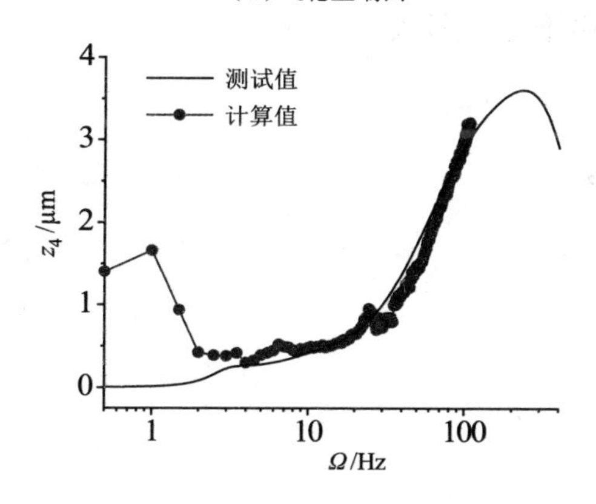


（b）下阻尼器

**图 7–14　储能飞轮转子系统的不平衡响应曲线**

## 7.7 本章小结

本章基于含耗散力的第二类拉格朗日方程，建立了储能飞轮转子系统的稳态动力学模型，进而分析了飞轮转子系统的稳态不平衡响应和轴承外传力，制作了储能飞轮样机，测试了飞轮转子的不平衡响应。主要结论如下：

（1）系统共存在 3 个临界转速，但飞轮转子仅在一阶临界转速处有明显的共振响应；在上、下阻尼器的作用下，飞轮转子系统可以顺利地越过一阶临界转速，高速下动平衡良好的飞轮转子运行平稳。

（2）飞轮转子在一阶临界转速处的不平衡响应的降低主要依靠上阻尼器的特性参数，特别是上阻尼系数和径向 PMB 刚度；下轴承的振动量和外传力的降低主要依靠下阻尼器的特性参数，特别是下阻尼系数和枢轴刚度。

（3）在高速阶段，飞轮转子系统的不平衡响应理论值与测试值基本吻合；在低速阶段，受安装精度、电机磁拉力和转子重力的影响，飞轮转子系统的不平衡响应理论值与测试值误差较大。

# 第8章　储能飞轮转子系统的稳定性分析

## 8.1　概述

为了避免非线性油膜力引起储能飞轮转子系统的稳态同步圆进动失稳，本章对飞轮转子系统的运动稳定性进行分析。主要内容如下：基于广义拉格朗日方程，建立等加速工况下的飞轮转子系统的瞬态动力学模型，通过求解转子的瞬态不平衡响应曲线判定系统的稳定性；基于李雅普诺夫稳定性准则，推导系统稳态圆进动下的线性扰动方程；通过上述方法分析飞轮转子系统稳态圆进动的稳定性；基于线性扰动方程，研究上、下阻尼器的主要参数对系统稳定性的影响。

## 8.2　上、下阻尼器的油膜力和动力特性系数

在分析飞轮转子系统的稳定性时，需要用到上、下阻尼器的油膜力及刚度系数和阻尼系数，故本节根据上、下阻尼器的结构特点给出阻尼器的稳态和瞬态油膜力及8个动力特性系数的计算方法。

### 8.2.1　上、下阻尼器的油膜力表达式

如前所述，上阻尼器的油膜力采用一端封口、一端开口的短轴承模型进行计算，根据润滑理论可知，在供油压力为环境大气压力的条件下，上阻尼器的轴颈在阻尼油内进动时，按照雷诺边界条件分析得到的径向油膜力 $F_{r1}$ 和周

向油膜力 $F_{t1}$ 的计算公式为

$$\begin{cases} F_{r1} = \dfrac{4\mu_1 R_1 L_1^3}{C_1^2}(\dot{\epsilon}_1 I_2 + \epsilon \dot{\psi}_1 I_1) \\ F_{t1} = \dfrac{4\mu_1 R_1 L_1^3}{C_1^2}(\dot{\epsilon}_1 I_1 + \epsilon \dot{\psi}_1 I_3) \end{cases} \tag{8-1}$$

式中：$I_1 = \int_{\theta_1}^{\theta_1+\pi} \dfrac{\sin\theta\cos\theta}{(1+\epsilon\cos\theta)^3}\mathrm{d}\theta$；$I_2 = \int_{\theta_1}^{\theta_1+\pi} \dfrac{\cos^2\theta}{(1+\epsilon\cos\theta)^3}\mathrm{d}\theta$；$I_3 = \int_{\theta_1}^{\theta_1+\pi} \dfrac{\sin^2\theta}{(1+\epsilon\cos\theta)^3}\mathrm{d}\theta$；

$\theta_1 = \arctan^{-1}\left(-\dfrac{\dot{\epsilon}_1}{\epsilon_1 \dot{\psi}_1}\right)$；$\theta$为周向坐标。

式（8–1）适用于轴颈做任意运动的情况。当转子做同心圆进动时，$\dot{\epsilon}=0$，从而可得 $\theta_1=\pi$。此时，积分 $I_1$、$I_2$ 和 $I_3$，并代入式（8–1）可得

$$\begin{cases} F_{r1} = \dfrac{\mu_1 R_1 L_1^3}{C_1^2}\left[\dfrac{8\Omega\epsilon_1^2}{(1-\epsilon_1^2)^2} + \dfrac{2\pi(1+2\epsilon_1^2)}{(1-\epsilon_1^2)^{5/2}}\dot{\epsilon}_1\right] \\ F_{t1} = \dfrac{\mu_1 R_1 L_1^3}{C_1^2}\left[\dfrac{2\pi\Omega\epsilon_1}{(1-\epsilon_1^2)^{3/2}} + \dfrac{8\epsilon_1}{(1-\epsilon_1^2)^2}\dot{\epsilon}_1\right] \end{cases} \tag{8-2}$$

式（8–2）即为按照索末菲（Sommerfeld）假设得到的短轴承油膜力表达式，该式仅适用于响应为稳态同心圆的情形。

下阻尼器的油膜力可采用两端封闭的长轴承模型计算，依据长轴承模型可知，在供油压力为环境大气压力条件下，按照雷诺边界条件分析得到的径向油膜力 $F_{r4}$ 和周向油膜力 $F_{t4}$ 的计算表达式为

$$\begin{cases} F_{r4} = R_4 L_4 \int_{\theta_1}^{\theta_1+\pi} p(\theta)\cos\theta\mathrm{d}\theta \\ F_{t4} = R_4 L_4 \int_{\theta_1}^{\theta_1+\pi} p(\theta)\sin\theta\mathrm{d}\theta \end{cases} \tag{8-3}$$

式中：$p(\theta)$ 为油膜压力分布，表达式为

$$p(\theta) = \frac{12\mu_4 R_4^2}{C_4^2}\left\{-\epsilon_4\dot{\psi}_4\frac{\sin\theta(2+\epsilon_4\cos\theta)}{(2+\epsilon_4^2)(1+\epsilon_4\cos\theta)^2} + \frac{\dot{\epsilon}_4}{2\epsilon_4}\left[\frac{1}{(1+\epsilon_4\cos\theta)^2} - \frac{1}{(1+\epsilon_4)^2}\right]\right\} \tag{8-4}$$

$\theta_1$ 为油膜压力 $p(\theta)$ 为正压力时的起始位置，对应地，$p(\theta)=0$。一般情况下，$\theta_1$ 的理论计算比较困难，需采用数值计算法进行计算。

式（8-3）适用于轴颈做任意运动的情况，而当转子做同心圆进动时，$\dot{\epsilon}=0$，$\theta_1=\pi$，由式（8-3）可得

$$\begin{cases} F_{r4}=\dfrac{6\mu_4 R_4^3 L_4}{C_4^2}\left[\dfrac{4\Omega\epsilon_4^2}{(2+\epsilon_4^2)(1-\epsilon_4^2)}+\dfrac{\pi\dot{\epsilon}_4}{(1-\epsilon_4^2)^{3/2}}\right] \\ F_{t4}=\dfrac{12\mu_4 R_4^3 L_4}{C_4^2}\left[\dfrac{\pi\Omega\epsilon_4}{(2+\epsilon_4^2)(1-\epsilon_4^2)^{1/2}}+\dfrac{2\dot{\epsilon}_4}{(1+\epsilon_4)(1-\epsilon_4^2)}\right] \end{cases} \tag{8-5}$$

式（8-5）即为按照 Sommerfeld 假设得到的长轴承油膜力表达式，同样地，该式仅适用于响应为同心圆的情形。

### 8.2.2　上、下阻尼器的油膜刚度系数与阻尼系数

按照非线性力的线性化方法，将上、下阻尼器的油膜力在某一稳态解处按照泰勒级数展开，并略去高阶小量，即可得到线性化的油膜力：

$$\begin{cases} F_r=F_{r0}+\Delta F_r=k_r\epsilon+(k_{rr}r+k_{rt}t+c_{rr}r'+c_{rt}t') \\ F_t=F_{t0}+\Delta F_t=c_t\epsilon+(k_{tr}r+k_{tt}t+c_{tr}r'+c_{tt}t') \end{cases} \tag{8-6}$$

式中：$k_r$、$c_t$ 分别为阻尼器稳态圆进动时的油膜刚度系数与阻尼系数；$k_{rr}$、$k_{rt}$、$k_{tr}$、$k_{tt}$、$c_{rr}$、$c_{rt}$、$c_{tr}$、$c_{tt}$ 分别为阻尼器在转动坐标下油膜力的 8 个刚度系数与阻尼系数，其定义为

$$\begin{cases} k_{rr}=-\dfrac{\partial F_r}{\partial r}=-\dfrac{1}{C}\dfrac{\partial F_r}{\partial(\epsilon)}；\quad k_{tr}=-\dfrac{\partial F_t}{\partial r}=-\dfrac{1}{C}\dfrac{\partial F_t}{\partial(\epsilon)} \\ k_{rt}=-\dfrac{\partial F_r}{\partial t}=-\dfrac{1}{C}\dfrac{F_t}{\epsilon}；\quad k_{tt}=-\dfrac{\partial F_t}{\partial t}=-\dfrac{1}{C}\dfrac{F_r}{\epsilon} \\ c_{rr}=-\dfrac{\partial F_r}{\partial \dot{r}}=-\dfrac{1}{C}\dfrac{\partial F_r}{\partial(\dot{\epsilon})}；\quad c_{tr}=-\dfrac{\partial F_t}{\partial r}=-\dfrac{1}{C}\dfrac{\partial F_t}{\partial(\epsilon)} \\ c_{rt}=-\dfrac{\partial F_r}{\partial \dot{t}}=-\dfrac{1}{C}\dfrac{\partial F_t}{\partial(\Omega\epsilon)}；\quad c_{tt}=-\dfrac{\partial F_t}{\partial \dot{t}}=-\dfrac{1}{C}\dfrac{\partial F_t}{\partial(\Omega\epsilon)} \end{cases} \tag{8-7}$$

在轴颈响应为稳态同心圆的情形下，根据式（8-7）的定义，推导可得上、下阻尼器在极坐标系下的油膜刚度系数与阻尼系数计算公式，如式（8-8）和式（8-9）所示。

上阻尼器：

$$\begin{cases} k_{rr1}=B_1\dfrac{16\epsilon_1(1+\epsilon_1^2)}{(1-\epsilon_1^2)^3}; \quad k_{rt1}=-B_1\dfrac{2\pi}{(1-\epsilon_1^2)^{3/2}} \\ k_{tr1}=B_1\cdot\dfrac{2\pi(1+2\epsilon_1^2)}{(1-\epsilon_1^2)^{5/2}}; \quad k_{tt1}=B_1\dfrac{8\epsilon_1}{(1-\epsilon_1^2)^2} \\ c_{rr1}=B_1\cdot\dfrac{2\pi(1+2\epsilon_1^2)}{(1-\epsilon_1^2)^{5/2}}; \quad c_{rt1}=B_1\dfrac{8\epsilon_1}{(1-\epsilon_1^2)^2} \\ c_{tr1}=B_1\dfrac{8\epsilon_1}{(1-\epsilon_1^2)^2}; \quad c_{tt1}=B_1\dfrac{2\pi}{(1-\epsilon_1^2)^{3/2}} \end{cases} \tag{8-8}$$

式中：$B_1=\dfrac{\mu_1\Omega_1R_1L_1^3}{C_1^3}$。

下阻尼器：

$$\begin{cases} k_{rr4}=B_4\dfrac{48\epsilon_4(2+\epsilon_4^4)}{(1-\epsilon_4^2)^2(2+\epsilon_4^2)^2}; \quad k_{rt4}=-B_4\dfrac{12\pi}{(2+\epsilon_4^2)(1-\epsilon_4^2)^{\frac{1}{2}}} \\ k_{tr4}=B_4\dfrac{12\pi(2-\epsilon_4^2+2\epsilon_4^4)}{(2+\epsilon_4^2)^2(1-\epsilon_4^2)^{\frac{3}{2}}}; \quad k_{tt4}=B_4\dfrac{24\epsilon_4}{(2+\epsilon_4^2)(1-\epsilon_4^2)} \\ c_{rr4}=B_4\dfrac{6\pi}{(1-\epsilon_4^2)^{\frac{3}{2}}}; \quad c_{tr4}=B_4\dfrac{24}{(1-\epsilon_4^2)(1+\epsilon_4)} \\ c_{rt4}=B_4\dfrac{24\epsilon}{(2+\epsilon_4^2)(1-\epsilon_4^2)}; \quad c_{tt4}=B_4\dfrac{12\pi}{(2+\epsilon_4^2)(1-\epsilon_4^2)^{\frac{1}{2}}} \end{cases} \tag{8-9}$$

式中：$B_4=\dfrac{\mu_4\Omega_4L_4R_4^3}{C_4^3}$。

## 8.3 储能飞轮转子系统的瞬态动力学方程

本节建立了储能飞轮转子系统恒加速、恒减速运动时的瞬态动力学方程，用于求解转子加速运动时的不平衡响应曲线，并由此判定系统的稳定性。

## 8.3.1　瞬态动力学方程的建立

图 8-1 为建立的储能飞轮转子系统在恒加速、恒减速运动时的瞬态动力学模型。在该简化模型中，由于上、下阻尼器的轴颈在瞬态运动下并不完全做圆进动，所以将上、下阻尼器的油膜力按广义力考虑。

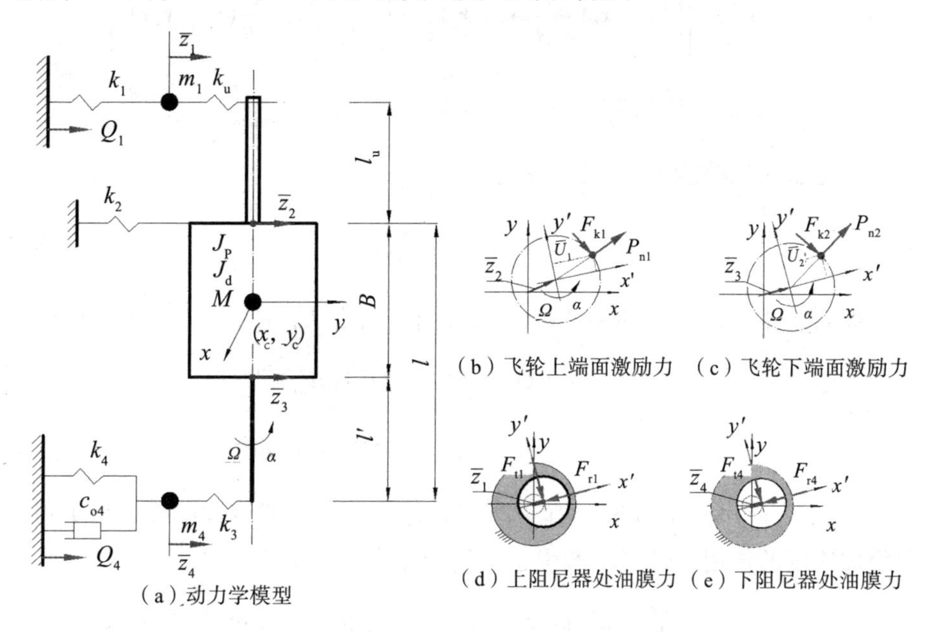

（a）动力学模型　（b）飞轮上端面激励力　（c）飞轮下端面激励力　（d）上阻尼器处油膜力　（e）下阻尼器处油膜力

**图 8-1　储能飞轮转子系统瞬态动力学模型**

飞轮系统动能为

$$
\begin{aligned}
T &= \frac{1}{2}m(\dot{x}_c^2+\dot{y}_c^2)+\frac{1}{2}J_p\Omega(\Omega+2\dot{\theta}_x\dot{\theta}_y)+\frac{1}{2}J_d(\dot{\theta}_x^2+\dot{\theta}_y^2) \\
&= \frac{1}{2}m_1(\dot{x}_1^2+\dot{y}_1^2)+\frac{1}{2}m_4(\dot{x}_4^2+\dot{y}_4^2)+\frac{1}{2}m\left[\left(\frac{\dot{x}_2+\dot{x}_3}{2}\right)^2+\left(\frac{\dot{y}_2+\dot{y}_3}{2}\right)^2\right] \\
&\quad +\frac{1}{2}J_p\omega\left[\omega+2\left(\frac{\dot{x}_2-\dot{x}_3}{B}\right)\left(\frac{y_2-y_3}{B}\right)\right]+\frac{1}{2}J_d\left[\left(\frac{\dot{x}_2-\dot{x}_3}{B}\right)^2+\left(\frac{\dot{y}_2-\dot{y}_3}{B}\right)^2\right]
\end{aligned}
\tag{8-10}
$$

飞轮系统势能为

$$\begin{aligned}U&=\frac{1}{2}k_1r_1^2+\frac{1}{2}k_2\Delta r_2^2+\frac{1}{2}k_3\Delta r_3^2+\frac{1}{2}k_4r_4^2\\&=\frac{1}{2}k_1(x_1^2+y_1^2)+\frac{1}{2}k_2\left[(x_2-x_1)^2+(y_2-y_1)^2\right]\\&+\frac{1}{2}k_3\left\{\left[(x_3-x_4)-\frac{l'}{B}(x_2-x_3)\right]^2+\left[(y_3-y_4)-\frac{l'}{B}(y_2-y_3)\right]^2\right\}\\&+\frac{1}{2}k_4(x_4^2+y_4^2)\end{aligned}\tag{8-11}$$

飞轮系统耗散能为

$$U=\frac{1}{2}c_{O4}(\dot{x}_4^2+\dot{y}_4^2)\tag{8-12}$$

如图 8-1（d）和图 8-1（e）所示，上、下阻尼器的广义力可表示为

$$\bar{Q}_1=\bar{Q}_{1x}+\mathrm{i}\bar{Q}_{1y}=-(F_{r1}+iF_{t1})\mathrm{e}\mathrm{i}^{\varphi_1}\tag{8-13}$$

$$\bar{Q}_4=\bar{Q}_{4x}+\mathrm{i}\bar{Q}_{4y}=-(F_{r4}+iF_{t4})\mathrm{e}\mathrm{i}^{\varphi_4}\tag{8-14}$$

如图 8-1（b）和图 8-1（c）所示，转子在做等加速转动时，由于角速度和角加速度的作用，转子将产生不平衡激振力，表示为

$$\bar{Q}_2=(U_{1\eta}+\mathrm{i}U_{1\xi})\omega^2\mathrm{e}^{\mathrm{i}\varphi}-\mathrm{i}(U_{1\eta}+iU_{1\xi})\alpha\mathrm{e}^{i\varphi}=\bar{U}_1\omega^2\mathrm{e}^{\mathrm{i}\varphi}-i\bar{U}_1\alpha\mathrm{e}^{\mathrm{i}\varphi}\tag{8-15}$$

$$\bar{Q}_3=(U_{2\eta}+\mathrm{i}U_{2\xi})\omega^2\mathrm{e}^{i\varphi}-i(U_{2\eta}+\mathrm{i}U_{2\zeta})\alpha\mathrm{e}^{i\varphi}=\bar{U}_2\omega^2\mathrm{e}^{\mathrm{i}\varphi}-i\bar{U}_2\alpha\mathrm{e}^{\mathrm{i}\varphi}\tag{8-16}$$

由广义拉格朗日方程推导可得系统的瞬态动力学方程为

$$\boldsymbol{M}\{\ddot{\boldsymbol{z}}\}+(\mathrm{i}\Omega\boldsymbol{H}+\boldsymbol{C}_\mathrm{S})\{\dot{\boldsymbol{z}}\}+\boldsymbol{K}_\mathrm{S}\{\boldsymbol{z}\}=\bar{\boldsymbol{Q}}_\mathrm{D}+\bar{\boldsymbol{Q}}_\mathrm{M}\tag{8-17}$$

式中：$\bar{\boldsymbol{Q}}_\mathrm{D}=\{\bar{Q}_1,\ 0,\ 0,\ \bar{Q}_4\}^\mathrm{T}$；$\bar{\boldsymbol{Q}}_\mathrm{M}=(\Omega^2-\mathrm{i}\alpha)\bar{\boldsymbol{U}}\mathrm{e}^{i\varphi}$；$\bar{\boldsymbol{U}}=\{0,\ \bar{U}_1,\ \bar{U}_2,\ 0\}^\mathrm{T}$；

$\phi=\omega_0t+\int_0^t\alpha t$；

$$\boldsymbol{M}=\begin{bmatrix}m_1&0&0&0\\0&m_2&m_3&0\\0&m_3&m_2&0\\0&0&0&m_4\end{bmatrix};\ \boldsymbol{H}=\begin{bmatrix}0&0&0&0\\0&-\frac{J_\mathrm{p}}{B^2}&\frac{J_\mathrm{p}}{B^2}&0\\0&\frac{J_\mathrm{p}}{B^2}&-\frac{J_\mathrm{p}}{B^2}&0\\0&0&0&0\end{bmatrix};\ \boldsymbol{C}_\mathrm{S}=\begin{bmatrix}0&0&0&0\\0&0&0&0\\0&0&0&0\\0&0&0&c_{O4}\end{bmatrix};\ \boldsymbol{z}=\begin{Bmatrix}z_1\\z_2\\z_3\\z_4\end{Bmatrix};$$

$$
\boldsymbol{K}_{\mathrm{S}}=\begin{bmatrix}
k_1+k_{\mathrm{u}} & -\left(1+\frac{l_{\mathrm{u}}}{B}\right)k_{\mathrm{u}} & \frac{l_{\mathrm{u}}}{B}k_{\mathrm{u}} & 0\\
-\left(1+\frac{l_u}{B}\right)k_{\mathrm{u}} & \left[k_2+\left(1+\frac{l_u}{B}\right)^2k_{\mathrm{u}}+\left(\frac{l'}{B}\right)^2k_3\right] & -\left[\frac{l_{\mathrm{u}}}{B}\left(1+\frac{l_u}{B}\right)k_{\mathrm{u}}+\left(1+\frac{l'}{B}\right)\frac{l'}{B}k_3\right] & \frac{l'}{B}k_3\\
\frac{l_{\mathrm{u}}}{B}k_{\mathrm{u}} & -\left[\frac{l_{\mathrm{u}}}{B}\left(1+\frac{l_u}{B}\right)k_{\mathrm{u}}+\left(1+\frac{l'}{B}\right)\left(\frac{l'}{B}\right)k_3\right] & \left[\left(\frac{l_{\mathrm{u}}}{B}\right)^2k_{\mathrm{u}}+\left(1+\frac{l'}{B}\right)^2k_3\right] & -\left(1+\frac{l'}{B}\right)k_3\\
0 & \frac{l'}{B}k_3 & -\left(1+\frac{l'}{B}\right)k_3 & k_3+k_4
\end{bmatrix}。
$$

### 8.3.2　瞬态动力学方程的求解

数值积分法是求解非线性转子动力学方程最直接和最方便的方法。目前，常用的数值积分法有纽马克（Newmark）法、龙格 - 库塔（Runge–Kutta）法等。一些大型的数值计算软件已将这些算法编写为相应的计算模块，软件使用者只需调用这些模块即可完成对相应方程的求解。本章将借助 Matlab 的 ode45 求解器求解储能飞轮系统的瞬态动力学方程。ode45 求解器属于变步长的一种，采用四阶 - 五阶 Runge–Kutta 算法，它用四阶方法提供候选解，五阶方法控制误差，是一种自适应步长（变步长）的常微分方程数值解法，其整体截断误差为（$\Delta x$）$^5$。

运用上述方法对微分方程进行积分求解后，即可通过分析得到的不平衡响应数值来判断稳态解是否稳定。如果计算得到的不平衡响应随计算时长逐渐增加，则表明系统不稳定；或者观察转子轨道的变化情况，如果转子轨道随计算时长逐渐发散或收敛，则表明该稳态解不稳定。虽然直接积分法方法简单，容易使用，但该方法需要计算的时间长，所以对于数值计算量大的场合并不适用，但可用于对其他方法的验证。

## 8.4　储能飞轮转子系统的线性化扰动方程

由运动稳定性理论可知，微分方程未扰运动的稳定性等价于扰动方程零解的稳定性，这样就把运动稳定性的研究转化为对扰动方程零解稳定性的研究。由李雅普诺夫运动稳定性定理可知，对于非线性自治系统，其零解的稳定性完全由它的线性近似系统决定。可根据线性近似系统的特征值的正负来判定系统零解的稳定性，如果线性化系统的所有特征值具有负实部，则非线性动力系统零解是渐进稳定的；若至少有一个特征值具有正实部，则非线性零解是不稳定的。因此，本节推导了储能飞轮转子系统稳态进动下的扰动方程，以此来分析系统的稳定性。该方法计算工作量小，可用于分析计算量大的场合。

## 8.4.1 线性化扰动方程的推导

设飞轮转子系统在稳态圆进动下的响应为 $\bar{\boldsymbol{Z}}_0$，稳态激振力为 $\bar{\boldsymbol{Q}}_{D0}+\bar{\boldsymbol{Q}}_{M0}$，则由式（8–17）可得

$$\boldsymbol{M}\ddot{\bar{\boldsymbol{Z}}}_0+(\mathrm{i}\Omega\boldsymbol{H}+\boldsymbol{C}_S)\dot{\bar{\boldsymbol{Z}}}_0+\boldsymbol{K}_S\bar{\boldsymbol{Z}}_0=\bar{\boldsymbol{Q}}_{D0}+\bar{\boldsymbol{Q}}_{M0} \tag{8-18}$$

假设飞轮转子－轴承系统受扰后的响应为 $\bar{\boldsymbol{Z}}_1$，则扰动变量矩阵为

$$\bar{\boldsymbol{Z}}=\bar{\boldsymbol{Z}}_1-\bar{\boldsymbol{Z}}_0 \tag{8-19}$$

将式（8–19）代入式（8–18）有

$$\boldsymbol{M}(\ddot{\bar{\boldsymbol{Z}}}_0+\ddot{\bar{\boldsymbol{Z}}})+(\mathrm{i}\Omega\boldsymbol{H}+\boldsymbol{C}_S)(\dot{\bar{\boldsymbol{Z}}}_0+\dot{\bar{\boldsymbol{Z}}})+\boldsymbol{K}_S(\bar{\boldsymbol{Z}}_0+\bar{\boldsymbol{Z}})=\bar{\boldsymbol{Q}}_{D0}+\bar{\boldsymbol{Q}}_{M0}+\Delta\bar{\boldsymbol{F}} \tag{8-20}$$

式中：$\Delta\bar{\boldsymbol{F}}$ 为广义力的增量，$\Delta\bar{\boldsymbol{F}}=\{\Delta\bar{F}_1,\ 0,\ 0,\ \Delta\bar{F}_4\}^{\mathrm{T}}$；$\Delta\bar{F}_1$ 为上阻尼器油膜力的增量，$\Delta\bar{F}_1=-\{\Delta F_{r1}+\mathrm{i}\Delta F_{t1})\mathrm{e}^{i\Omega t}$；$\Delta\bar{F}_4$ 为下阻尼器油膜力的增量，$\Delta\bar{F}_4=-(\Delta F_{r4}+\mathrm{i}\Delta F_{t4})\mathrm{e}^{i\Omega t}$。

将式（8–18）代入式（8–20）后，可得系统的扰动方程为

$$\boldsymbol{M}\ddot{\bar{\boldsymbol{Z}}}+(\mathrm{i}\Omega\boldsymbol{H}+\boldsymbol{C}_S)\dot{\bar{\boldsymbol{Z}}}+\boldsymbol{K}_S\bar{\boldsymbol{Z}}=\Delta\bar{\boldsymbol{F}} \tag{8-21}$$

由于油膜力为时间的周期函数，所以为了便于计算，需将方程转到与转轴同步的坐标系内计算，为此设

$$\bar{\boldsymbol{Z}}=\bar{\boldsymbol{P}}\mathrm{e}^{i\Omega t} \tag{8-22}$$

式中：$\bar{\boldsymbol{P}}=\{\bar{P}_1,\ \bar{P}_{,2}\ \ \bar{P}_3,\ \ \bar{P}_4\}^{\mathrm{T}}$。

做变换 $\tau=\Omega t$，则有

$$\frac{\mathrm{d}}{\mathrm{d}t}=\Omega\frac{\mathrm{d}}{\mathrm{d}\tau} \tag{8-23}$$

用“.”表示 d/d$t$，“′ ”表示 d/d$\tau$，从而可得

$$\dot{\bar{\boldsymbol{Z}}}=\Omega\bar{\boldsymbol{Z}}'=\Omega(\bar{\boldsymbol{P}}'+\mathrm{i}\bar{\boldsymbol{P}})\mathrm{e}^{i\tau} \tag{8-24}$$

$$\ddot{\bar{\boldsymbol{Z}}}=\Omega(\dot{\bar{\boldsymbol{Z}}})'=\Omega^2(\bar{\boldsymbol{P}}''+2\mathrm{i}\bar{\boldsymbol{P}}'-\bar{\boldsymbol{P}})\mathrm{e}^{i\tau} \tag{8-25}$$

将 $\bar{\boldsymbol{Z}}$、$\dot{\bar{\boldsymbol{Z}}}$、$\ddot{\bar{\boldsymbol{Z}}}$ 代入式（8-21）后有

$$\boldsymbol{M}\Omega^2(\bar{\boldsymbol{P}}''+2\mathrm{i}\bar{\boldsymbol{P}}'-\bar{\boldsymbol{P}})+(\mathrm{i}\Omega\boldsymbol{H}+\boldsymbol{C}_{\mathrm{S}})\Omega(\bar{\boldsymbol{P}}'+\mathrm{i}\bar{\boldsymbol{P}})+\boldsymbol{K}_{\mathrm{S}}\bar{\boldsymbol{P}}=\Delta\bar{\boldsymbol{F}}_P \tag{8-26}$$

其中，$\Delta\bar{\boldsymbol{F}}_P=\{\Delta F_{1P},\ 0,\ 0,\ \Delta F_{4P}\}^{\mathrm{T}}$。由式（8-5）可知在同步坐标系内，$\Delta F_{P1}$ 和 $\Delta F_{P4}$ 分别为

$$\Delta F_{P1}=k_{\mathrm{rr1}}r+k_{\mathrm{rt1}}\theta+c_{\mathrm{rr1}}r'+c_{\mathrm{rt1}}\theta'+(k_{\mathrm{tr1}}r+k_{\mathrm{tt1}}\theta+c_{\mathrm{tr1}}r'+c_{\mathrm{tt1}}\theta')j \tag{8-27}$$

$$\Delta F_{P4}=k_{\mathrm{rr4}}r+k_{\mathrm{rt4}}\theta+c_{\mathrm{rr4}}r'+c_{\mathrm{rt4}}\theta'+(k_{\mathrm{tr4}}r+k_{\mathrm{tt4}}\theta+c_{\mathrm{tr4}}r'+c_{\mathrm{tt4}}\theta')j \tag{8-28}$$

再将 $\{\bar{P}\}=\{r\}+\mathrm{i}\{\theta\}$ 代入式（8-26），实虚部分离后，可得在转子同步坐标系内线性化的扰动方程，该方程为

$$\boldsymbol{M}_{\mathrm{S}}\bar{\boldsymbol{S}}''+(\boldsymbol{C}_{\mathrm{S1}}+\boldsymbol{C}_{\mathrm{S2}})\bar{\boldsymbol{S}}'+(\boldsymbol{K}_{\mathrm{S1}}+\boldsymbol{K}_{\mathrm{S2}})\bar{\boldsymbol{S}}=0 \tag{8-29}$$

式中：$\bar{\boldsymbol{S}}=\{\boldsymbol{r}\quad\theta\}^{\mathrm{T}}=(r_1,\ r_2,\ r_3,\ r_4,\ \theta_1,\ \theta_2,\ \theta_3,\ \theta_4)^{\mathrm{T}}$；$\boldsymbol{M}_{\mathrm{S}}=\begin{bmatrix}\boldsymbol{M}\Omega^2 & \boldsymbol{0}\\ \boldsymbol{0} & \boldsymbol{M}\Omega^2\end{bmatrix}$；

$\boldsymbol{C}_{\mathrm{S1}}=\begin{bmatrix}\Omega\boldsymbol{C}_{\mathrm{S}} & -2\Omega^2\boldsymbol{M}-\Omega^2\boldsymbol{H}\\ 2\Omega^2\boldsymbol{M}+\Omega^2\boldsymbol{H} & \Omega\boldsymbol{C}_{\mathrm{S}}\end{bmatrix}$；$\boldsymbol{K}_{\mathrm{S1}}=\begin{bmatrix}\boldsymbol{K}_{\mathrm{S}}-\boldsymbol{M}\Omega^2-\boldsymbol{H}\Omega & -\Omega\boldsymbol{C}_{\mathrm{S}}\\ \Omega\boldsymbol{C}_{\mathrm{S}} & \boldsymbol{K}_{\mathrm{S}}-\boldsymbol{M}\Omega^2-\boldsymbol{H}\Omega\end{bmatrix}$；

$$\boldsymbol{K}_{\mathrm{S2}}=\begin{bmatrix}k_{\mathrm{rr1}} & 0 & 0 & 0 & k_{\mathrm{rt1}} & 0 & 0 & 0\\ 0 & 0 & 0 & 0 & 0 & 0 & 0 & 0\\ 0 & 0 & 0 & 0 & 0 & 0 & 0 & 0\\ 0 & 0 & 0 & k_{\mathrm{rr4}} & 0 & 0 & 0 & k_{\mathrm{rt4}}\\ k_{\mathrm{tr1}} & 0 & 0 & 0 & k_{\mathrm{tt1}} & 0 & 0 & 0\\ 0 & 0 & 0 & 0 & 0 & 0 & 0 & 0\\ 0 & 0 & 0 & 0 & 0 & 0 & 0 & 0\\ 0 & 0 & 0 & k_{\mathrm{tr4}} & 0 & 0 & 0 & k_{\mathrm{tt4}}\end{bmatrix};\quad \boldsymbol{C}_{\mathrm{S2}}=\begin{bmatrix}c_{\mathrm{rr1}} & 0 & 0 & 0 & c_{\mathrm{rt4}} & 0 & 0 & 0\\ 0 & 0 & 0 & 0 & 0 & 0 & 0 & 0\\ 0 & 0 & 0 & 0 & 0 & 0 & 0 & 0\\ 0 & 0 & 0 & c_{\mathrm{rr4}} & 0 & 0 & 0 & c_{\mathrm{rt4}}\\ c_{\mathrm{tr1}} & 0 & 0 & 0 & c_{\mathrm{tt1}} & 0 & 0 & 0\\ 0 & 0 & 0 & 0 & 0 & 0 & 0 & 0\\ 0 & 0 & 0 & 0 & 0 & 0 & 0 & 0\\ 0 & 0 & 0 & c_{\mathrm{tr4}} & 0 & 0 & 0 & c_{\mathrm{tt4}}\end{bmatrix}。$$

### 8.4.2 扰动方程特征值的求解

在状态空间中，可将式（8–29）改写为

$$\bar{\boldsymbol{R}}' = \boldsymbol{A}\bar{\boldsymbol{R}} \tag{8–30}$$

式中：$\boldsymbol{A} = \begin{bmatrix} \boldsymbol{0} & \boldsymbol{I} \\ -\boldsymbol{M}_{\mathrm{S}}^{-1}(\boldsymbol{K}_{\mathrm{S1}} + \boldsymbol{K}_{\mathrm{S2}}) & -\boldsymbol{M}_{\mathrm{S}}^{-1}(\boldsymbol{C}_{\mathrm{S1}} + \boldsymbol{C}_{\mathrm{S2}}) \end{bmatrix}$；$\bar{\boldsymbol{R}} = \begin{Bmatrix} \bar{\boldsymbol{S}} \\ \bar{\boldsymbol{S}}' \end{Bmatrix}$。

求解式（8–30）即可得到方程的特征根，为

$$\lambda_{\mathrm{s}} = n_{\mathrm{s}} + \mathrm{i}\omega_{\mathrm{s}} \tag{8–31}$$

则系统的稳定性可通过特征根的实部（$n_{\mathrm{s}}$）来判定：若系统特征根的实部全部为负值，则系统渐进稳定；若至少有一个大于 0，则系统不稳定。

用该方法分析系统稳态解的稳定性时，应该先根据推导的飞轮转子系统稳态不平衡响应式（8–1）求解出系统的稳态解，然后将稳态解代入式（8–30）求出扰动方程的全部特征根，根据最大特征根实部的正负来判定系统的稳定性。

## 8.5 储能飞轮系统稳态圆响应的稳定性分析

本节对储能飞轮转子系统稳态圆进动解的稳定性进行分析，在系统的结构和动力学特性参数中，飞轮上、下端面的等效不平衡量 $\bar{U}_1 = \bar{U}_2$=10.0 × 10$^{-4}$ kg · m（相位角 0°）。运用上述方法，计算得出了储能飞轮转子系统的稳态不平衡响应值和特征值实部的最大值，如图 8–2 所示。由图 8–2 可知，在 0 ～ 400 Hz 时，特征根实部的最大值均小于 0，说明本书设计的储能飞轮转子系统的稳态同步圆运动是稳定的。

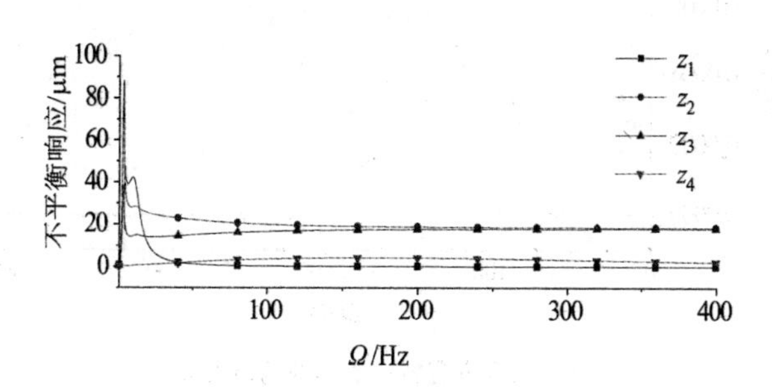


（a）不平衡响应曲线

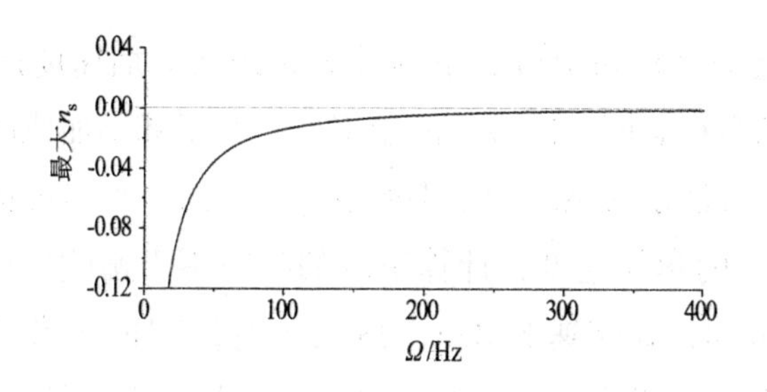


（b）特征值实部的最大值

**图 8–2　不平衡响应及扰动方程特征根实部的最大值曲线（$C_1$=$C_4$=1.0 mm）**

另取 $C_4$=0.5 mm，$C_1$=1.0 mm，按照上述方法，对飞轮转子系统的稳态圆进动的稳定性进行分析，结果如图 8–3 所示。由图 8–3 可知，在转速为 75 ～ 219 Hz 时，特征根实部的最大值大于 0，这说明在该转速范围内系统的稳态同步圆进动是不稳定的。

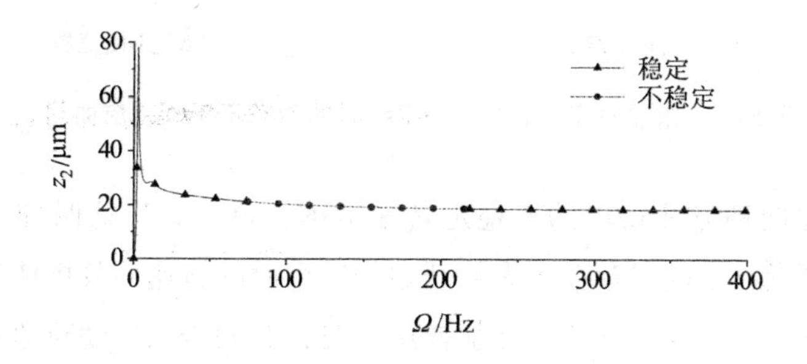


（a）飞轮上端面的不平衡响应曲线

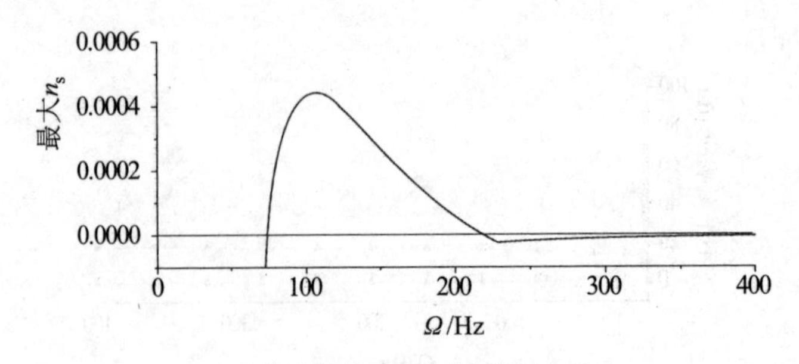


（b）扰动方程特征值实部的最大值

**图 8–3　角加速度为 0.1π rad/s² 时的瞬态不平衡响应曲线及扰动方程特征根实部最大值曲线**

为了验证上述方法的可靠性，下面计算系统在等加速度运转下的不平衡响应曲线，从而判定稳态同步圆进动的稳定性。为了减小加速度对求解结果的影响，采用数值积分法求解系统的不平衡响应曲线时，加速度应尽可能小。这里采用 0.1π rad/s² 的角加速度，计算系统的瞬态不平衡响应曲线，如图 8–4 所示。由图 8–4 可知，在转速为 85 ～ 230 Hz 时，飞轮下端面和下阻尼器的不平衡响曲线不再是单值曲线，产生了明显的发散，这表明在此转速范围内，系统的同步圆响应已不稳定。

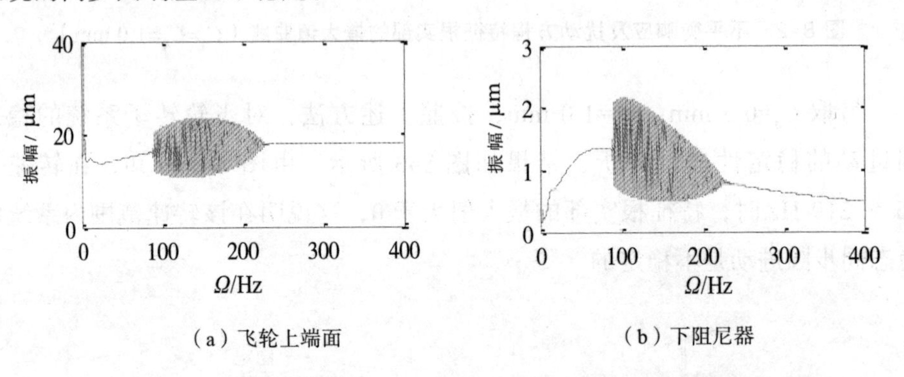


（a）飞轮上端面　　（b）下阻尼器

**图 8–4　角加速度为 0.1π rad/s² 时的瞬态不平衡响应曲线**

对比上述两种方法得出的不稳定转速范围，可以看出这两种方法计算出的结果非常接近，不同仅存在于失稳开始和结束时的转速，分析认为这是转子加速运行造成的。实际上，转子在加速运转时，其同步圆进动轨道从开始失稳到轨道发散到能够明显辨别，或从失稳状态收敛到明显稳定，都需要一定的时间，此时转子转速已经增加，所以由图 8–4 得出的转子开始失稳和结束失稳

的转速都大于按照扰动方程得出的值，且加速度越大，这种差别也越大。

## 8.6　储能飞轮转子系统主要特性参数对系统稳定性的影响

### 8.6.1　上阻尼器刚度 $k_1$ 和径向 PMB 刚度 $k_u$

取下阻尼器半径间隙 $C_4$=0.6 mm，上阻尼器刚度 $k_1$=0 N/m、2 000 N/m 和 4 000 N/m，径向 PMB 刚度 $k_u$ =0 ～ 40 000 N/m，增量 $\Delta k_u$ =200 N/m，对系统的稳态圆响应进行稳定性分析，结果如图 8–5 所示。图中横坐标表示转子转速，阴影表示对应转速下的稳态圆响应是不稳定的。

由图 8–5 可知，在 $k_1$=0 N/m、2 000 N/m 和 4 000 N/m 的 3 种情况下，图 8–5（a）、（c）显示的不稳定转速区域基本相同，这表明在 $k_1$= 0 ～ 4 000 N/m 时，其对系统稳态圆响应的稳定性影响很小。在 $k_u < 3.4\times10^4$ N/m 时，在 0 ～ 400 Hz 都存在不稳定的稳态圆响应，且 $k_u$ 越小，不稳定的稳态圆响应占据的转速范围越宽，这表明提高径向 PMB 刚度 $k_u$ 可以提高系统的稳定性。

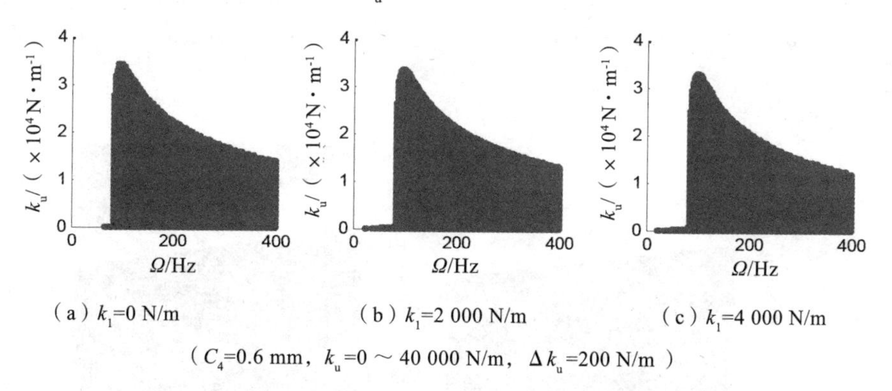


（a）$k_1$=0 N/m　　（b）$k_1$=2 000 N/m　　（c）$k_1$=4 000 N/m

（$C_4$=0.6 mm，$k_u$=0 ～ 40 000 N/m，$\Delta k_u$ =200 N/m ）

**图 8–5　储能飞轮转子系统在参数 $k_1$–$\Omega$ 域内的稳定性分析结果**

取 $C_4$=0.6 mm，$k_1$=0 ～ 10 000 N/m，增量 $\Delta k_1$ =100 N/m，$k_u$ =0 ～ 40 000 N/m，增量 $\Delta k_u$=200 N/m，对系统在 0 ～ 400 Hz 的稳态圆响应进行稳定性分析，得到了系统在 $k_1$– $k_u$ 域内的稳定性，结果如图 8–6 所示。图中阴影表示系统在 0 ～ 400 Hz

存在不稳定的稳态圆响应。

由图 8–6（a）可知，在 $C_1$=0.5 mm 时，在计算范围内，所有的 $k_1$ 和 $k_u$ 都是不稳定的参数。由图 8–6（b）可知，在 $C_1$=1.0 mm 时，$k_u$ 存在一个临界值，在 $k_u$ 大于临界值时，系统在 0 ～ 400 Hz 所有的稳态圆响应都是稳定的；临界值 $k_u$ 随着 $k_1$ 的增加而缓慢减小，在 $k_1$=0 N/m 和 10 000 N/m 时，对应的临界值 $k_u=3.4\times10^4$ N/m 和 $3.15\times10^4$ N/m。由图 8–6（c）可知，在 $C_1$=1.5 mm 时，$k_u$ 存在上、下两个临界值，当其位于这两个临界值之间时，系统的稳态圆响应是稳定的，与图 8–6（b）相比，$k_u$ 的下临界值减小。由图 8–6（d）可知，在 $C_1$=2.0 mm 时，$k_u$ 同样存在上、下两个临界值，与图 8–6（c）相比，下临界值 $k_u$ 增加，上临界值减小，稳定区域变窄。

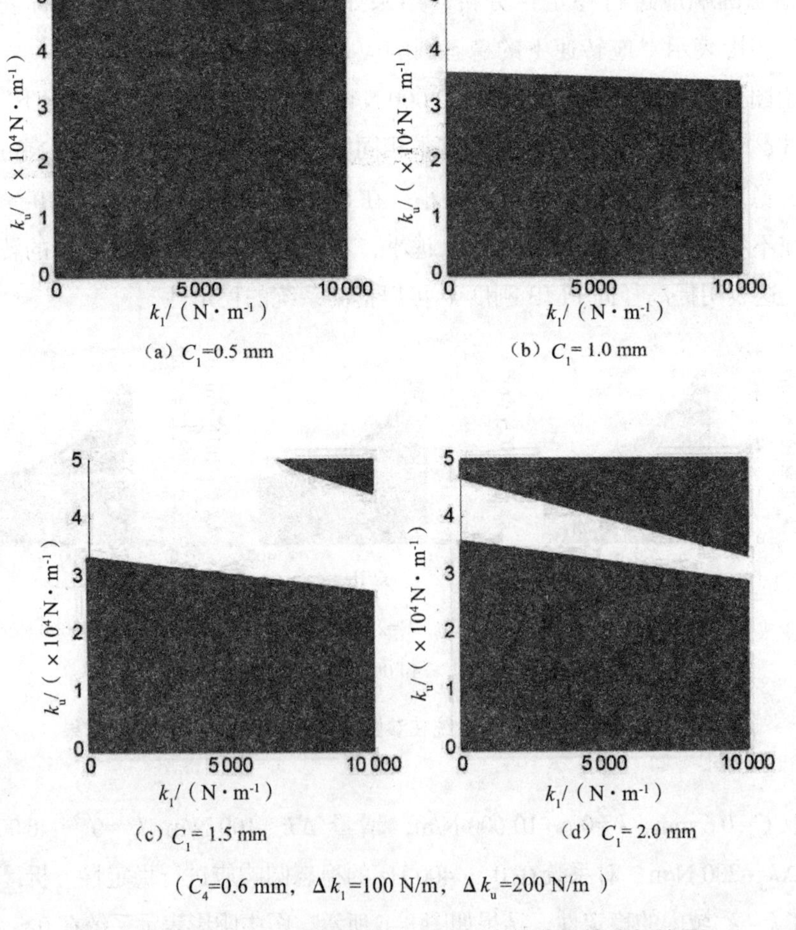


（$C_4$=0.6 mm，$\Delta k_1$=100 N/m，$\Delta k_u$=200 N/m ）

图 8–6　储能飞轮转子系统在 $k_1$– $k_u$ 域内的稳定性分析结果

因此，上阻尼器刚度对系统的稳定性影响很小，径向 PMB 的刚度和上阻尼器半径间隙对系统的稳定性有着显著的影响，是决定系统稳定性的重要参数，上阻尼器半径间隙取 1 ～ 1.5 mm 有利于提高系统的稳定性。

### 8.6.2　枢轴刚度 $k_3$ 和 O 形圈刚度 $k_4$

取下阻尼器半径间隙 $C_4$=0.6 mm，O 形圈刚度 $k_4$=0.5 × 10⁶ N/m、1.5 × 10⁶ N/m 和 3.0 × 10⁶ N/m，枢轴刚度 $k_3$=（0.1 ～ 4.0）× 10⁶ N/m，增量 $\Delta k_3$=1 × 10⁴ N/m，对转子转速在 0 ～ 400 Hz 内的稳态圆响应进行稳定性分析，结果如图 8–7 所示。由图 8–7 可知，在 $k_4$=0.5 × 10⁶ N/m、1.5 × 10⁶ N/m 和 3.0 × 10⁶ N/m 时，图 8–7（a）～（c）显示的不稳定转速区域基本相同，这表明在 $k_4$=( 0.5 ～ 3.0 ) × 10⁶ N/m 时，其对系统的稳态圆响应的稳定性影响很小。在 $k_3$>0.3 × 10⁶ N/m 时，在 0 ～ 400 Hz 都存在不稳定的稳态圆响应，这表明降低 $k_3$ 可以提高系统的稳定性。

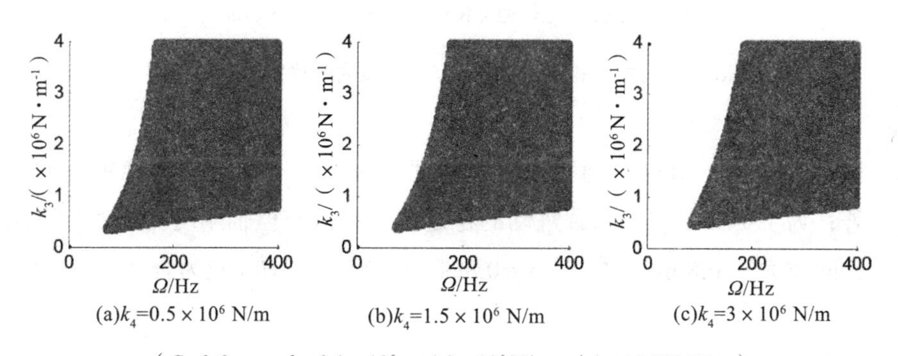


(a)$k_4$=0.5 × 10⁶ N/m　(b)$k_4$=1.5 × 10⁶ N/m　(c)$k_4$=3 × 10⁶ N/m

（$C_4$=0.6 mm，$k_3$=0.1 × 10⁶ ～ 4.0 × 10⁶ N/m，$\Delta k_3$=10 000 N/m ）

**图 8–7　储能飞轮转子系统在 $k_3$–$\Omega$ 域内的稳定性分析结果**

取 $k_3$=（0.1 ～ 5）× 10⁶ N/m，$k_4$ =（0.1 ～ 5）× 10⁶ N/m，增量 $\Delta k_3$ = $\Delta k_4$ =2 × 10⁴ N/m，对转速在 0 ～ 400 Hz 的稳态圆响应进行稳定性分析，得到了系统在 $k_3$–$k_4$ 域内的稳定性分析结果，如图 8–8 所示。

由图 8–8（a）可知，在 $C_4$=0.6 mm 时，左侧存在一个呈上下分布的带状稳定区域，当 $k_3$ 小于一临界值时，系统的稳态圆进动在整个转速范围内都是稳定的，$k_3$ 的临界值随 $k_4$ 增加而缓慢增加，在 $k_4$=0.1 × 10⁶ N/m 和 5 × 10⁶ N/m

时，临界值 $k_3$=0.23×10$^6$ N/m 和 0.48×10$^6$ N/m。由图 8–8（b）可知，在 $C_4$=0.8 mm 时，系统的不稳定区域减小，除了左侧的一个带状稳定区域，还有一斜向上的带状稳定性区域，该稳定的带状区域的中心线斜率 $k_4/k_3\approx0.82$，起始于 $k_3\approx1.13\times10^6$ N/m，而左侧带状稳定区域位于 $k_3<0.67\times10^6$ N/m 的范围内。

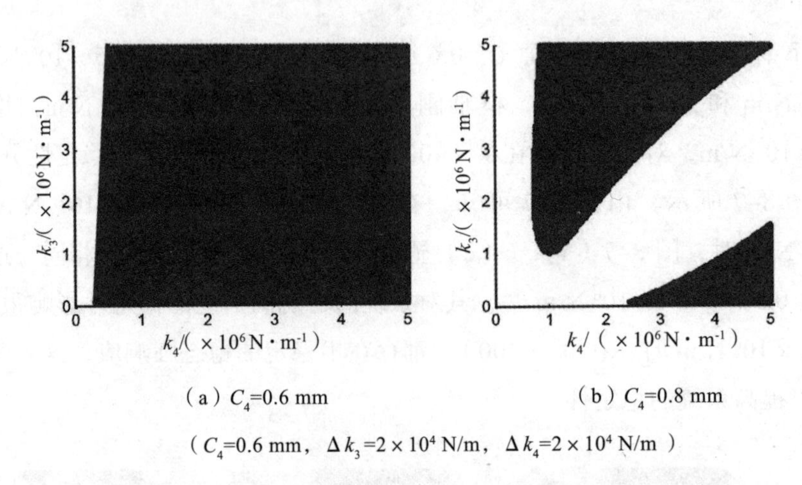


（a）$C_4$=0.6 mm　　（b）$C_4$=0.8 mm

（$C_4$=0.6 mm，Δ$k_3$=2×10$^4$ N/m，Δ$k_4$=2×10$^4$ N/m ）

**图 8–8　储能飞轮转子系统在 $k_3$–$k_4$ 域内的稳定性测试结果**

因此，相比下阻尼器刚度，枢轴刚度对系统稳态圆进动的稳定性的影响更显著；为了提高系统稳态圆进动的稳定性，应减小枢轴刚度，或者当下阻尼器半径间隙大于 0.8 mm 时，取 $k_4=0.82k_3+1.13\times10^6$ N/m 较为合适。

### 8.6.3　上、下阻尼器半径间隙 $C_1$ 和 $C_4$

分别取 $C_4$=0.6 mm、0.8 mm 和 1.0 mm，$C_1$=0.1 ～ 3.0 mm，增量 Δ$C_1$=0.01 mm, 对系统转速在 0 ～ 400 Hz 的稳态圆响应进行稳定性分析，结果如图 8–9 所示。由图 8–9 可知，在 $C_4$ 依次为 0.6 mm、0.8 mm 和 1.0 mm 时，系统不稳定的稳态圆响应所对应稳态的转速区间依次减小。当 $C_4$=1.0 mm 时，在 $C_1$=0.05 ～ 3 mm 时，不存在不稳定的圆响应；当 $C_4$=0.8 mm 时，在 $C_1$=0.87 ～ 1.84 mm 时，不存在不稳定的稳态圆响应；当 $C_4$=0.6 mm 时，在 $C_1$=0.05 ～ 3 mm 时，在整个转速范围内都存在不稳定的稳态圆响应，但在

$C_1 \approx 1.1$ mm 时，不稳定的稳态圆响应对应的转速区间最小。因此，为了提高系统的稳定性，$C_4$ 应大于 0.8 mm，$C_1 \approx 1.1$ mm。

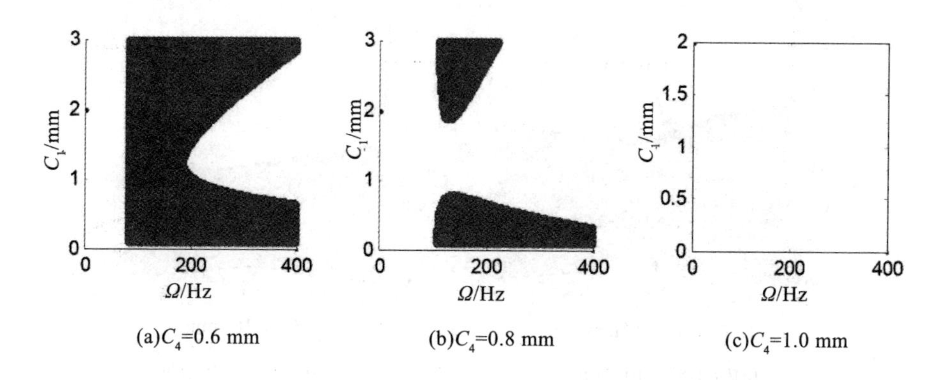


(a)$C_4$=0.6 mm　(b)$C_4$=0.8 mm　(c)$C_4$=1.0 mm

**图 8–9　储能飞轮转子系统在 $C_1$–$\Omega$ 域的稳定性测试结果**

（$C_1$=0.1 ～ 3.0 mm，$\Delta C_1$=0.01 mm）

取 $C_1$=$C_4$=0.05 ～ 2 mm，增量 $\Delta C_1 = \Delta C_4$=0.01 mm，对系统在转速 0 ～ 400 Hz 的稳态圆响应进行稳定性分析，得到了 $C_1$–$C_4$ 域内的稳定性测试结果，如图 8–10 所示。图中有色区域为不稳定的区域，当 $C_1$ 和 $C_4$ 位于不稳定区域时表明在整个转速范围内系统存在不稳定的稳态圆响应，颜色越深表示系统稳态圆响应开始失稳的转速越高。

图 8–10（a）为 $k_4$=1.62 × 10$^6$ N/m 时的稳定性图，可以看到，图中明显存在一个横向的带状不稳定区域，此时只要 $C_4$ 位于该区域内，就无法通过调节 $C_1$ 来消除系统的不稳定现象，这表明与 $C_1$ 相比，$C_4$ 对系统稳态圆响应的稳定性影响显著得多，由此可以推断下阻尼器的非线性油膜力是引起系统不稳定的主要因素。图 8–10（b）为 $k_4$=0.5 × 10$^6$ N/m 时的稳定性图，与图 8–10（a）相比，图中的带状不稳定区域无明显变化。图 8–10（c）为 $k_3$=0.52 × 10$^6$ N/m 时的稳定性图，与图 8–10（a）相比，图中的带状不稳定区域消失，仅剩下位于 $C_1$<0.9 × 10$^{-3}$ mm 的一块不稳定区域。图 8–10（d）为 $k_u$=4 × 10$^4$ N/m 时的稳定性图，与图 8–10（a）相比，上临界线明显向下移动，下临界线明显向上移动，带状不稳定区域明显减小。在图 8–10（a）中，计算所用的参数为 $k_4$=1.62 × 10$^6$ N/m，$k_3$=0.58 × 10$^6$ N/m，$k_u$=2.16 × 10$^4$ N/m，所以通过以上对比分析可知：减小弹性枢轴刚度，增加径向 PMB 的刚度可

以提高系统稳态圆响应的稳定性。

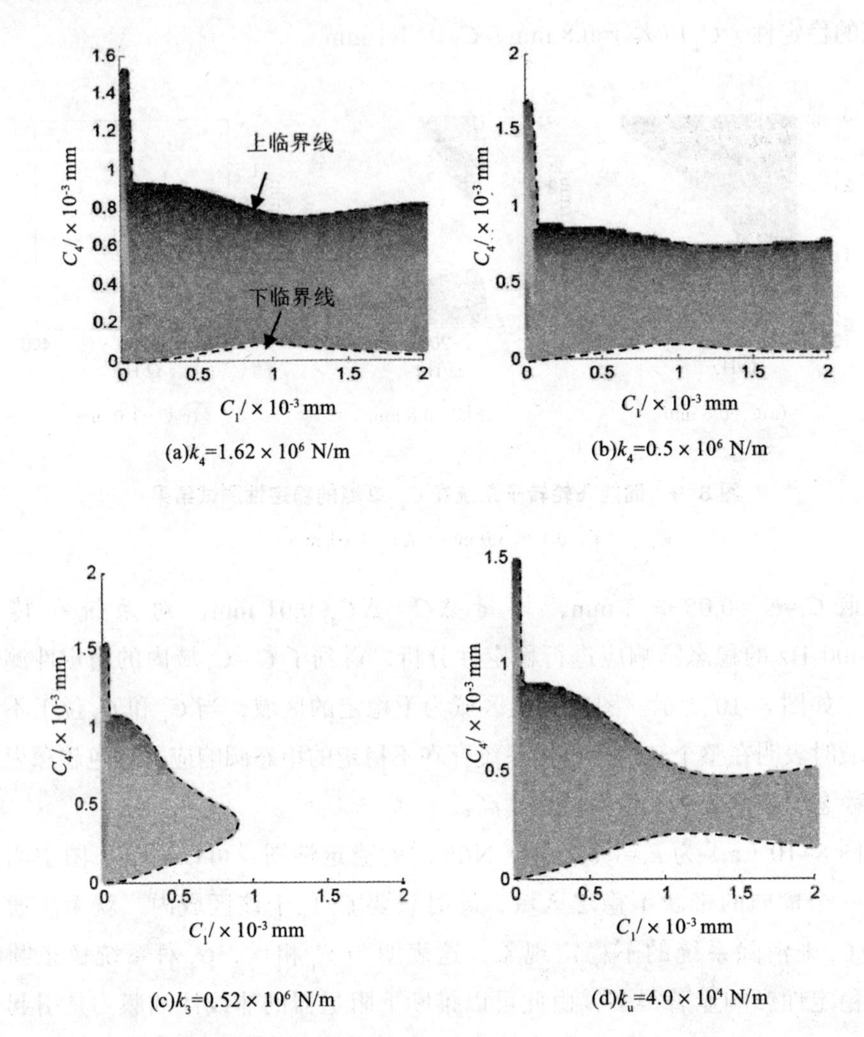


(a)$k_4=1.62\times10^6$ N/m

(b)$k_4=0.5\times10^6$ N/m

(c)$k_3=0.52\times10^6$ N/m

(d)$k_u=4.0\times10^4$ N/m

图 8-10　储能飞轮转子系统 $C_1$–$C_4$ 域内的稳定性

（$\Delta C_1=\Delta C_4=0.01$ mm）

## 8.7　本章小结

本章基于广义拉格朗日方程，建立了等加速工况下的飞轮转子系统的瞬态动力学模型，进而推导了系统稳态圆进动下的线性扰动方程，分析了系统的

稳定性。主要结论如下：

（1）优化设计后的大容量永磁轴承与螺旋槽轴承支承的储能飞轮转子系统具有良好的稳定性。

（2）在上、下阻尼器非线性油膜力的影响下，飞轮转子系统的稳态圆进动在高速下存在失稳的可能。

（3）下阻尼器油膜力是引起系统稳态圆响应不稳定的主要因素，上阻尼器的引入可以有效改善系统稳态圆响应的稳定性。

（4）为了提高系统稳态圆响应的稳定性，一方面应增大下阻尼器的半径间隙和减小枢轴刚度，以减小下阻尼器的油膜力；另一方面应选择适当大的上阻尼器半径间隙和径向 PMB 刚度，以提高上阻尼器的减振性能。

# 第9章 总结

## 9.1 本书小结

本书研究了大容量 PMB 与螺旋槽轴承混合支承的储能飞轮系统动力学及其振动抑制问题。具体内容如下：从理论和试验两个方面研究了锥形动压螺旋槽轴承的摩擦学性能和承载力性能，以高速低功耗和低速高承载为目标，从轴承材料和轴承结构方面考虑设计了大容量储能飞轮系统用螺旋槽轴承；研究了单环永磁轴承和双环永磁轴承的承载力特性，以定承载力为条件，以永磁量最少为目标，优化了轴承结构参数；开展了 PMB 和螺旋槽轴承混合支承的承载性能分析与测试；进行了飞轮转子系统的结构创新设计，提出了轴向 PMB 与径向 PMB 激励式 TMD 分离配置的支承结构；基于含耗散力的第二类拉格朗日方程建立了储能飞轮转子系统的自由振动模型、稳态动力学模型和等加速下的瞬态动力学模型，推导了系统稳态进动下的线性化扰动方程，分析了系统的模态、稳态不平衡响应和稳定性等动力学特性，探讨了系统主要特性参数对动力学特性的影响；设计了储能飞轮转子系统的动态特性测试装置，测试并识别了系统的动态特性参数，评估了阻尼器的减振性能；研制了储能飞轮样机，测试了飞轮转子的不平衡响应。主要研究结论如下。

（1）锥形动压螺旋槽轴承的槽深比 $H$ 取 2.8 ～ 3.4、螺旋槽倾角 $\beta$ 取 15° ～ 30° 、槽台对数取 10 ～ 20 对、槽宽比取 1 ～ 1.2、槽端半径比取 0.5 较为合适；锥半角的值应结合轴承的轴向承载力、摩擦功耗及尺寸要求合理选取；增加槽深是降低锥形动压螺旋槽轴承高速摩擦功耗的有效方法，但轴承承载力也随之降低，进而增大轴承在混合润滑状态下的摩擦力矩，增加了轴承磨损；固体润滑材料 C-PTFE 和 C-Cu-PTFE 具有优异的自润滑性和良好的机械性能，C–PTFE 球窝和 PTFE 球窝可有效提高锥形动压螺旋槽轴承承载力，显著降低轴承高速摩擦功耗。

（2）与传统单环永磁轴承相比，双磁环永磁轴承具有磁路短、磁路闭合、漏磁小等特点；当两类轴承的磁体体积和轴向气隙相等时，双磁环永磁轴承力学性能优于单磁环永磁轴承。

（3）轴向 PMB 与径向 PMB 激励式 TMD 分离配置的上支承结构中，后者 TMD 不承受转子重量，负载小；与公斤级飞轮储能系统常用的轴向 PMB 激励式 TMD 相比，本书设计的径向 PMB 激励式 TMD 固有频率低，飞轮一阶模态阻尼比大，能够更有效地抑制大容量储能飞轮转子系统的一阶正进动。

（4）飞轮转子一阶正进动频率远低于其二阶正进动频率，系统不存在由飞轮二阶正进动引起的临界转速；在飞轮转子系统的上、下两个阻尼器的共同作用下，飞轮转子系统可以顺利地通过一阶临界转速，在工作转速范围内，飞轮转子运行平稳，稳定性好。

（5）储能飞轮转子系统的飞轮一阶正进动模态阻尼比及其在一阶临界转速处的不平衡响应主要取决于上阻尼器特性参数，特别是上阻尼系数和径向 PMB 的刚度；储能飞轮转子系统的飞轮二阶正进动模态阻尼、下轴承的振动和外传力主要取决于下阻尼器特性参数，特别是下阻尼系数和枢轴刚度；理论上，上、下阻尼器的固有频率应该与飞轮转子系统的飞轮一阶和二阶正进动模态频率相等。

（6）在上、下阻尼器非线性油膜力的影响下，飞轮转子系统的稳态圆进动在高速下存在失稳的可能；下阻尼器油膜力是引起系统稳态圆响应不稳定的主要因素，上阻尼器的引入可以有效改善系统稳态圆响应的稳定性；为了提高系统稳态圆响应的稳定性，一方面应减小下阻尼器的油膜力，另一方面应配置参数合理的上阻尼器。具体地，增大下阻尼器的半径间隙和减小枢轴刚度，可以减小下阻尼器的油膜力，有效提高系统的稳定性；选择适当大的上阻尼器半径间隙和径向 PMB 刚度可以提高上阻尼器的减振性能。

## 9.2　本书研究内容的创新点

本书的创新点主要如下：

（1）针对大容量永磁轴承与螺旋槽轴承混合支承的储能飞轮系统振动控制存在的问题，本书提出了一种径向 PMB 激励的悬摆式 TMD，用于飞轮储能系统的上端，为消除大容量储能飞轮系统在高速下易出现的低频进动提供了新思路。

（2）对于大容量储能飞轮系统带来的负载大、功耗大的问题，本书提出了螺旋槽轴承与永磁轴承性能分析理论，优化了螺旋槽轴承参数，开发了双磁环永磁轴承，探究了钢 /C-PTFE 复合材料的摩擦学与承载力性能，解决了大容量储能飞轮轴系支承功耗大的问题。

（3）本书建立了大容量永磁轴承与螺旋槽轴承混合支承的储能飞轮系统的动力学模型，提出了径向 PMB 激励的悬摆式 TMD 动态参数的测试方法，进而开展了飞轮储能系统动态特性试验与飞轮的运行试验。

（4）本书解决了永磁轴承与螺旋槽轴承混合支承的储能飞轮系统在飞轮本体质量达到大容量时易出现低频振动的难题，建立了动力学分析理论与测验方法，为开展大容量永磁轴承与螺旋槽轴承支承的储能飞轮系统的动态设计奠定了基础。

# 参考文献

[1] BITTERLY J G. Flywheel technology：past，present，and 21st century projections[J]. IEEE Aerospace and Electronic Systems Magazine，1998，13（8）：13–16.

[2] 蒋书运，卫海岗，沈祖培．飞轮储能技术研究的发展现状 [J]. 2000，21（4）：427–433.

[3] BOLUND B，BERNHOFF H，LEIJON M . Flywheel energy and power storage systems[J]. Renewable & Sustainable Energy Reviews，2007，11（2）：235–258.

[4] LIU H，JIANG J. Flywheel energy storage：an upswing technology for energy sustainability [J]. Energy and Buildings，2007，39（5）：599–604.

[5] CHEN H，CONG T N，YANG W，et al. Progress in electrical energy storage system：a critical review [J]. Progress in Natural Science，2009，19（3）：291–312.

[6] DOUCETTE R，MCCULLOCH M D. A comparison of high–speed flywheels，batteries，and ultracapacitors on the bases of cost and fuel economy as the energy storage system in a fuel cell based hybrid electric vehicle [J]. Journal of Power Sources，2011，196（3）：1163–1170.

[7] GUNEY M S，TEPE Y. Classification and assessment of energy storage systems [J]. Renewable and Sustainable Energy Reviews，2017，75：1187–1197.

[8] DÍAZ–GONZÁLEZ F，SUMPER A，GOMIS–BELLMUNT O，et al. A review of energy storage technologies for wind power applications [J]. Renewable and Sustainable Energy Reviews，2012，16（4）：2154–2171.

[9] ZHOU Z，BENBOUZID M，CHARPENTIER J F，et al. A review of energy storage technologies for marine current energy systems [J]. Renewable and

Sustainable Energy Reviews，2013，18（2）：390–400.

[10] AKINYELE D O，RAYUDU R K. Review of energy storage technologies for sustainable power networks [J]. Sustainable Energy Technologies and Assessments，2014，8（Dec.）：74–91.

[11] ZHAO H，WU Q，HU S，et al. Review of energy storage system for wind power integration support [J]. Applied Energy，2015，137（Jan.）：545–553.

[12] HANNAN M A，HOQUE M M，MOHAMED A，et al. Review of energy storage systems for electric vehicle applications：issues and challenges [J]. Renewable and Sustainable Energy Reviews，2017，69（Mar.）：771–789.

[13] 王健，戴兴建，李奕良．飞轮储能系统轴承技术研究新进展 [J]. 机械工程师，2008（4）：71–73.

[14] 张维煜，朱熀秋．飞轮储能关键技术及其发展现状 [J]. 电气工程学报，2011（7）：141–146.

[15] 张新宾，储江伟，李洪亮，等．飞轮储能系统关键技术及其研究现状 [J]. 储能科学与技术，2015，4（1）：55–60.

[16] 朱熀秋，汤延祺．飞轮储能关键技术及应用发展趋势 [J]. 机械设计与制造，2017（1）：265–268.

[17] 李严成，乔红霞．磁悬浮储能飞轮中几个重要组件的制造 [J]. 微特电机，2017，45（4）：82–84.

[18] 杨志轶．飞轮电池储能关键技术研究 [D]. 合肥：合肥工业大学，2002.

[19] DAI X，SHEN Z，WEI H. On the vibration of rotor–bearing system with squeeze film damper in an energy storage flywheel [J]. International Journal of Mechanical Sciences，2001，43（11）：2525–2540.

[20] WANG H，JIANG S，SHEN Z. The dynamic analysis of an energy storage flywheel system with hybrid bearing support [J]. ASME：Journal of Vibration and Acoustics，2009，131（5）：051006.

[21] 邓自刚，王家素，王素玉，等．高温超导飞轮储能技术发展现状 [J]. 电工技术学报，2008（10）：1–4.

[22] 许吉敏，承飞，金英泽，等．高温超导磁悬浮轴承的发展现状及前景 [J]. 中国材料进展，2017，36（5）：321–328.

[23] 刘付成，李结冻，李延宝，等.磁悬浮储能飞轮技术研究及应用示范 [J]. 上海节能，2017（2）：80–84.

[24] LEE K，KIM B，KO J，et al. Advanced design and experiment of a small–sized flywheel energy storage system using a high–temperature superconductor bearing [J]. Superconductor Science and Technology，2007，20（7）：634–649.

[25] MURAKAMI K，KOMORI M，MITSUDA H，et al. Design of an energy storage flywheel system using permanent magnet bearing（PMB）and superconducting magnetic bearing（SMB）[J]. Cryogenics，2007，47（4）：272–277.

[26] MITSUDA H，INOUE A，NAKAYA B，et al. Improvement of energy storage flywheel system with SMB and PMB and its performances [J]. IEEE Transactions on Applied Superconductivity，2009，19（3）：2091–2094.

[27] LEE H，JUNG S，CHO Y，et al. Peak power reduction and energy efficiency improvement with the superconducting flywheel energy storage in electric railway system [J]. Physica C：Superconductivity，2013，494（11）：246–249.

[28] ARAI Y，SEINO H，YOSHIZAWA K，et al. Development of superconducting magnetic bearing with superconducting coil and bulk superconductor for flywheel energy storage system [J]. Physica C：Superconductivity，2013，494：250–254.

[29] YU Z，ZHANG G M，QIU Q，et al. Analyses and tests of HTS bearing for flywheel energy system [J]. IEEE Transactions on Applied Superconductivity，2014，24（3）：1–5.

[30] ARAI Y，YAMASHITA T，HASEGAWA H，et al. Eddy current analysis and optimization for superconducting magnetic bearing of flywheel energy storage system [J]. Physics Procedia，2015，65：291–294.

[31] MUKOYAMA S，MATSUOKA T，FURUKAWA M，et al. Development of REBCO HTS magnet of magnetic bearing for large capacity flywheel energy storage system [J]. Physics Procedia，2015，65：253–256.

[32] MIYAZAKI Y，MIZUNO K，YAMASHITA T，et al. Development of

superconducting magnetic bearing for flywheel energy storage system [J]. Cryogenics，2016，80（Pt.2）：234–237.

[33] MUKOYAMA S，NAKAO K，SAKAMOTO H，et al. Development of superconducting magnetic bearing for 300 kW flywheel energy storage system [J]. IEEE Transactions on Applied Superconductivity，2017，27（4）：1–4.

[34] SOTELO G G，DE ANDRADE R，FERREIRA A C. Magnetic bearing sets for a flywheel system [J]. IEEE Transactions on Applied Superconductivity，2007，17（2）：2150–2153.

[35] BAKAY L，DUBOIS M，VIAROUGE P. Losses in an optimized 8–pole radial AMB for long term flywheel energy storage [C]//Electrical Machines and Systems.IEEE，ICEMS，2009：1–6.

[36] BAKAY L，DUBOIS M，VIAROUGE P，et al. Mass–losses relationship in an optimized 8–pole radial AMB for long term flywheel energy storage [C]// Africon，2009. Africon’09，IEEE，2009：1–5.

[37] ZHANG C，TSENG K J，NGUYEN T D，et al. Stiffness analysis and levitation force control of active magnetic bearing for a partially–self–bearing flywheel system [J]. International Journal of Applied Electromagnetics and Mechanics，2011，36（3）：229–242.

[38] BAI J G，ZHANG X Z，WANG L M. A flywheel energy storage system with active magnetic bearings [J]. Energy Procedia，2012，16（Part B）：1124–1128.

[39] DEFOY B，ALBAN T，MAHFOUD J. Experimental assessment of a new fuzzy controller applied to a flexible rotor supported by active magnetic bearings [J]. ASME：Journal of Vibration and Acoustics，2014，136（5）：051006.

[40] TSAI Y W，VAN DUC P，DUONG V A，et al. Model predictive control nonlinear system of active magnetic bearings for a flywheel energy storage system [M]. Berlin：Springer International Publishing，2016.

[41] CHEN L；ZHU C，WANG M，et al. Vibration control for active magnetic bearing high–speed flywheel rotor system with modal separation and velocity estimation strategy [J]. Journal of Vibroengineering，2015，17（2）：757–775.

[42] KAILASAN A，DIMOND T，ALLAIRE P，et al. Design and analysis of a unique energy storage flywheel system：an integrated flywheel，motor/generator，and magnetic bearing configuration [J]. ASME：Journal of Engineering for Gas Turbines and Power，2015，137（4）：042505.

[43] NGUYEN V S，TRAN H V，LAI L K，et al. A flywheel energy storage system suspended by active magnetic bearings using a fuzzy control with radial basis function neural network [C]// Proceedings of the 3rd International Conference on Intelligent Technologies and Engineering Systems （ICITES2014）.Springer，Cham，2016：283–292.

[44] MAO C，ZHU C. Vibration control for active magnetic bearing rotor system of high–speed flywheel energy storage system in a wide range of speed [C]//2016 IEEE Vehicle Power and Propulsion Conference（VPPC）. IEEE，2016：1–6.

[45] SUBKHAN M，KOMORI M. New concept for flywheel energy storage system using SMB and PMB [J]. IEEE Transactions on Applied Superconductivity，2011，21（3）：1485–1488.

[46] NGUYEN T D，TSENG K J，ZHANG S，et al. A novel axial flux permanent–magnet machine for flywheel energy storage system：design and analysis [J]. IEEE Transactions on Industrial Electronics，2011，58（9）：3784–3794.

[47] ZHANG C，TSENG K J. Design and control of a novel flywheel energy storage system assisted by hybrid mechanical–magnetic bearings [J]. Mechatronics，2013，23（3）：297–309.

[48] JIANG S，WANG H，WEN S. Flywheel energy storage system with a permanent magnet bearing and a pair of hybrid ceramic ball bearings [J]. Journal of Mechanical Science and Technology[J]. 2014，28（12）：5043–5053.

[49] ZHONG Z，TIAN Z. Research on static magnetic force of axially magnetized dual permanent magnet rings suspension bearings [J]. Equipment Manufacturing Technology，2014，2：12.

[50] TĂNASE N，MOREGA A M. A permanent magnet bearing for flywheel energy storage systems：numerical modeling [C]//Applied and Theoretical Electricity（ICATE），2016 International Conference on. IEEE，2016：1–5.

[51] TOH C S，CHEN S L. Design，modeling and control of magnetic bearings for

a ring-type flywheel energy storage system [J]. Energies，2016，9（12）：1051.

[52] SOTELO G G，RODRIGUEZ E，COSTA F S，et al. Tests with a hybrid bearing for a flywheel energy storage system [J]. Superconductor Science and Technology，2016，29（9）：095016.

[53] 王抗．飞轮储能用高效磁轴承的基础研究 [D]. 南京：东南大学，2015.

[54] 李奕良，戴兴建，张小章．储能飞轮永磁卸载设计及实验 [J]. 清华大学学报（自然科学版），2008，48（8）：1268-1271.

[55] MUTERBAUGH R L，MONGEAU P P，ACHARYA B，et al. Pulsed disk alternators as energy storage devices for electrothermal chemical guns [J]. IEEE Transactions on Magnetics，1995，31（1）：73-77.

[56] DETTMER R. Revolutionary energy：a wind/diesel generator with flywheel storage [J]. IEE Review，1990，36（4）：149-151.

[57] TANG C L，DAI X J，ZHANG X Z，et al. Rotor dynamics analysis and experiment study of the flywheel spin test system [J]. Journal of Mechanical Science and Technology，2012，26（9）：2669-2677.

[58] 汪勇，戴兴建，李振智．飞轮储能系统转子芯轴结构设计 [J]. 储能科学与技术，2016，5（4）：503-508.

[59] 周龙，齐智平．解决配电网电压暂降问题的飞轮储能单元建模与仿真 [J]. 电网技术，2009（19）：152-158.

[60] 戴兴建．1 MW/60 MJ 飞轮储能电源研制及其应用 [C]// 第三届全国储能科学与技术大会摘要集．北京：中国化工学会储能工程专业委员会，2016：79-84.

[61] 戴兴建，邓占峰，刘刚，等．大容量先进飞轮储能电源技术发展状况 [J]. 电工技术学报，2011（7）：133-138.

[62] TAKAHASHI I，ANDOH I．Development of uninterruptible power supply using flywheel energy storage techniques[J]. The Institute of Electrical Engineers of Japan，1992（9）：711-716.

[63] LUKIC S M，CAO J，BANSAL R C，et al. Energy storage systems for automotive applications [J]. IEEE Transactions on Industrial Electronics，

2008，55（6）：2258–2267.

[64] HEDLUND M，LUNDIN J，DE SANTIAGO J，et al. Flywheel energy storage for automotive applications [J]. Energies，2015，8（10）：10636–10663.

[65] 毕文骏 . 基于飞轮储能的地铁再生制动能量利用研究 [D]. 成都：西南交通大学，2016.

[66] 李洪亮，储江伟，李宏刚，等 . 车用飞轮储能系统能量回收特性 [J]. 华中科技大学学报（自然科学版），2017，45（3）：51–57.

[67] 李洪亮，张新宾，储江伟 . 车用飞轮储能装置再生制动试验台研究 [J]. 机械传动，2017（5）：165–169.

[68] 张建成 . 用于配电网的飞轮储能系统设计 [J]. 华北电力大学学报，2005，32（12）：38–40.

[69] ARANI A A K，KARAMI H，GHAREHPETIAN G B，et al. Review of flywheel energy storage systems structures and applications in power systems and microgrids [J]. Renewable and Sustainable Energy Reviews，2017，69（Mar.）：9–18.

[70] FARAJI F，MAJAZI A，AL–HADDAD K. A comprehensive review of flywheel energy storage system technology [J]. Renewable and Sustainable Energy Reviews，2017，67（Jan.）：477–490.

[71] YULONG P，CAVAGNINO A，VASCHETTO S，et al. Flywheel energy storage systems for power systems application [C]//Clean Electrical Power（ICCEP），2017 6th International Conference on. IEEE，2017：492–501.

[72] 黄宇淇，方宾义，孙锦枫 . 飞轮储能系统应用于微网的仿真研究 [J]. 电力系统保护与控制，2011，39（9）：83–87.

[73] 赵晗彤，张建成 . 基于飞轮储能稳定光伏微网电压策略的研究 [J]. 电气传动，2016，46（8）：59–62.

[74] TAN X，LI Q，WANG H. Advances and trends of energy storage technology in microgrid [J]. International Journal of Electrical Power & Energy Systems，2013，44（1）：179–191.

[75] NGUYEN T T，YOO H J，KIM H M. A flywheel energy storage system

based on a doubly fed induction machine and battery for microgrid control [J]. Energies，2015，8（6）：5074–5089.

[76] 韩永杰，任正义，吴滨，等. 飞轮储能系统在 1.5 MW 风机上的应用研究 [J]. 储能科学与技术，2015（2）：198–202.

[77] 冯奕，颜建虎. 基于飞轮储能的风力发电系统仿真 [J]. 电力系统保护与控制，2016，44（20）：94–98.

[78] 赵晗彤，张建成. 基于飞轮储能的独立光伏发电系统的研究 [J]. 电测与仪表，2017，54（4）：34–38.

[79] 戴兴建，杜广义，李振智，等. 飞轮储能在钻机动力调峰中的应用研究 [J]. 中外能源，2017，22（6）：95–99.

[80] 李静怡，王辉，赵冬阳. 储能系统应用于风力发电的运行特性综述 [J]. 通信电源技术，2017，34（2）：32–34.

[81] SEBASTIÁN R，PEÑA–ALZOLA R. Control and simulation of a flywheel energy storage for a wind diesel power system [J]. International Journal of Electrical Power & Energy Systems，2015，64：1049–1056.

[82] GAYATHRI N S，SENROY N，KAR I N. Smoothing of wind power using flywheel energy storage system [J]. IET Renewable Power Generation，2016，11（3）：289–298.

[83] 王洪昌. 储能飞轮转子动力学特性分析与试验研究 [D]. 南京：东南大学，2012.

[84] 晏砺堂. 结构系统动力特性分析 [M]. 北京：北京航空航天大学出版社，1989.

[85] 戴兴建，卫海岗，沈祖培. 挤压油膜阻尼在储能飞轮转子支承系统中应用研究 [J]. 应用力学学报，2005，22（1）：40–43.

[86] SHI C，PARKER R G，SHAW S W. Tuning of centrifugal pendulum vibration absorbers for translational and rotational vibration reduction[J]. Mechanism & Machine Theory，2013，66（Complete）：56–65.

[87] 黄秀金，何立东，黄文超. 半主动 TMD 控制双跨轴系过临界振动的研究 [J]. 机电工程，2014，31（10）：1244–1248.

[88] 张震坤，何立东，黄秀金，等 . 鼠笼式调谐质量阻尼器用于转子振动控制的研究 [J]. 北京化工大学学报（自然科学版），2015，42（3）：82–87.

[89] 宣海军，洪伟荣 . 橡胶 O 形圈阻尼器在高速旋转台上的应用研究 [J]，浙江大学学报（工学版），2005，39（12）：1854–1857.

[90] 周云，石菲，徐鸿飞，等 . 高阻尼橡胶阻尼器性能试验研究 [J]. 地震工程与工程振动，2016，36（4）：19–26.

[91] 汪志昊，陈政清 . 永磁式电涡流调谐质量阻尼器的研制与性能试验 [J]. 振动工程学报，2013，26（3）：374–379.

[92] 张敏 . 基于电涡流阻尼器的旋转圆盘振动最优控制研究 [D]. 南昌：华东交通大学，2011.

[93] 祝长生 . 时变磁场下径向电涡流阻尼器的动力特性 [J]. 机械工程学报，2009，45（8）：31–36.

[94] 鞠立华，蒋书运 . 飞轮储能系统机电耦合非线性动力学分析 [J]. 中国科学：技术科学，2006，36（1）：68–83.

[95] JIANG S，JU L. Study on electromechanical coupling nonlinear vibration of flywheel energy storage system [J]. Science in China Series E，2006，49（1）：61–77.

[96] TAN Q，WEI L，ZHANG J. Fluid forces in short squeeze film damper bearings [J]. ASME：Tribology International，1997，30（10）：733–738.

[97] 杨秋晓，谭庆昌 . 挤压油膜阻尼器油膜压力的 1 种实用计算方法 [J]. 北华大学学报（自然科学版），2009，10（3）：265–268.

[98] 杨秋晓，李振华 . 挤压油膜阻尼器的油膜压力分布理论分析 [J]. 长春大学学报，2009（4）：1–7.

[99] 晏砺堂，张世平，李其汉，等 . 带挤压油膜阻尼器刚性转子的双稳态特性 [J]. 航空动力学报，1988（2）：3.

[100] 陈照波，焦映厚，夏松波，等 . 结构对称的 SFD– 柔性转子系统双稳态现象发生规律研究 [J]. 航空动力学报，1999，14（4）：443–445，458.

[101] 陈照波，焦映厚，夏松波，等 . 非线性挤压油膜阻尼器转子系统周期解的分叉及稳定性分析 [J]. 机械科学与技术，2004，23（7）：879–882.

[102] ZHU C S，ROBB D A，EWINS D J. Analysis of the multiple–solution response of a flexible rotor supported on non–linear squeeze film dampers [J]. Journal of Sound and Vibration，2002，252（3）：389–408.

[103] 蒋书运，孙庆鸿，沈祖培 . 储能飞轮系统动力学研究现状 [J] . 吉林工业大学自然科学学报，2001（8）：42–45.

[104] 蒋书运，卫海岗，沈祖培 . 飞轮储能系统转子动力学理论与试验研究 [J] . 振动工程学报，2001（12）：25–29.

[105] 戴兴建，卫海岗，沈祖培 . 储能飞轮转子轴承系统动力学设计与试验研究 [J]. 机械工程学报，2003，39（4）：97–101.

[106] 戴兴建，卫海岗，沈祖培 . 储能飞轮支承系统进动模态阻尼研究 [J]. 振动工程学报，2002，15（1）：98–101.

[107] 戴兴建，丁世海，李奕良 . 储能飞轮旋转试验中的超低频进动 [C]//2007 年第九届全国振动理论及应用学术会议论文集 . 杭州：第九届全国振动理论及应用学术会议暨中国振动工程学会成立 20 周年庆祝大会，2007：45–49.

[108] 戴兴建，张小章，金兆熊 . 转子与限位器局部与整圈碰摩试验研究 [J]. 航空动力学报，2000，15（4）：405–409.

[109] DAI X，DONG J . Self–excited vibrations of a rigid rotor rubbing with the motion–limiting stop[J]. International Journal of Mechanical Sciences，2005，47（10）：1542–1560.

[110] 钟一谔 . 转子动力学 [M]. 北京：清华大学出版社，1987.

[111] 顾家柳，丁奎元，刘启洲，等 . 转子动力学 [M]. 北京：国防工业出版社，1985.

[112] MUSZYNSKA A. Rotordynamics [M].New York：Marcel Dekker Inc，2005.

[113] 陆秋海，李德葆 . 工程振动试验分析 [M]. 北京：清华大学出版社，2011.

[114] 王健 . 储能飞轮系统振动测量与分析 [D]. 北京：清华大学，2008.

[115] DEL VALLE Y，VENAYAGAMOORTHY G K，MOHAGHEGHI S，et al. Particle swarm optimization：basic concepts，variants and applications in power systems [J]. IEEE Trans Evol Comput，2008，12（2）：171–195.

[116] ZHENG Y，LIAO Y. Parameter identification of nonlinear dynamic systems

using an improved particle swarm optimization [J].Light Electron Opt，2016，127（19）：7865–7874.

[117] 林循泓 . 振动模态参数识别及其应用 [M]. 南京：东南大学出版社，1994.

[118] BOOTSMA J. Liquid–lubricated spiral groove bearings [M]. Bangalore：Philips Research Laboratory，1975.

[119] DONG Z，DAI X，LI Y. Idling loss of flywheel energy storage system supported by spiral groove cone bearings [J]. Mechanical Science and Technology，2006，25（12）：1434–1437，1475.

[120] CHUNG T J. Computational fluid dynamics [M]. London：Cambridge University Press，2010.

[121] 马杰 . 锥形动压螺旋槽轴承承载力研究 [D]. 南京：东南大学，2014.

[122] 张海波 . 储能飞轮用永磁轴承设计与力学特性分析 [D]. 南京：东南大学，2014.

[123] 闻邦椿，顾家柳，夏松波 . 高等转子动力学 [M]. 北京：机械工业出版社，1999.

[124] MOLER C B. MATLAB 数值计算 [M]. 北京：北京航空航天大学出版社，2015.

[125] 陈予恕，徐健学 . 非线性动力学非线性振动和运动稳定性 [M]. 北京：中国科学技术出版社，1995.